Vincenz Knauer

Grundlinien zur aristotelisch-thomistischen Psychologie

Vincenz Knauer

Grundlinien zur aristotelisch-thomistischen Psychologie

ISBN/EAN: 9783743356016

Hergestellt in Europa, USA, Kanada, Australien, Japan

Cover: Foto ©berggeist007 / pixelio.de

Manufactured and distributed by brebook publishing software (www.brebook.com)

Vincenz Knauer

Grundlinien zur aristotelisch-thomistischen Psychologie

GRUNDLINIEN

ZUR

ARISTOTELISCH-THOMISTISCHEN

PSYCHOLOGIE.

VON

DR. VINCENZ KNAUER.

GRUNDLINIEN

ZUR

ARISTOTELISCH-THOMISTISCHEN

PSYCHOLOGIE.

VON

DR. VINCENZ KNAUER

BIBLIOTHEKAR DES BENEDICTINER-STIFTES SCHOTTEN IN WIEN.

Si quis velit contra haec, quae scripsimus,
aliquid dicere, ne loquatur in angulis, nec coram
pueris, qui nesciunt de causis arduis judicare,
sed contra hoc scriptum scribat, si audet.

St. Thomas Aquinas. *(De unitate intel-*
lectus.)

WIEN.
VERLAG VON CARL KONEGEN.
1885.

Den Hochwohlgebornen Herren

Dr. Tobias Wildauer Ritter von Wildhausen

Mitglied des hohen österr. Reichsrathes, Ritter des k. k. Ordens der Eisernen Krone, des k. bayrischen Verdienstordens etc. etc., o. ö. Professor der Philosophie an der k. k. Universität Innsbruck

und

Med. Dr. Leopold Trebisch

in aufrichtigster Verehrung und Freundschaft

gewidmet.

Inhalt.

Vorrede.

In mehreren über meine Geschichte der Philosophie erschienenen Kritiken wird das Bedauern, unter Umständen auch
der Tadel, ausgesprochen, dass in derselben die philosophischen
Denker des Mittelalters im Verhältnisse zu Aristoteles und den
Philosophen der neueren Zeit viel zu kurz behandelt seien. Ich
könnte wohl zu meiner Rechtfertigung einfach auf das Titelblatt
des Buches verweisen, wo deutlich zu lesen steht: »Geschichte
der Philosophie mit besonderer Berücksichtigung der Neuzeit«,
will jedoch lieber ganz offen und ehrlich gestehen, dass ich mich
durchaus nicht berufen fühle, eine Geschichte der mittelalterlichen
Philosophie zu schreiben, weil mir dazu gerade das Unerlässlichste
fehlt, nämlich die gründliche Kenntniss der mittelalterlichen Philosophen. Damit man aber hinter diesem Geständnisse nicht etwa
eine übel angebrachte Bescheidenheitsfloskel vermuthe, muss ich
noch hinzufügen, dass ich auch keinem andern jetzt Lebenden
die nöthigen Vorkenntnisse zutraue, um der gestellten Aufgabe
gerecht zu werden. Darin stimmen mir gerade die grössten
Kenner der mittelalterlichen Literatur ohne Bedenken bei; denn
sie wissen die Gründe dafür, deren einige in der zweiten Auflage
meines Buches (pag. 83—85) angedeutet sind, am besten zu
würdigen. Auch kann sich jeder Unbefangene leicht überzeugen,
dass die in den letzten Decennien aufgetauchten Geschichten
der mittelalterlichen Philosophie wenig mehr sind, als klapper-
dürre, hin und wieder durch ziemlich willkürlich aufgegriffene
Citate erweiterte Inhaltsverzeichnisse aus alten, kritisch noch gar
nicht gesichteten Folianten, die noch dazu von haarsträubenden
Druckfehlern wimmeln und mehr nur bibliothekarischen Werth
haben. Damit ist Niemandem gedient, und einstweilen können
nur auf Grund eingehender Quellenstudien gearbeitete Mono-
graphien, wie diejenigen von Karl Werner und der von Barach
und Wrobel redigirten, leider zu wenig unterstützten *Bibliotheca
philosophorum mediae aetatis,* von eigentlichem Nutzen sein.

Was ich nun im Vorliegenden mit der Absicht, dem zuvor
erwähnten Wunsche nach Kräften zu entsprechen, anbiete, will
ebenfalls als eine Art von Monographie und zugleich als Beweis

dafür gelten, dass noch etwas mehr als einige Belesenheit in den einschlägigen Schriften der Alten dazugehört, um nur die grundlegenden Gedanken und die Terminologie eines scheinbar sehr bekannten Zweiges der »Philosophie der Vorzeit« sicherzustellen, den ich als aristotelisch-thomistische Psychologie zu bezeichnen mir erlaube. Des Gegensatzes, in den ich dabei mit so manchen mit Recht gefeierten und um ihrer Verdienste willen von mir vielleicht mehr als von ihrer ganzen Clientenschaar geehrten Männern der Wissenschaft trete, bin ich mir klar bewusst, halte mich aber an die Weisung des Stagiriten: »Wenn auch beide Männer uns lieb sind, so ist es doch Pflicht, der Wahrheit die Ehre zu geben.« *(Eth. Nicom. I. 4.)* Jeden, der offen und mit wissenschaftlichen Gründen gegen mich auftritt, werde ich nicht als Gegner, sondern als Gleichgesinnten begrüssen und ihm mit aller Freude und Freundschaft Rede stehen; persönlich verdächtigende und noch obendrein anonyme Angriffe jedoch berücksichtige ich entweder nicht, oder ich kenne gegen sie keine Rücksicht.

Glücklich würde ich mich preisen, wenn es mit dieser Schrift mir gelingen sollte, nur die gröbsten der über Aristoteles und Thomas von Aquino herrschenden und (hauptsächlich in Folge einer höchst verwunderlichen Verquickung ihrer durchwegs gesunden Anthropologie mit Elementen des die Menschennatur so ganz und gar verkennenden Neuplatonismus) traditionell gewordenen Irrthümer und falschen Auffassungen zu verscheuchen, die leider ihrer Natur nach niemals auf das Feld der grauen Theorie beschränkt bleiben können, sondern als ein gleissendes und an den besten Säften zehrendes Immergrün des Lebens goldnen Baum umranken. Unwillkürlich drängt sich bei ihrem Anblick mir seit Jahren die schmerzlich rührende Klage des Aristoteles selbst auf die Lippen: »Wenn Diejenigen, welche doch vom Wahren so viel erkannt haben, die es am meisten gesucht und geliebt, solche Ansichten hegen und aussprechen, wie sollen da nicht die Jünger der Philosophie den Muth verlieren!« *(I. Metaph. lib. 4. cap. 5.)*

Der Verfasser.

I. Das Beseelte.

Bedeutung der Worte ψυχή und *anima* bei Aristoteles und Thomas von Aquino. — Angeblicher Hylozoismus und Materialismus der peripatetischen Schule. — Die sogenannten Theile des Seelenwesens. — Das Fortleben abgetrennter Theile der Pflanzen und Thiere ist kein Beleg für die Theilbarkeit der Seele. — Seele und Leib bilden mitsammen eine einzige Substanz. — Dennoch ist die Seele kein blosses Accidens des Beseelten. — Seele im Allgemeinen und Menschenseele.

> Das Lebendige ist kein blosses Nebenbei für den Menschen.
>
> Aristoteles. *(Metaph. VI. 2.)*
>
> Wenn wir die Meister der alten Philosophie über psychologische Fragen zu Rathe ziehen, so kann es geschehen, dass wir im ersten Augenblick schier erschrecken über die materialistische Färbung ihrer Erörterungen.
>
> Tilmann Pesch. (Die grossen Welträthsel.)

Ein und dasselbe Wort deckt im Laufe der Zeiten oft Begriffe von ganz oder theilweise verschiedenem Umfang; auch ist es selbst dem gewandtesten Uebersetzer gerade bei den in der Philosophie fort und fort in Anwendung kommenden Begriffen meistens unmöglich, in seiner Sprache für das zu übertragende Wort ein vollkommen gleichwerthiges zu finden. Die Uebersetzungen der aristotelischen Schriften liefern dafür schlagende Beispiele, fast möchte ich sagen, in jedem Satz und jeder Zeile. In diesem Uebelstande liegt die grösste Schwierigkeit für das Verständniss der aristotelisch - thomistischen Psychologie. Die immer wiederkehrenden Ausdrücke Form, Materie, Intellect, Geist, Abstraction u. dgl. besagen häufig sogar das Gegentheil desjenigen, was wir im gewöhnlichen Sprachgebrauche darunter verstehen; am auffallendsten aber wird die Sache bei dem Worte, von welchem die ganze Psychologie den Namen führt. Unser urdeutsches Wort Seele hat mit der ψυχή der Griechen und der *anima* der Römer sehr wenig zu schaffen; ja es bleibt immer ein grosses Wagniss, die beiden classischen Worte einfach mit Seele zu übersetzen. Wer die ersten zwei Bücher Περὶ ψυχῆς mit Ruhe und Verständniss liest, begegnet in ihnen dem, was der heutige Sprachgebrauch als Seele bezeichnet, ein einziges Mal, nämlich in zweiten Capitel des zweiten Buches wo von gewissen Dingen die Rede ist, über die sich Aristoteles nach seinem eigenen Geständnisse noch nicht vollkommen klar geworden, und die ihm eine andere Art von Seele (ψυχῆς γένος ἕτερον εἶναι) zu sein scheinen, als die bis dahin von ihm der Untersuchung unterzogene ψυχή. Zu dieser bemerkt Kirchmann in seiner vielfach sehr verdienstvollen Uebersetzung Aristoteles' drei Bücher über die Seele. (Uebersetzt und erläutert von J. H. v. Kirchmann) mit Recht: »So erhellt, dass seine Definition der Seele gar keine Definition derselben in dem modernen Sinne ist, sondern nur eine Definition der sogenannten organischen Kraft, welche das Wachsthum, die Ernährung und das Absterben des Körpers bei Thieren wie bei Pflanzen bewirkt. Nach heutigen Begriffen gehört also diese Definition nicht in die Psychologie, sondern in die Physiologie.« — »Durch seine Definition der Seele glaubt Aristoteles die Frage nach der Einheit zwischen Leib und Seele erledigt zu haben. Allerdings wäre dies der Fall, wenn beide sich nur wie Möglichkeit und Wirklichkeit eines und desselben Gegenstandes verhielten; denn da die blosse Möglichkeit nur im Denken ist, so trifft die Sonderung nicht den seienden Gegenstand, und in diesem besteht dann gar keine Zweiheit. Dies ist auch die Meinung des Aristoteles.« — Ich will hierzu nur noch das Eine vorausschicken, dass die *anima* des hl. Thomas Aquinas mit der ψυχή des Aristoteles auch in diesem Belange sich vollständig deckt.

Dem Stagiriten ist demnach Seele im Allgemeinen identisch mit Lebensgrund und Lebensbethätigung, und Leben ist ihm das wahre Sein der organischen Wesen, in der Thierwelt sowohl als im Pflanzenreich. Τὸ δὲ ζῆν τοῖς ζῶσι τὸ εἶναί ἐστιν, αἰτία δὲ καὶ ἀρχὴ τούτων ἡ ψυχή. (*De Anima II. 4.*) Die eigentliche Definition aber lautet: Ἔστιν οὖν ψυχὴ ἐντελέχεια ἡ πρώτη σώματος φυσικοῦ ζωὴν ἔχοντος δυνάμει. τοιοῦτο δὲ (σῶμα) ὃ ἂν ᾖ ὀργανικόν. *(De Anim. II. 1.)* Die Seele ist die erste Entelechie (erreichte Form) eines Naturkörpers, der der Möglichkeit nach Leben hat (d. h. zum Leben befähigt ist); ein solcher Körper aber ist der organische. Thomas Aquinas definirt dem entsprechend: *Est igitur anima forma corporis animati. Est igitur anima forma corporis. — Ergo anima est forma et actus corporis. (Gent. II. 57.) — Est autem anima actus corporis organici. (Gent. II. 88.) Anima dicitur primum principium vitae in his, quae apud nos vivunt; animata enim viventia dicimus. (Summa theol. I. quaest. 75. art. 1.)* Man sieht, dass hier die *forma,* von welcher sogleich noch eingehender gehandelt werden soll, identisch genommen wird mit actus, Wirkungsweise, Selbstbethätigung, im Gegensatze zum bloss passiven Bewegt- und Bestimmtwerden von äusseren Ursachen; denn die Seele ist mit dem Körper nicht in jener rein äusserlichen Weise vereinigt, wie der Beweger mit dem Bewegten oder wie ein Mensch mit seiner Bekleidung. *Non igitur unitur anima corpori solum sicut motor mobili vel sicut homo vestimento. (Gent. II. 57.)* Darum auch ist die sinnliche Seele ihrem Sein nach vom Leibe nicht verschieden. *Non est igitur anima sensibilis secundum esse diversa a corpore animato. (Gent. II. 87.)* Das Leben nämlich ist in gewisser Weise das Sein des Lebenden. *Vivere autem est quodammodo esse viventis. (Gent. II. 57.)* Das bloss von aussen Bewegte hingegen hat von dem Beweger nicht das Sein, sondern nur die Bewegung. *Mobile non habet esse per suum motorem, sed solum motum etc.* Jede *Anima* nämlich bildet mit ihrem Corpus, als Form mit der Materie, eine Substanz. Die *Anima* kann deshalb auch nicht von aussen in den Leib hineinkommen; sie ist Eins mit ihm, und darum schon in dem Samen des künftigen Organismus δυνάμει oder potentiell enthalten, also beiläufig so, wie die latenten Kräfte der heutigen Physik vorhanden sind, bevor sie noch in Erscheinung treten. *Non est igitur ante organizationem corporis in semine actu, sed solum potentia sive virtute. (Gent. II. 88.)* In solcher Art müssen beispielsweise die Pflanzensamen bereits das Leben in sich haben, bevor sie der Erde übergeben werden; denn von

dieser, die ja selbst ohne Leben ist, kann es ihnen nicht mitgetheilt werden. *Semina plantarum terrae mandata, nisi in se
vitam haberent, ex terra, quae est inanimis, non possent calescere
ad vitam. (Gent. II. 88.)* Nach Aristoteles *(De Anima I. 3.)*
soll darum gar nicht gefragt werden, ob ψυχή und σῶμα Eins
seien, »sowie man auch beim Wachs und seiner Gestaltung
nicht darnach fragt, und überhaupt nicht nach der Einheit der
Materie eines Dinges mit dem, welchem die Materie angehört«.

Aus dem bisher Gesagten ergibt sich, dass Seele (im
ursprünglichen Sinne von ψυχή und *anima*) sowohl bei Aristoteles als bei Thomas Aquinas mit dem Leibe dem Wesen nach
Eins ist, eine Substanz mit ihm bildet, und in Wirklichkeit von
ihm gar nicht getrennt werden kann; eine Trennung derselben
ist nur im Gedanken möglich und darum die von ihrem Leibe
getrennte Seele ein blosses Gedankending. Aristoteles selbst
erläutert die Sache *(De Anima I. 3.)* populär und bildlich durch
das formirende Was eines belebten und unbelebten Körpers,
nämlich dem eines Beiles und dem eines Auges. »Das Beilsein
bildet dessen (des Beiles) Was oder Wesen und ist daher dessen
Form oder (wenn das Beil Leben hätte) Seele. Trennt man es
ab (d. h. nimmt man dem als Stoff des Beiles dienenden Eisen
diese bestimmte Gestalt, die es zum Beil formt), so ist der
Körper (das umgestaltete Eisen) kein Beil mehr; dieses bleibt
nur dem Namen nach (d. h. nur der Begriff des Beiles bleibt).«
— Dann zum eigentlich Beseelten, zum Organischen, übergehend:
»Wäre das Auge an und für sich (ohne Verbindung mit dem
übrigen Leibe) ein lebendes Wesen, so würde das Sehen seine
Seele sein, da dieses das begriffliche (d. h. nur im Begriff von
seinem körperlichen Stoff trennbare) Sein des Auges ist, und
das Auge wäre dann (ohne das Sehen) nur der Stoff des Sehens.
Fiele das Sehen weg, so wäre auch kein Auge mehr vorhanden,
höchstens dem Namen nach, wie man auch von Augen der
Statuen und der Gemälde spricht. Was aber für den einen Theil
eines lebendigen Körpers gilt, das gilt auch für den ganzen.«

Vor allen Dingen muss hier vor einem Irrthum gewarnt
werden, der sich bei dem mit dem Studium der alten, aristotelisch-thomistischen Psychologie Beginnenden gewöhnlich ein-

stellt, und zwar weniger bei dem noch ganz Neuen und in *philosophicis* Unbefangenen, als bei dem bereits philosophisch Geschulten, da dieser nur schwer von gewissen, ihm geläufig gewordenen Begriffsbestimmungen sich loszumachen im Stande und nur allzusehr geneigt ist, den Terminen der alten Schule moderne Gedanken beizumischen und umgekehrt. Es ist der Irrthum, in Folge des eben Vernommenen, die Seele als blosse vorübergehende Erscheinungsform oder als Accidens des Stofflichen anzusehen, welches letztere demnach die im Wechsel der Accidenzen bleibende Substanz wäre, der ruhende Pol in der Erscheinungen Flucht. Diese Auffassung würde direct zum Hylozoismus führen, den man thatsächlich und auch jüngster Zeit wieder bei Aristoteles und Thomas Aquinas zuweilen entdeckt haben wollte. Nun ist aber die Seele (auch in der alten Bedeutung der Worte ψυχή und *anima*) nicht nur kein blosses Accidens, sondern auch keine bloss in der Weise eines Accidens mit dem Stofflichen verbundene Substanz, die dieses Stoffliche, die Materie, nach einem bei Aristoteles und Thomas von Aquin beliebten Bilde, in beiläufig der Weise in Thätigkeit versetzte, wie der Fährmann das Schiff, denn ἔτι δὲ ἄδηλον εἰ οὕτως ἐντελέχεια τοῦ σώματος ἡ ψυχή ὥσπερ πλωτήρ πλοίου. *(De Anim. II. 1. et Phys. VIII. 4.)* In diesem Falle nämlich wären die Thätigkeiten »gewaltsam« (βιαίως) von einem äussern Princip beigebrachte Bewegungen, automatische Verrichtungen, nicht aber Lebensthätigkeiten; denn: »Als Natur gelten zuerst und hauptsächlich diejenigen Dinge, welche die Bewegung in sich selbst als solche haben (die Organismen also); denn der Stoff heisst nur darum ebenfalls Natur, weil er dieser Natur fähig ist.« *(Metaph. V. 5.)* Aristoteles meint damit, wie wir uns bald des Näheren überzeugen werden, dass der Stoff, d. i. die ὕλη oder Materie, befähigt ist, organisirt zu werden, weil er das Naturleben zwar nicht *actu*, wohl aber *potentiell* (δυνάμει) in sich hat. In derselben Weise lehrt der Aquinat: *Nomen naturae translatum est a rebus viventibus ad omnes res naturales. Nam ipsum nomen naturae, ut philosophus (in Metaphys. V.) dicit, primo impositum fuit ad significandum generationem viventium, quae nativitas (nascitura) dicitur . . . . Consequenter tractum est nomen naturae ad omne principium motus, quod in eo est, quod movetur. (Summa theol. quaest. 115. art. 2.)* Die ψυχή bildet sonach mit dem σῶμα, wie bereits oben erwähnt wurde, eine Substanz und ist das innerste Wesen desselben (ἀναγκαῖον ἄρα τὴν ψυχὴν οὐσίαν εἶναι. *Anim. II. 1.),* wie wir ja auch das Leben als das wahre Sein der lebenden Individuen (τὸ δὲ ζῆν τοῖς ζῶσι τὸ εἶναί ἐστι) gefunden haben. Wir werden uns später davon überzeugen, dass die entgegengesetzte Auffassung gewisser Aussprüche des Stagiriten, der zufolge Seele und Leib, und im Allgemeinen Form und Materie nur rein äusserlich und mechanisch verbunden sein sollen, einen Irrthum von furchtbarer Tragweite in sich schliesst, dessen traurige Folgen keineswegs auf das bloss theoretische Gebiet und auf die Schule beschränkt blieben. Denjenigen aber, welche in der Denkweise eines Aristoteles und Thomas Aquinas Hylozoismus, wo nicht gar Materialismus, wittern, soll hier zur Beruhigung gesagt sein, dass der Hylozoismus die Materie schon ursprünglich beseelt und lebendig sein, der Materialismus aber alles Lebendige, mit Einschluss des Geistigen im Menschen, aus der Urmaterie sich entwickeln lässt. Aristoteles hingegen, und Thomas mit ihm, lehrt, die Seele sei nicht Körper, wohl aber ein zum lebendigen Körper Gehöriges, nämlich das innere Princip des Lebendigen, das eine Substanz mit ihm bildet, also nothwendig zu ihm gehört. Er spricht es kurz und treffend aus mit den Worten: σῶμα μὲν γὰρ οὐκ ἔστι (ἡ ψυχή), σώματος δέ τι. *(De Anim. II. 2.)*

Weil die Seele das die Materie zu einem bestimmten, in sich geschlossenen, einheitlichen Organismus gestaltende Princip ist, so kann sie weder selbst aus Theilen bestehen, noch können mehrere Seelen mit demselben Leibe vereinigt sein. Der letztere Irrthum liegt einer oberflächlichen, rein äusserlichen Kenntnissnahme der einschlägigen Schriften des Aristoteles und Thomas von Aquin darum sehr nahe, weil in denselben zwischen Pflanzen- und Thierseelen unterschieden ist, und der Pflanzenseele die vegetative Lebensbethätigung, das θρεπτικόν, der Thierseele aber die Thätigkeiten des Empfindens, Begehrens und der willkürlichen Bewegung, das αἰσθητικόν, ὀρεκτικόν und κινητικόν zugesprochen werden. Da nun auch im Thiere das vegetative Leben sich thätig zeigt, so muss eine bloss mit Worten sich mühende Leserei fast nothwendig auf den Einfall gerathen, es seien im Thierleibe zwei, im Menschen aber wegen des noch hinzukommenden διανοητικόν (der *anima intellectiva* oder *rationalis* des Thomas Aquinas) sogar drei Seelen vorhanden, welche den an und für sich todten Stoff des Körpers, man weiss nicht recht zu welchem Zweck, mit sich herumschleppen, wie die Schnecke ihr Häuschen. Der erstere Irrthum aber, nämlich die Seele selbst aus zwei oder mehreren Theilen bestehend zu denken, hat seinen vornehmsten Grund in der Beobachtung, dass nicht nur Pflanzenstücke, sondern selbst Theile niederen Gattungen angehöriger Thiere nach der Zertrennung des Körpers fortleben. Sowohl Aristoteles als Thomas sind weit davon entfernt, diese Thatsache zu übersehen, aber auch eben so weit davon, sie nach der Art neuerer Empiriker, die nebenbei auch ein wenig in Philosophie mitreden, als bloss scheinbare Lebensthätigkeiten, als Reflexbewegungen, deuten oder auch einfach mit einer im einzelnen Individuum vorhandenen Vielheit von Seelen erklären zu wollen. Aristoteles findet gar nichts Bedenkliches darin, in den aus ihrem ursprünglichen, wirklichen oder nur scheinbaren Continuum getretenen Stofftheilen des Leibes die Seele fortwirken zu lassen, so lange in ihnen die zu ihren Lebensäusserungen nothwendigen Organe vorhanden sind. Er sagt, diese getrennten Theile seien gleichartig unter einander und mit der ungetheilten Seele, »als wären sie gar nicht trennbar, und als ob die Seele selbst theilbar wäre«. Nur im uneigentlichen Sinne kann somit hier von Theilen der Seele die Rede sein, insoferne nämlich das Beseelte, nicht aber das Beseelende der Theilung zugängig ist. Die Seele ist hier nicht in ihrem Sein und Wesen, sondern nur in Bezug auf den Ort ihres Wirkens getheilt, ein χωριστόν τόπῳ, ein μεγέθει χωριστόν, wie sie darum auch Aristoteles *(De anima II. 2. und III. 9.)* bezeichnet. Auch nach Thomas Aquinas ist die Seele zwar an den Leib, nicht aber an einen bestimmten Ort im Leibe angewiesen. *Si anima esset in loco, oporteret, quod assignaretur ipsi locus proprius in corpore separatus, et sic non esset forma totius corporis. (Comment. de anima I. lect. 6.)* Der Aquinat sagt ferner, dass jene Pflanzentheile und niederen Thiere, die nach ihrer

Zerstückelung nicht nur fortleben, sondern selbst zu neuen selbstständigen Individuen sich gestalten, im Verhältniss zu den höher stehenden Thieren keine eigentliche Mannigfaltigkeit der Lebensthätigkeiten und dem entsprechend auch höchstens nur sehr geringe Unterschiede in den körperlichen Organen aufweisen, so dass bei ihnen fast jeder Theil des Körpers als Organ der Seele dienen kann. *Animalia annulosa decisa vivunt, non solum quia anima est in qualibet parte corporis, sed quia anima eorum, cum sit imperfecta et paucarum actionum, requirit paucam diversitatem in partibus, quae etiam invenitur in parte decisa vivente; unde cum retineat dispositionem, per quam totum corpus est perfectibile ab anima, remanet in eo anima. Secus autem est in animalibus perfectis. (Quaest. disput. de anima 10. ad 15.)* Wenn man jedem der sofort zu einem besonderen Individuum umgewandelten Theile seine besondere Seele zusprechen will, so steht dem gar nichts im Wege; denn es heisst im Grunde nichts anderes, als dass jeder der so getrennten Theile, ohne der übrigen zu bedürfen, lebt. Wir brauchen uns nur streng an den aristotelischen Sprachgebrauch zu halten, um zugeben zu können, dass aus der einen ψυχή der Pflanze oder des Thieres durch Zertheilung des Leibes zwei oder mehrere geworden seien, ohne dass die ψυχή, das heisst die Lebensbethätigung selbst, in Theile zerfällt worden wäre.

Auch ist hier, wie überhaupt bei Aristoteles, die logische Trennung von der physischen streng zu unterscheiden. Das Nichtbeachten dieses Unterschiedes ist schuld daran, dass der verdienstvolle Uebersetzer und Commentator v. Kirchmann das Capitel *De anima I. 5.* missverstanden hat. So sind auch die verschiedenen Kräfte oder Potenzen der Seele, das schon genannte θρεπτικόν, αἰσθητικόν, κινητικόν, sowie das von ihnen, wie wir uns überzeugen werden, dem Wesen und der Herkunft nach unterschiedene διανοητικόν, schlechterdings nicht Theile, sondern selbst da, wo sie im übertragenen Sinne als Theile bezeichnet werden, nur logische Abtheilungen oder Eintheilungen für die Wirksamkeit des einen 'und selben inneren Lebensprincipes, je nach seinen verschiedenen Organen und seinen Verhältnissen zu den Objecten der Aussenwelt. In jeder derselben lebt und wirkt das eine und ungetheilte seelische Princip. *Potentia animae nihil est aliud, quam proximum principium operationis animae. (Summa theol. I. Quaest. 78. art. 4.)* Darum erklärt der hl. Thomas von Aquino in seinem die dunkelsten Stellen, die kaum halb ausgesprochenen Andeutungen des Stagiriten mit geradezu wunderbar scheinender Sicherheit erläuternden Commentar zu der aristotelischen Abhandlung Περὶ ψυχῆς, dass die von Aristoteles genannten Theile der Seele immer als blosse Potenzen der einen nicht aus Theilen zusammengesetzten Seele zu nehmen seien. *Manifestat, quod per potentias idem intelligit, quod supra per partes. (De anima II. lect. 5.)*

Fassen wir das Gesagte kurz zusammen, so ergibt sich als Resultat: Wir müssen, wenn wir von Seele im Allgemeinen, von ψυχή und *anima* im aristotelisch-thomistischen Sprachgebrauch reden, uns einerseits losmachen von der gewohnten Vorstellung eines den Leib bloss bewohnenden, aber von ihm substantiell verschiedenen Geistwesens, haben uns aber auch andererseits vor der Verwechslung der Seele mit einem blossen Product des materiell Körperlichen oder einem blossen Accidens desselben sorgfältigst zu hüten. Die kürzeste und darum beste Definition von Seele im Allgemeinen wäre jedenfalls: *Anima per seipsam est actus sive forma corporis organici dans ei esse specificum. (De unitate intellectus adversus Averroistas.)* Durch ihr blosses Sein also ist die Seele Ursache vom specifischen Sein ihres Leibes, da er ja eben ohne sie nicht wäre, sie selbst aber hinwiederum nicht ohne ihn ins Dasein tritt. Durch die Seelenkräfte (*potentiae, vires, virtutes,* auch als *partes animae* bezeichnet) aber ist sie die Form einzelner Theile des Körpers, die sie zu bestimmten Operationen befähigt, im Menschen aber auch gewisser Operationen, die nicht durch körperliche Organe ausgeübt werden, obgleich sie in diesem Leben nie anders als in Verbindung mit diesen körperlichen Organen zu Stande kommen. *Potentiae ejus (animae) sunt actus partium quarundam corporis perficientes ipsas ad aliquas operationes. (De unitate intellectus.)* — *In anima nostra sunt quaedam vires, quarum operationes per organa corporalia exercentur. et hujusmodi vires sunt actus quarundam partium corporis, sicut est visus in oculo, auditus vero in aure. Quaedam vero vires animae nostrae sunt, quarum operationes per organa corporea non exercentur, ut intellectus et voluntas, et hujusmodi non sunt actus aliquarum partium corporis. (De potentiis animae.)*

Wir sehen, dass der hl. Thomas sich gezwungen sieht, zwischen Seele im Allgemeinen und Menschenseele *(anima nostra)* zu unterscheiden, wie schon Aristoteles, der mit seiner ihm selbst unerwarteten Entdeckung, dass nicht die ganze Seele Natur sei, dass der νοῦς von aussenher (θύραθεν) zu den leiblichen Seelenpotenzen hinzukommen müsse, dass aber das διανοητικόν als Einfaches und Untheilbares auch kein Bruchtheil oder Ausfluss eines selbst wieder Einfachen und Untheilbaren (νοῦς oder θεῖον) sein könne, erstaunt und fast geängstigt vor dem ihm neuen und unaussprechlichen Schöpfungsgedanken steht. Doch fühlte sich weder Aristoteles noch Thomas desshalb gedrängt, eine Ausnahme von der allgemeinen Begriffsbestimmung zuzulassen: *Anima est forma substantialis corporis animati seu organici. — Anima est actus corporis organici. (Summa contra Gentiles II. 88.)* Zum vollen Verständniss dieser Definition aber, mit der wir recht erwogen den Fuss ins innerste Heiligthum der Philosophie der Vorzeit setzen, ist es unerlässlich, dass wir uns vorerst in viel ernsterer Weise, als dies in modernen Referaten über die Scholastik zu geschehen pflegt, mit den beiden Begriffen Form und Materie befassen, von denen selbst der denkgewaltige Augustinus sagt, dass ihm erst nach langem Forschen und Gebet das rechte Verständniss, mit diesem aber auch das hellste Licht über die Natur der geschaffenen Dinge sich erschlossen habe. Wenn darum, wie ich fürchte, mancher nach einem Resultat begierige Leser sich betreffs der »materialistischen Färbung« der peripatetischen Seelenlehre nun noch mehr beunruhigt fühlt, kann ich einstweilen nur auf Artikel V vertrösten.

II. Was ist Form?

Das einigende Band in den Naturdingen. — Collectiveinheit und reale Einheit. — Diderot's Vorschlag, eine Marmorstatue zu beseelen. — Die Continuität. — Art und Artbegriff. — Substantiale und accidentale Formen.

> Ich verstehe unter dem Unstofflichen das wesentliche Was des Gegenstandes.
>
> Aristoteles. *(Metaph. VII. 7.)*

> Was und welches Was das Selbstständige ist, möchte ich von einem andern Anfange aus darlegen. Vielleicht wird auf diesem Wege auch ein Aufschluss über jenes Selbstständige gewonnen, welches getrennt von dem Sinnlichen besteht.
>
> Aristoteles. *(Metaph. VII. 17.)*

Es zieht ein Strom vorüber. Die Wellen in ihm rauschen und rollen ohne Unterlass, die eine folgt der andern, keine bleibt. *Labitur et labetur in omne volubilis aevum.* Auch die Ufer ändern sich im Lauf der Zeiten, und selbst der Lauf des Stromes nimmt oft eine neue Richtung an, so dass seine Wellen in einem neuen Strombett hinziehen. Nichtsdestoweniger ist es derselbe Strom, der schon vor hunderten von Jahren floss. Die heutigen Bewohner seiner Ufer nennen ihn noch mit demselben Namen. Was ist das Bleibende in ihm, das Wesentliche, das ihn zu diesem so benannten Strom macht und als diesen ihn erhält im steten Wechsel all' seiner Bestandtheile? — Ist es der Flussgott, der in ihm haust und ihn von der Quelle bis zum Meer beherrscht? Ist es die bleiche, den Schiffer mit zauberhaftem Sang bethörende Nixe? — Wir klugen und vielbelehrten Leute müssen die Märchen den Kindern lassen, und wir gestatten kaum dem Dichter und dem Künstler mitunter noch zu reden und zu thun, als wären sie, gleich der Poesie selbst, nach

Schiller's Wort »aus kindlichem Geschlechte«. Nur wer zum
ersten Mal im Leben vom Schloss Laufen hinuntergestiegen an
den schäumenden Wänden und hineingerudert ist mitten in den
tosenden, donnernden, die Felsen erbeben machenden Rheinfall,
dem ist noch lange darnach zu Muthe, als hätte er ein trau-
liches Stündchen mit dem weissbärtigen Vater Rhein gekost.
Und wer das erste Mal von Mainz nach Cöln hinabgetragen
wird von den vielbesungenen glasgrünen Wassern, vorüber an
all' den sagengeschmückten Thürmen und Schlössern, der braucht
nicht sonderlich poetisch angelegt zu sein, um aus den Tiefen
herauf die Wasserfrauen singen und das Rheingold klingen zu
hören. Er vergisst ein Weilchen auf den ihm andressirten
realistischen Zug, demzufolge die krystallenen Fluthen so wenig
mehr von seelischen Wesen bewegt werden, als die Planeten
von Untergöttern und Engeln, sondern Alles ganz mechanisch
dem Gesetz der Gravitation folgt, vergisst, dass es einzig und
allein die Schwerkraft ist, der all' die Billionen Tröpflein gehorchen, wenn sie zum Meer hinunterwandern, und dass der Strom
in Wirklichkeit nicht einen Augenblick derselbe bleibt, daher
der dunkle Heraklit Recht behält mit seinem unsterblichen
Ausspruch: »In dieselben Ströme steigen wir hinab und nicht
hinab, denn in denselben Strom vermag Keiner zweimal zu
steigen.« Was stets dasselbe bleibt in diesem vielgestaltigen
Wechsel, es ist nichts als ein Name für einen von uns gebildeten Begriff, ein *flatus vocis* und nichts weiter.

Ist es in gleicher Weise mit den Bildungen der Thier-
und Pflanzenwelt bestellt? — Wir wissen, dass der Körper des
organischen Naturwesens aus keinen anderen materiellen Bestandtheilen sich aufbaut, als denen, die auch in der anorganischen
Natur sich finden; doch stehen und wirken diese selben Bestandtheile im Organismus unter ganz anderen Gesetzen als denen
der Gravitation, der Trägheit, der chemischen Verwandtschaft,
der blossen Molecular- und Massenbewegungen, wie sie uns die
Physik kennen lehrt. Aus dem Mineralreich bildet sich die
Pflanze ihren Leib, aber sie bildet sich ihn eben selbst, indem
sie die aus Erde, Wasser und Luft mit eigensinnigster Wahl
entlehnten Stoffe in jener nur ihr eigenthümlichen Wirkungs-

weise umbildet, die selbst der ganz ungeübte Verstand mit aller
Sicherheit vom Wirken der im Reiche des Anorganischen thätigen
Naturkräfte unterscheidet. Die Lilie scheint einen lieblichen
Traum zu träumen und ihn verwirklichen zu wollen, eine blinde
Künstlerin nach des Stagiriten schönem Wort; denn wie das
schlafende Kind mit seinen Händchen nach all' den lieben Sachen
langt, die ihm der Traum vorgaukelt, so auch langt und tastet
sie herum mit ihren Wurzelfasern und sonstigen Organen, um
sich das zarte königliche Kleid zu spinnen, in dem sie schöner
prangt als Salomo in seiner Pracht. Diderot hat eine kurze
Anweisung gegeben, um eine Marmorstatue zu beseelen, d. h.
zunächst zur Pflanze und mittelbar in Fleisch und Blut umzu-
wandeln. Das Recept lautet einfach genug: Man zermalme die
Statue zu feinem Staub und streue diesen auf den Acker. Er
wird, vom Thau und Regen aufgelöst und von Pflanzenwurzeln
aufgesaugt, bald genug grünen, blühen, den Thieren zur Nahrung
dienen, und bälder noch als Chylus in die Saugadern und von
diesen in die Venen und Arterien wandern, um als lebendiges
Blut den Leib zu beleben, neuzubilden und mit ihm des Lebens
Lust, des Lebens Weh zu tragen. Ganz richtig. Uebersehen
ist dabei nur, dass der auf den Acker gestreute Marmor-
staub in *secula seculorum* Marmor bleiben wird, wenn
nicht auf diesem Acker bereits organisirte Wesen sich
finden, Pflanzen, die das grosse Wunder der Transsubstantiation einzuleiten befähigt sind. Er selbst allein
vermag es nicht.

Der Leib der Pflanze und des Thieres entwickelt sich
aus der winzigen, dem unbewaffneten Auge unsichtbaren Keimzelle, die einen geradezu verschwindend kleinen Massentheil
bereits organisirten Stoffes enthält, und mit ihm das Leben. Er
wächst und gliedert sich, immer neue Stofftheile sich anbildend
und zugleich die älteren ausscheidend. Der Gedanke, dass diese
stets kommenden und gehenden, in passiver Weise an- und
umgebildeten Theilchen nicht das Bleibende seien, nicht das
activ Gestaltende und Bildende selbst, bemächtigt sich unser
mit unwiderstehlicher Evidenz, nicht als ein in Folge ange-
stellter Reflexion gewonnener Schluss, sondern selbst aller ver-

suchten gegentheiligen Reflexion zum Trotz gleich einer unmittelbaren Intuition. Die stofflichen Theile in ihrem unablässigen Kommen und Gehen zeigen nicht wenig Aehnlichkeit mit den stets sich ablösenden, wechselnden und wandernden Wassern des Stromes. Was aber ist hier das Wesen, das während ihres Verbleibens im organisch gebildeten Leibe sie insgesammt durchwaltet und in ihnen sich entfaltet, das Beharrende, das sie gestaltet, das Dominirende, welches ihnen das Siegel seiner Macht aufdrückt und sie nach neuen, vordem ungewohnten Normen sich bewegen lässt? Wo ist das einigende Band, das sie umschlingt, so dass die einzelnen, sonst sich fremden Atome und Kräfte zum Ganzen sich zusammenschliessen, dessen Theile sich nicht mehr ausserwesentlich sind, sondern einem gemeinsam angestrebten Zwecke dienstbar geworden, sich auch gegenseitig dienen, sich bestimmen und bedingen in nicht genug anzustaunender Harmonie, dabei aber dennoch ihrem innersten Sein nach bleiben, was sie waren, und es jedenfalls nach ihrem Austritt aus dem Zauberkreis, in dessen Bann sie standen, auch in ihrer äusseren Erscheinung und Wirkungsweise wieder sind? — Ist dieses lebendige und lebenspendende geheimnissvolle Eine ebenfalls ein blosser Name, ein *flatus vocis*, ein *signum pro re*, das uns, wie zuvor beim Strom, die zahllos zusammengewürfelten Theileinheiten der leichteren Uebersicht wegen im Begriff als Collectiveinheit erfassen lässt? — Diese Theileinheiten, somit auch ihre durch den Begriff im Wort ausgedrückte Summe oder Collectiveinheit des Stofflichen haben ja offenbar mit unserem gesuchten x. diesem räthselhaften lebendig Einenden und Einen, sehr wenig zu schaffen, weil dieses schon in jenem ersten Stofftheilchen, welches der Keimzelle als materielles Substrat dient und kaum dem schärfstbewaffneten Auge als verschwindend dünnes, einen mit Flüssigkeit umgebenen Kern enthaltendes Häutchen erscheint, ganz und voll enthalten ist. Der unbefangene, und das will hier sagen: der noch von keinem Vorurtheil befangene Menschenverstand antwortet auf unsere Frage mit einem entschiedenen und lauten Nein! Der Verstand, der wirklich denkt, das heisst selbst beobachtet, urtheilt, überlegt und nicht bloss nachspricht, kann sich das unbekannte Eine in mannigfacher Art und Weise denken, als Dryade, die den Baum beseelt, und ächzend und wehklagend mit ihm stirbt, als Elfe, die den Blumenleib bewohnt und nächtlicher Weile ihm entschlüpft, um im Mondenschein mit ihren Schwesterlein den Reigen zu halten, oder an schlafenden Philistern Schabernack zu treiben, als platonische Idee, die wegen ihrer Fahrlässigkeit beim Lenken des himmlischen Gespannes heruntergestürzt ist in das Reich der ungeschlachten, finsteren Materie und nun von dieser mittelst des Körpers wie in einen Kerker eingeschlossen, die Kerkerwände selbst mit ihrem Licht durchleuchtet und der sie fesselnden Materie den Stempel ihrer höheren Abkunft aufdrückt, als leibnitzische Centralmonade, die als Seele beharrt und waltet im Körper, als in einem Complex von unaufhörlich ein- und austretenden, gleich den Fluthen des Stromes im rastlosen Wechsel begriffenen (dans un flux perpetuel comme des rivières) und sich verdrängenden Monaden, und so fort in den verschiedenartigsten volksthümlichen oder systematischen Naturanschauungen, je nach den Wendungen des mit bunten Bruchstücken der Vernunft und Phantasie gefüllten Kaleidoskops; nur als Eines vermag der wirklich denkende Verstand es nicht zu denken, als *caput mortuum* der Abstraction, als leeren Beziehungspunkt und blosses Gedankending, dem kein Reales in der objectiven Wirklichkeit entspricht. Dagegen spricht mit der lauten, unüberschreibaren Stimme der Natur, um nur das Naheliegendste und Einfachste anzuführen, beim blossen unbefangenen Blick auf jeden organischen Körper schon die Continuität desselben. Die Einheit, zu welcher in ihm die Theile der ihn constituirenden Materie zusammengewachsen sind, ist eine wesentlich verschiedene von der bloss mechanischen Zusammenfügung, dem nur äusserlichen Zusammenhange. Sie postulirt mit einer Art Natur- und Denknothwendigkeit ein inneres einigendes Princip, welches die sämmtlichen Theile durchdringt und in ihnen, den durch den Raum noch immer von einander geschieden zu denkenden, selbst räumlich ungetheilt bleibt, so dass sie während ihrer Angehörigkeit an den Organismus mit diesem nach dem alten Schulausdruck ein *indivisum* bilden, d. h. ein Solches, welches nach Goethe's treffendem Wort neben den Theilen in der Hand noch »das geistige Band« erheischt, eine der dem materiell Stofflichen von Haus aus eigenthümlichen Vielheit und Theilbarkeit entgegenwirkende, seinen Zug nach Ausdehnung und Zerfall überwindende Macht voraussetzt. Als mein unvergesslicher Physikprofessor uns jungen Philosophen auseinandersetzte, die Theile des gebrochenen Holzstückes liessen sich nur darum nicht mehr in den früheren *status quo* bringen, weil es uns unmöglich sei, die an der Bruchfläche entstandenen Zwischenräume wieder genau auszufüllen, was aber durch das Bestreichen derselben mit Leim geschehen könne, da wendete ich mich unwillkürlich nach meinen Collegen, und sah auf den Lippen derselben ein ungläubiges Lächeln schweben, das auch unser verehrter Lehrer nur mit augenscheinlicher Mühe verbergen konnte. Mit Recht folgert darum auch Thomas Aquinas, abgesehen von so vielem Anderem, schon aus der Continuität des Ausgedehnten die nothwendige Annahme eines activen und passiven Princips, eines *actus* und einer *potentia* einer Form und Materie. *Ex duobus aut pluribus non potest fieri unum, si non sit aliquod uniens, nisi unum eorum se habeat ad alterum ut actus ad potentiam; sic enim ex materia et forma fit unum, nullo vinculo extraneo eas colligante. (Summa contra Gentiles II. 18.) Non enim plura possunt simpliciter fieri unum, nisi aliquid ibi sit actus et aliud potentia. Quae enim actu sunt (tantummodo), non uniuntur, nisi quasi colligata et sicut congregata. Quae non sunt unum simpliciter. (Ibidem I. cap. 18.)*

Aristoteles nun bezeichnet das gesuchte, schwer mit Worten genau zu Bestimmende, welches dem Stoff oder der Materie (ὕλη) als dem stets Wandelbaren, Ungestalteten und Vielen, Halt, Gestalt und Einheit, als dem nur der Möglichkeit nach etwas Seienden ein bestimmtes Sein und Wirklichkeit verleiht, gewöhnlich mit dem allerdings vieldeutigen und von der Sache, um die es sich handelt, sehr wenig aussagenden Namen μορφή, Form. Das Wort ist zunächst im nur bildlichen Sinne zu nehmen, und Aristoteles selbst gebraucht mehrfach als Gleichniss zu einer mehr populären Darlegung seiner Lehre

das zu einer bestimmten Gestalt umgeformte Wachs. Der dieser
Gestalt zur Grundlage oder zum Substrat (ὑποκείμενον, nach
scholastischer Terminologie zum *subjectum*) dienende Stoff des
Wachses ist ihm, als ein noch nicht zur bestimmten Gestalt
geformter gedacht, ein Bild, aber eben nur ein Bild, für
die noch ganz unbestimmt und ohne jegliche Daseinsweise zu
denkende ὕλη; die Gestaltung des Wachsstoffes zur plastischen
Darstellung eines Menschen oder Pferdes ist das Bild, aber
wieder nur das Bild und Gleichniss, für die Form. Das Gleichniss klappt darin, dass die Form, das heisst hier die Gestalt
des Menschen oder Thieres, mit dem Stoff, an dem sie haftet,
einer und derselben Substanz ist, und von ihm nur im Denken,
nicht aber in der Wirklichkeit gesondert werden und in dieser
Sonderung für sich bestehen kann (*subsistens esse* sagt die
Scholastik); es hinkt aber vor allen Dingen darin, dass der
Wachsstoff schon als solcher nicht mehr blosser Stoff, Materie
oder ὕλη ist, sondern bereits seine Form, nämlich die Natur
des Wachses, hat, dass also durch die Formirung zur Gestalt
ihm nicht erst die Angehörigkeit zu einer bestimmten Art oder
Gattung von Naturwesen verliehen wird; denn er ist schon vor
dieser Gestaltung, als der zum Wachs formirte Urstoff, ein
Seiendes, ein Wirkliches und nicht bloss Mögliches, nur δυνάμει
oder *in potentia* Seiendes. Wohl aber klappt das Gleichniss
darin wieder, dass die Gestalt, die dem Wachs gegeben wurde,
obwohl sie nur im Gedanken von ihrer Materie trennbar sich
erweist, dennoch kein blosser Begriff ist, sondern ein objectiv
Gegebenes, ferner darin, dass unser noch nicht absichtsvoll
gestaltetes Wachs die Fähigkeit oder Möglichkeit (potentia) in
sich schliesst, zu den verschiedenartigsten Gebilden transformirt
zu werden. Auch die noch ungeformte Materie (ὕλη, Urmaterie,
materia prima) enthält nach Aristoteles und Thomas Aquinas
die Möglichkeit (das Vermögen), zu Allem formirt zu werden
was da erscheint, lebt, kreucht und keucht im unübersehbaren
Haushalt der Natur. Und auch die μορφή im nicht bloss bildlichen Sinne, die Form als Dasein gebendes, gestaltendes, bele-
bendes Princip, darf nach Aristoteles und Thomas nicht mit dem
blossen Artbegriff verwechselt werden, sondern ist, wo über-

haupt eine Mehrheit gleichartiger Individuen vorhanden ist, die Art selbst, d. h. jenes Allgemeine, aber nicht bloss begrifflich Allgemeine, sondern sehr Reale, welches nicht etwa als leere Abstraction nur im Verstande existirt, sondern in den sämmtlichen Individuen einer Art oder Gattung sich darlebt, indem es dieselben eben zu dem macht, was sie als Angehörige der Gattung sind. Dasjenige also ist im strengsten Sinn die Form, was beispielsweise in der Löwengattung den Stoff zum Löwen substantialisirt, nicht aber zum Pferd oder Wolf, die *leoninitas* im Gegensatz zur *equinitas* und *lupinitas*, wie ein echter Magister der sieben freien Künste aus dem eilften und zwölften Jahrhundert sagen möchte.

Dem aufmerksamen Leser dürfte bereits aufgefallen sein, dass wir es hier mit einer sehr bestimmten Art von Form zu thun haben, und auch fernerhin zu thun haben werden, mit jener Form nämlich, die nicht etwa nur gewisse unwesentliche Abänderungen am schon substantialisirten, das heisst zum Individuum einer Gattung gewordenen Stoff hervorbringt, der sogenannten *forma accidentalis*, sondern jener gestaltenden Macht, die den Stoff substantialisirt, und die darum auch Aristoteles als τὸ τί ἦν εἶναι, Thomas von Aquin aber als *forma substantialis* bezeichnet. Die Gestaltung des Wachses zum Löwenabbild ändert nicht das Wesen des Wachses, trifft nicht die Substanz, und liefert uns daher nur ein Beispiel der accidentellen Form; ein Beispiel der substantialen Form hingegen haben wir, wenn wir uns eine Macht in Wirksamkeit denken, welche dem Wachs diese seine Wachsnatur (durch die στέρησις, *corruptio*) nimmt, das heisst es in die bestimmungslose ὕλη, die Urmaterie, zurückversetzt, um aus dieser den wirklichen Löwen erstehen zu lassen.

Um nicht mit allzuvielen noch ungewohnten Terminen zu ermüden, will ich zur Vollständigkeit des Gesagten nur noch erwähnen, dass solche substantiale Formen nicht bloss in den lebenden Organismen, sondern auch im Reiche des Anorganischen thätig sind, der Name ψυχή, *anima* aber ausschliesslich der den leiblichen Organismus gestaltenden und belebenden Form gebührt.

Nun aber möchte ich dem geneigten Leser, der mir noch weiter zu folgen entschlossen ist, den Rath ertheilen, im Lesen einzuhalten, um sich Ruhe zur lohnenden Rück- und Umschau zu gönnen, ohne die bekanntlich auch die schönste Bergpartie oft keinen Werth hat. Auch kann ich, an diesem Aussichtspunkte angelangt, nicht umhin, Demjenigen, der etwa meinen sollte, die schwere und folgenschwere Doctrin von der Form und Materie bereits erfasst zu haben, die Eröffnung zu machen, dass wir noch weit vom Ziele sind, und auf den wenig betretenen, oft steilen und Schwindel erregenden Pfaden, die sich hart an den Abgründen gefährlicher Irrthümer hinziehen, der Hand eines verlässlichen Führers gar sehr bedürfen. Dieser wird kein Geringerer sein, als der grösste Schüler des grossen Lehrers von Stagira, der aber, wie einer der gründlichsten Aristoteliker eben so geistreich als wahr bemerkt, nicht Alexander, der König von Macedonien, ist, sondern Thomas von Aquino.

III. Von Gott, dem ersten Beweger.

Landläufige Missverständnisse über den aristotelischen Gott. — Thomas von Aquino, Kant und der ontologische Beweis. — Der *regressus in infinitum.* — Der erste Beweger und eine Entdeckung der neuesten Physik. — Das physiko-theologische Moment bei Aristoteles. — Aristoteles ist kein Deist. — Als was denkt sich Gott, wenn er nur sich selbst zum Object des Denkens hat? — Wenn Gott nur mittelbar auf die Welt wirkt, auf was wirkt er dann unmittelbar? — Der Heide und die Wahrheit.

Es gibt drei Arten der wissenschaftlichen Philosophie, nämlich die Mathematik, die Naturwissenschaft und die Wissenschaft vom Göttlichen.
Aristoteles. *(Metaph. VI. 1.)*

Wenn man den Berichten Derjenigen trauen könnte, die nach dem treffenden Ausspruche eines geistvollen Historikers die Philosophen nach der Elle verschleissen und deren Artikel guten Absatz finden, weil die Fabriks- und Dutzendwaaren billiger zu haben, und weil nach ihnen besonders Aristoteles und Thomas von Aquino, die eigentlich nur sehr hausbackene Dinge, bloss mit ein bischen anderen Worten, als das der Pfarrer sagt, geschrieben hätten, gar so leicht zu verstehen sind, so stünde es mit dem Gott des Aristoteles beiläufig so:|

Unter Gott versteht Aristoteles, und Thomas Aquinas mit ihm, den ersten Beweger (πρῶτον κινοῦν) der Welt. Dieser muss selbstverständlich existiren, weil der Weltstoff, d. i. die Materie, die übrigens mit Gott gleich ewig ist, sich ja nicht selbst in Bewegung versetzt haben konnte, was gar keines Beweises bedarf. Gott, der erste Beweger, also bringt diese ewige Materie, die, nebenbei gesagt, nie ohne Form existiren konnte (*Mundum incepisse sola fide tenetur*, sagt darum St. Thomas), dadurch in

Bewegung, dass er ihr die sogenannten Formen einverleibt. Woher diese stammen und was sie eigentlich sind, das lässt sich schwer, vielleicht gar nicht sagen, weil man es eben nicht weiss und wahrscheinlich auch nicht wissen kann, weil der Herr im Paradiese den Baum des Lebens, der sehr möglicher Weise der Ursprung der sogenannten Formen, wenigstens der Lebensformen oder Seelen ist, den Augen der Staubgebornen entrückt hat. Es lassen sich demnach unter Vortritt der beiden grössten Aristoteliker, nämlich des Alexander von Aphrodisias und des Averroës, hierüber nur zwei wohlbegründete Vermuthungen anstellen, die streng genommen sogar so wohlbegründet erscheinen, dass sie, wie jeglicher *syllogismus cornutus,* ein Drittes nicht zulassen. Einige also glauben und lehren (nach Averroës), die Formen träufelten aus einem über der Materie, wie der Geist Gottes über den Wassern, schwebenden allgemeinen Formprincip, das von manchen Gelehrten dieser Schule auch Geist genannt wird, in die Materie gleich dem befruchtenden Regen herab; nach der Wohlmeinung anderer angesehener Lehrmeister aber soll dieses Formprincip einfach mit dem lieben Gott selbst identisch sein, was schon daraus unzweifelhaft folge, dass Aristoteles die Form überhaupt und den νοῦς ποιητικός, den *intellectus agens* des Aquinaten, insbesonders ein Göttliches nennt, Thomas aber ihm darin ganz unbedenklich beistimmt, indem er schreibt: *Unde philosophus in I. Phys. formam nominat quoddam divinum et appetibile.* (*Periherm I. lect. 3.*) — *Convenienter (Aristoteles) dicit de forma loquens, esse quoddam divinum. (Summa c. Gent. I. 3. c. 97, und Summa theol. I. quaest. 44. a. 3.)*

Demungeachtet ist hiermit, so wird des Weiteren versichert, kein Pantheismus oder, *sit venia verbo,* Semipantheismus eingeleitet; viel eher könnte das gerade Gegentheil desselben gefolgert werden, nämlich ein Dualismus zweier qualitativ verschiedener ewiger Principe à la Ormuzd und Ahriman, deren eines die Materie (oder Natur, wie einige dieser Gelehrten auch commentiren), das andere aber das dieselbe bewegende und mit Gott identische Formprincip (nach ihnen Geist) wäre. Die einzelnen Formen erweisen sich somit als veritable Emanationen Gottes, was dem Weisen aber keine Scrupel zu machen braucht, da ja nach der Lehre des hl. Thomas Aquinas sogar die ganze Welt nur eine Emanation Gottes sein soll; denn *Summa theol. I. quest. XLV. art. 1.* steht geschrieben, dass man die Schöpfung am besten definiren könne, als *emanationem totius entis e causa universali, quae est Deus; et hanc quidem emanationem designamus nomine creationis.*

Man wird sich nach geschehener Bewunderung dieser *specimina eruditionis* nicht etwa noch mehr verwundern, wenn man obendrein zu hören bekommt, dass dieser aristotelische Gott sich um seine Welt nicht weiter kümmert, sondern, nachdem er sie in Bewegung versetzt hat, sie eben laufen lässt. Er thront hoch über ihr in seliger Ruhe und Selbstgenügsamkeit, wie die Götter Epicurs im leeren Raum zwischen den Welten; denn sein Denken hat nur sich selbst zum Gegenstande, wesshalb es als νοήσεως νόησις bezeichnet wird. Sonach ist dieser Aristoteles der eigentliche Vater des Deismus, woraus zu ersehen, wie der stockblinde Heide trotz seines natürlichen Scharfsinnes eigentlich nur mit sich selbst in Widerspruch geräth, wenn er z. B., wie ich nur im Vorbeigehen anmerken will, den von ihm übrigens so hochgeschätzten Anaxagoras *(Metaph. I. 3.* und *Phys. VIII. 5.)* dafür tadelt, dass dieser dem von ihm in die Philosophie eingeführten νοῦς kein wichtigeres Geschäft bei der Weltbildung anzuvertrauen wusste, als die Theilchen des Weltenstoffes ein für allemal in wirbelnde Bewegung zu versetzen, oder wenn er *(Polit. VII. 8.)* die Sorge für den Gottesdienst als eine der wichtigsten Angelegenheiten des Staates bezeichnet und für den dafür bestimmten obersten Beamten den Königstitel gebührend erachtet, oder auch wenn er *(Eth. Nicom. X. 9.)* den nach den Vorschriften der Vernunft sein Handeln einrichtenden Menschen als Liebling Gottes (θεοφιλέστατος) bezeichnet.

Worte wie Bewegung, erster Beweger, unbewegter Beweger, Emanation, Ewigkeit der Materie, Entstehung der Form aus der Materie u. dgl. sind für Solche, die sich mit Worten begnügen, leicht hingeschrieben, auch ist es nur Kinderspiel, ihnen seine höchsteigenen *commenta* als Commentar aufzuhalsen; aber die ursprüngliche Bedeutung zu finden und festzuhalten, das ist schwer, oft sogar sehr schwer, und fordert immerhin einige, wenn auch nicht geradezu übermenschliche Anstrengung; denn auch der Mühe Lohn ist gross.

In seiner Kritik des jener Tage noch stark cultivirten ontologischen Gottesbeweises kommt Thomas von Aquino zu ganz demselben Ergebnisse, wie fünfhundert Jahre später Immanuel Kant, nämlich, dass ein, wenn auch mit aller möglichen Denknothwendigkeit, gedachtes allerrealstes, oder allervollkommenstes, oder höchstes Wesen, über welches hinaus kein höheres gedacht werden könne, doch ewig, so lange es als seiend bloss gedacht wird, eben eine nur gedachte Existenz habe, deren thatsächliches Vorhandensein ausserhalb des Intellectes eben noch fraglich sei, weil, um der Kürze und Popularität wegen Kant selbst hier mitreden zu lassen, hundert gedachte Thaler in meinem Besitzstande nichts ändern, mag ich dieselben als möglich oder wirklich mir in die Casse hineindenken. *Ex hoc autem, quod mente concipitur, quod profertur hoc nomine »Deus«, non sequitur Deum esse, nisi in intellectu. Unde non oportebit id, quo majus cogitari non potest, esse nisi in intellectu: et ex hoc non sequitur, quod sit aliquid in rerum natura, quo majus cogitari non possit. (Summa contra Gentiles I. 11.)* Uebrigens geht Thomas noch ungleich kritischer zu Werke, als selbst der Verfasser der Vernunftkritik, der wenigstens die Denknothwendigkeit des allerersten Wesens unangetastet lässt, während St. Thomas auch diese nicht zugibt, da er am angeführten Orte sagt: *Non omnibus notum est, etiam concedentibus Deum esse, quod Deus sit id, quo majus cogitari non possit, quum multi antiquorum mundum istum dixerint Deum esse.* — Auch hier wieder erweist sich der Aquinat als der grösste Schüler und für Jahrhunderte hinaus einzige Kenner des Aristoteles, der ja, genau betrachtet, dasselbe sagt, wenn er in den zweiten Analytiken *(II. 7.)* umständlich auseinandersetzt, dass der Begriff des Seins und die thatsächliche Existenz zwei von einander *toto coelo* verschiedene Dinge seien, und dass das wirkliche, nicht bloss gedachte Sein, die Existenz, nicht unter die Prädicate gehöre, welche die Definition einer Sache liefern. (Τὸ δ' εἶναι οὐκ οὐσία οὐδενί· οὐ γὰρ γένος ἔστι τὸ ὄν.) Auch bezeichnet

er die Kategorien als das, wodurch das Sein begrenzt wird
(οἷς ὥρισται τό ὄν), also nicht als das Sein selbst.

Im Gegensatze zu den meisten seiner Zeit bestehenden
Schulen legt Thomas mit Aristoteles das Hauptgewicht auf die
thatsächliche Bewegung der Welt, die einen ersten, also
nicht mehr passiv bewegten Beweger postulirt. *Necesse
est in rerum natura inveniri unum primum ens immobile, primum
efficiens necessarium, non ex alio, maxime ens, bonum et optimum,
primum gubernans per intellectum et omnium ultimum finem, qui
Deus est. (Summa theol. I. qu. 2. art. 3.)* Gegen den Einwurf,
es liesse sich ein *Regressus in infinitum* annehmen, ein unauf-
hörlicher Fortgang vom Bewegten zum Bewegenden, von der
Wirkung zur Ursache, da jede gefundene Ursache selbst wieder
als Wirkung angesetzt werden könne und kein Grund im
Denken vorhanden sei, bei einer sogenannten ersten Ursache,
die als solche nicht mehr Wirkung sei, also beim πρῶτον κινοῦν,
Halt zu machen, erörtert St. Thomas wieder so ganz im echt
aristotelischen Geiste, dass man ein wiederaufgefundenes Capitel
der aristotelischen Metaphysik vor sich zu haben glaubt, es
könnten diese *causae mediae*, weil sie ja nur durch Anderes,
ihnen Aeusserliches in Thätigkeit versetzt werden, doch nur im
uneigentlichen Sinne Ursachen genannt werden; in der That seien
sie blosse Wirkungen, und sie könnten überhaupt gar nicht
sein, wenn nicht jene erste Ursache ihnen zu Grunde läge, mit
deren Bestreitung ganz folgerichtig nur die Wirkung ohne
Ursache behauptet, somit das Causalitätsgesetz selbst geleugnet
würde. Ich erwähne dieses Umstandes hauptsächlich darum,
weil man jüngster Zeit, besonders in Schopenhauer's Schule, das
armselige Sophisma, das Causalitätsgesetz fordere, da es für
jede gefundene Ursache unerbittlich wieder eine Ursache ver-
lange, geradezu den *Regressus in infinitum*, als eine allerneueste
Entdeckung zu rühmen nicht müde wird. Zum Beleg, dass
diese allerliebste Schnurre schon in den Tagen des Aquinaten
eine abgethane Sache war, mögen darum noch seine höchsteigenen Worte folgen. *Hic autem non est procedere in infinitum,
quia sic non esset aliquod primum movens, et per consequens
non aliquid aliud movens, quia moventia secunda non*

*movent, nisi per hoc, quod moventur et mota sunt. —
In omnibus causis efficientibus ordinatis primum est causa medii,
et medium est causa ultimi, sive media sint plura sive unum
tantum. Remota autem causa removetur effectus. Ergo si non
fuerit primum in causis efficientibus, etiam non
erit ultimum nec medium. (Summa theol. I. quaest. 2. art. 3.)*

Ungleich weniger Berücksichtigung findet, da der aristotelische Grundsatz, dass alles noch Potentielle nur durch Einwirkung eines schon Thätigen in Thätigkeit trete *(Omnis motus
supponit aliquid immobile. Summa theol. I. quaest. 84. art. 1.)*,
das Ansehen eines Axioms hatte, ein anderer Einwurf, der
neuerer Zeit wieder von Seite eines mit vorgeblichen naturwissenschaftlichen Errungenschaften prunkenden Hylozoismus
hervorgekehrt wird. Er bestreitet die Nothwendigkeit eben
dieses Grundsatzes der peripatetischen Metaphysik, und damit
folgerichtig die ganze Lehre von Materie und Form, indem er
dem sogenannten Weltenstoff eine diesem eigenthümliche ursprüngliche Selbstbewegung vindicirt. Man stützt sich dabei in allem
Grund der Sachen einfach auf das Beharrungsvermögen.
Alles Körperliche strebt in seinem ursprünglichen Zustande,
mag dieser nun Ruhe oder Bewegung sein, gleichmässig zu
beharren, womit sich gegen die peripatetische Schule ganz von
selbst der Einwurf zu ergeben scheint: Ruhe und Bewegung
stehen in keinem wirklichen und unvereinbaren Gegensatze,
sondern drücken nur zwei verschiedene Bethätigungen des einen
Beharrungsvermögens aus. Die Materie kann also eben so
gut in ewiger Bewegung als in ewiger Ruhe gedacht
werden, womit die Nothwendigkeit eines ersten Bewegers von selbst hinwegfällt. Man sieht, dass diese Einwendung eine sehr solide naturwissenschaftliche Basis zu haben
scheint, und man hat sich auch in der Büchner'schen Schule
nicht wenig darauf zu gut gethan; denn der »ewige Kreislauf
in der Natur« lässt sich, so meinte man, mit eben so gutem
Rechte behaupten, als eine erste Bewegung, und somit ein erster
Beweger derselben.

So meinte man. Indessen zeigt die Meinung sich als
unhaltbar. Der »ewige Kreislauf in der Natur« ist eine Hypothese,

die allerdings logisch denkbar, aber bereits erwiesener-
massen physisch unmöglich ist, und diese physische Unmöglichkeit ist erwiesen von der Physik selbst. Die jüngste
Naturforschung reicht dem uralten Philosophen und Naturforscher aus Stagira die Hand zum unzertrennbaren Bunde.
Wieso denn das?

Es ist mit Grund anzunehmen, dass den Lesern dieser
Zeilen das von dem Arzte Robert Mayer in Heilbronn ent-
deckte und von Justus Liebig und Helmholtz in allen
Naturerscheinungen nachgewiesene Princip der Krafterhal-
tung und das mit ihm in innigster Verbindung stehende sogenannte mechanische Wärme - Acquivalent, wenigstens der
Hauptsache nach bekannt ist. Für die damit noch ganz Unbekannten will ich zum Verständniss der Sache, die übrigens,
wie jedwede grosse Wahrheit, einfach genug ist, nur in Kürze
bemerken; dass nach dieser hochinteressanten und in ihrer Entwickelung noch ganz unübersehbaren Entdeckung eine Kraft,
sobald sie einmal in Thätigkeit getreten ist, niemals aufhört zu
sein, sondern wo sie verschwunden oder vernichtet scheint, nur
in eine andere Kraft verwandelt ist. Bewege ich z. B. die Hand
auf dem Tische streichend hin und her, so scheint mit dem
Aufhören dieser Bewegung auch die dabei in Thätigkeit gerathene Muskelkraft des Armes aufgehört zu haben, ihre Wirkungen zu äussern. Das lässt sich aber leicht genug als unrich-
tige Vorstellung nachweisen. Wir brauchen, um den experimentellen Nachweis zu erbringen, nur wenige Male das Hinstreichen
über den Tisch zu wiederholen. Die gestrichene Tischplatte und
auch die Hand, welche über sie hinstreift, sind nämlich durch
diese Bewegung merklich wärmer geworden, oder was dasselbe heisst, die Bewegung hat sich in Wärme verwandelt,
in Wärme, die sich wieder nicht in Nichts auflöst, sondern wo
sie verschwunden, vernichtet zu sein scheint, sich erweislicher-
massen der nächsten Umgebung mitgetheilt hat, oder aber
wiederum in Bewegung (wie die heutige Physik sich
ausdrückt, »in Arbeit«) umgesetzt hat. Es ist dies ein
Naturgesetz, welches nie und nirgends eine Ausnahme erleidet,
sondern für das ganze Universum gilt. Was hat das aber mit

unserem πρῶτον κινοῦν, dem ersten Beweger, zu schaffen? — Ganz erstaunlich viel, wie sich mit ein paar Worten zeigen lässt.

Man hat beim Experimentiren über diese Theorie eine Beobachtung gemacht, die sich wieder als so ausnahmslos zeigt, dass man sie zum zweiten Grundsatz der Wärmetheorie erhoben. Nach diesem zweiten Grund- oder Hauptsatze der Calorik kann die in Wärme umgesetzte Arbeit nie mehr vollständig in Arbeit zurückverwandelt werden, sondern es bleibt jedesmal ein Rest, und die in Arbeit umsetzbare Wärme ist proportional der Menge der entzogenen Wärme und der Temperatur - Differenz der beiden Wärmequellen, zwischen denen der Uebergang der nicht in Arbeit umgesetzten Wärme stattfand.

Es bleibt jedesmal ein Rest. Das will sehr viel sagen. Es besagt, und zwar mit der Unerbittlichkeit eines ausnahmslosen Naturgesetzes, dass endlich einmal, wenn auch in noch so ferner Zeit, der Augenblick, der wirklich allerletzte Augenblick, kommen werde und müsse, wo es mit aller Bewegung Rest geworden ist, d. h. wo aller Kraftvorrath der Natur in Wärme übergegangen und alle Wärme in das Gleichgewicht der Temperatur gelangt ist. Dann ist jede Möglichkeit einer weiteren Veränderung, also auch die eines sogenannten immerwährenden Kreislaufes in der Natur, erschöpft, die höchst wahrscheinlich wieder ins Grenzenlose, das ἄπειρον des Anaximander oder den Weltennebel der neueren Astronomie, aufgelöste Materie kann sich nie mehr aus eigener Macht zu einer Welt gestalten. Es bleibt nur eine Möglichkeit übrig, um sie nochmals aus dem Tohuwabohu, dem Chaos, hervorgehen zu lassen, die Macht eines weder als Theil noch als Ganzes zur Welt gehörigen Bewegers, der da sprechen kann: »Sieh', ich mache Alles neu.«

Dass aber ein solcher Beweger existire und dass er bereits einmal, »im Anfang« seine übernatürliche Macht erwiesen, ergibt sich mit ganz derselben Nothwendigkeit. Wie nämlich Clausius in seiner Schrift über den zweiten Hauptsatz der mechanischen Wärmetheorie, ebenso Klein, Cornelius und Schanz in ihren diesbezüglichen Arbeiten erörtern, kann das gegenwärtige Weltsystem, weil es nicht endlos ist, auch nicht anfangslos sein, und da es, wie eben dargethan worden, auch keine Production der sich selbst überlassenen Materie ist, fordert es zu seiner Erklärung ein ausser und über der Materie stehendes Princip. — Wir stehen damit wieder vor dem πρῶτον κινοῦν, dem Gott des Aristoteles.

Es ist jedoch nicht zu übersehen, dass durch diese Deduction ein erster Beweger einstweilen nur für die Massenbewegung als nothwendig dargethan ist. Bekanntlich aber theilt die neueste Physik, indem sie ganz im Geiste der aristotelischen Physik alle Veränderungen auf Bewegungen zurückführt, das ganze Gebiet der Naturerscheinungen in Massenbewegung und Molecularbewegung, und es ist überhaupt unmöglich, die aristotelische Lehre vom ersten Beweger, und mit ihr die Lehre von den Formen, vollständig zu erfassen, ohne mit dem aristotelisch-thomistischen Begriff der Bewegung als solcher wenigstens der Hauptsache nach vertraut zu sein. Dabei wird sich ergeben, dass nach Aristoteles Gott als πρῶτον κινοῦν nicht etwa, wie der νοῦς des Anaxagoras, bloss den Anstoss zu einer nach mechanischen Principien ablaufenden Reihe von Bewegungen in der Körperwelt gibt, sondern vielmehr das die gesammten Vorgänge in der Körper- und Geisterwelt nach von ihm bestimmten Gesetzen und Zielen ordnende erste Princip (ἀρχὴ καὶ πρῶτον τῶν ὄντων) ist, so zwar, dass der seiner bloss äusseren Form nach kosmologische Gottesbeweis des Stagiriten seinem innersten Wesen nach mit dem physikotheologischen und teleologischen Beweise zusammenfällt, den Aristoteles in seinen mehr exoterischen Vorträgen mit besonderer Liebe behandelte, *flumen orationis aureum fundens*, wie Cicero nach der bis auf ihn gelangten Tradition und nach den seiner Zeit noch vorhandenen Bruchstücken uns leider verloren gegangener aristotelischer Dialoge zu melden weiss. (*De natura Deorum II. 37., De finibus bonorum et malorum I. 5, 14., De oratore I. 49., Acad. II. 119.*) Unbestritten von Aristoteles rührt jene, auch oratorisch mustergiltige Stelle (Cicero. *De natura Deorum*), in welcher der Gedanke ausgesprochen ist, die erste Frage eines

Menschen, der in einer unterirdischen Behausung aufgewachsen, eines Tages an die sonnige Oberwelt versetzt würde, müsse nothwendig die nach einem vernünftigen Weltbildner, einer das All nach Zwecken ordnenden und lenkenden Gottheit sein. Welche Gewalt aber diese gleich einem goldführenden Strome sich ergiessende Rede auf die Hörer ausgeübt haben mag, lässt sich einigermassen ahnen, wenn man den bezaubernden unverwüstlichen Eindruck kennt, welchen die schönste aller Jugendschriften auf Geist und Herz jedes Kindes und jedes in kein System Verrannten macht; ich meine Christof Schmid's Heinrich von Eichenfels, in dem der unsterbliche Gedanke des Aristoteles in geradezu classischer Weise verwerthet ist.

Wohl zu berücksichtigen bleibt übrigens auch in diesem Punkte noch immer das Eine, dass viele der hierher gehörigen Gedanken über Beweger, Bewegung, Form u. dgl. in den ohnehin so lückenhaft auf uns gekommenen Schriften des Aristoteles oft nur halb ausgesprochen und dunkel angedeutet erscheinen, so dass sie erst bei Thomas von Aquino ihre deutliche Ausprägung erhalten. Ich stimme darum aus vollster Ueberzeugung dem Ausspruche bei: »Nicht gegen, wohl aber über Aristoteles hinaus geht die scholastische Lehre von dem Wirken Gottes in den Weltdingen. Gott ist der höchste, oberste Künstler, die ganze Welt ist gleichsam das Werkzeug in seiner Hand. Wohl wirken die natürlichen Ursachen und bewirken das Entstehen der Formen; aber aus eigener Machtvollkommenheit werden sie dieselben niemals hervorrufen. Nur dadurch entstehen die Formen der Dinge, dass in allen jenen Ursachen innerlich und verborgen die hervorbringende Ursächlichkeit Gottes mitthätig ist, wie der Geist des Künstlers in jeder seiner Bewegungen.« (Tillmann Pesch. S. J. Die grossen Welträthsel.) Diese eben so wahren als schönen Worte mögen besonders Jene beherzigen, die den aristotelischen Gott sich um die Welt nicht kümmern lassen, weil (nach *II. Metaph. XII. 9.*) Gott in seinem Denken nur sich selbst zum Gegenstande hat. Nun scheint aber, wenigstens mir und Meinesgleichen, nichts klarer, als die Einsicht: Wenn Gott sich selbst denkt, so muss Gott sich doch jedenfalls als Dasjenige denken, was er in aller Wirklichkeit ist, als den

Ursprung alles andern Seins und Wirkens, als ἀρχή καὶ πρῶτον τῶν ὄντων. Wie kann Gott sich aber als den Anfang und das erste der Wesen denken, wenn er die übrigen Wesen nicht mitdenkt? — Aber freilich ist es viel leichter, einem Aristoteles Ungereimtheiten zuzumuthen, als seine Gedanken auszudenken. Zum Ersten gehört nur Arroganz.

Trotz des Unwillens aber, der uns dabei beschleicht, ist es für den stillen Beobachter von Land und Leuten doch interessant, den Winkelzügen nachzugehen, welche die Commentatoren aus der alten Garde noch immer zu nehmen sich abmühen, um den später zur Welt Gekommenen auch nicht das kleinste Zugeständniss machen zu dürfen. Gibt man ihnen zu, dass Aristoteles allerdings Gott als den Zweck der Welt bezeichne, dem darum alle Dinge zustreben, so finden sie, dass damit Gott als wirkendes Princip geleugnet sei, dass er nur in dieser seiner Eigenschaft als Zweck auf die Welt wirke, als solcher ausschliesslich und allein etwas zu Stande bringe, und wollen nicht merken, dass ein so gedachter Zweck doch ein bereits vor seiner Wirkung Existirendes und, insofern die Wirkung nur durch ihn erfolgt und ohne ihn nicht erfolgen würde, auch eine hervorbringende Ursache sein müsste, dass also die feine Distinction auf einen zwecklosen Wortstreit hinauslaufe. Sagt Aristoteles, dass den menschlichen Dingen, wie es scheint (ἔοικε), göttliche Fürsorge zutheil werde, so legen sie auf das ἔοικε den Ton, und wissen ganz bestimmt, dass es gerade darum dem Aristoteles selbst n i c h t so geschienen habe, dass es nur eine rücksichtsvolle Accomodation an die Vorstellungsweise des Volkes gewesen sei, des paganischen Pöbels, an dessen Gunst und Wohlmeinung einem Aristoteles sonder Zweifel nicht wenig gelegen sein mochte, des *malignum vulgus* von Athen, welches die Philosophie mit tödtlichem Hass verfolgte, und wahrscheinlich (ἔοικε) nicht dem Sokrates allein den Todesbecher mischte, sondern dafür sorgte, dass auch der Stagirit bald nach seiner Flucht nach Chalkis an einem Magenleiden oder, wie man zu verbreiten suchte, an Selbstvergiftung, starb.

Geradezu peinlich ist es, erst allerjüngster Zeit selbst einen um die Geschichte der alten Philosophie mehrfach ver-

dienten Gelehrten in der Verlegenheit, um nur die fast zum
Axiom gewordene Sage von dem Sichnichtkümmern Gottes um
die Welt nicht preisgeben zu dürfen, zu der merkwürdigen
Distinction greifen zu sehen, der aristotelische Gott wirke jedenfalls nur mittelbar, aber nicht direct auf die Welt. Es ist
noch peinlicher, zu sehen, wie der verdiente Gelehrte zu der
ihm gewordenen Erwiederung Stellung nimmt: »Z. will nicht
gesagt haben, Gott wirke gar nicht auf die Welt, sondern nur,
er wirke darauf nicht unmittelbar, sondern mittelbar. Ob
er aber nach ihm gar nicht unmittelbar wirke und doch mittelbar, oder ob er zwar unmittelbar wirke, aber auf etwas
Anderes als auf die Welt — in Bezug auf diese interessante
Frage gibt er uns nicht die leiseste Andeutung.« — Die Stellung nämlich, welche er in seinem Antwortschreiben nimmt,
besteht darin, dass er diese Erwiederung einfach ignorirt. Thatsächlich ist auch keine andere Antwort möglich, als das Bekenntniss: »Ich habe in diesem Punkte geirrt.« Sollte denn aber ein
solches Bekenntniss nicht gerade den Mann am meisten ehren,
der doch aus seiner vieljährigen Beschäftigung mit der Geschichte
der alten Philosophie wissen muss, dass die Aufdeckung eines
Irrthums oft von grösserem Werth ist, als die Entdeckung einer
neuen Wahrheit? — »Um der Wahrheit willen darf man
auch der eigenen Meinungen nicht schonen.« So wenigstens meint der »Heide« Aristoteles.

IV. Die Bewegung.

Active und passive Bewegung. — Räumliche und unräumliche Bewegung. — Was ist der Raum? — Gebundenheit des menschlichen Denkens an die Raumvorstellungen. — Bewegung und Veränderung. — Selbstbewegung. — Bewegung der monadischen Einheiten. — Der geocentrische Standpunkt galt der peripatetischen Schule als blosse Hypothese. — Des Thomas von Aquino Zweifel an der Zuverlässigkeit des ptolomäischen Systems. — Scheinbare Schwierigkeiten.

> Die Bewegung aus dem Einen in das Andere ist die Veränderung.
> Aristoteles. *(II. Metaph. XII. 11.)*

> Dass durch die Bewegung der Ort eines Dinges ein anderer und wieder anderer wird, f o l g t aus der Bewegung, und kann daher nicht der die Bewegung begründende Begriff sein.
> Trendelenburg. (Logische Untersuchungen.)

> *Quas (rationes de coeli rotatione) non est necessarium esse veras; licet enim talibus suppositionibus factis appareant solvere, non tamen oportet dicere, has ipsas suppositiones esse veras, quia forte secundum aliquem alium modum nondum ab hominibus comprehensum apparentia circa stellas solvetur.*
> St. Thomas Aquinas. *(Lib. II. de coelo. Lect. 17.)*

Aristoteles und Thomas von Aquino fassen den Begriff der Bewegung zum Theil in einem engeren, zum Theil aber auch in einem viel weiteren Sinne, als der uns geläufige Sprachgebrauch, der eigentlich nur räumliche Bewegungen zugeben will, und damit schon, sobald er, wie er dies doch nicht lassen kann, von Denk- und Gemüthsbewegungen spricht, in Verlegenheit kommt, besonders aber in dem unbewegten ersten Beweger (κινεῖ οὐ κινούμενος) des Aristoteles eine *Contradictio in adjecto* zu finden stets geneigt ist. Nach Thomas aber macht es keinen Unterschied, ob man den ersten Beweger sich mit Plato als ein sich Bewegendes oder mit Aristoteles als gänzlich Unbewegliches denke. *Nihil enim differt devenire ad aliquod primum, quod moveat se secundum Platonem, et devenire ad primum, quod omnino sit immobile secundum Aristotelem. (Summa c. Gent. I. cap. 13.)* Wo Aristoteles und Thomas gegen die Bewegung der Seele, oder auch in der Seele, im Geist, in Gott sprechen, haben sie immer die räumliche und die passive Bewegung im Auge, das Bewegtwerden, nicht aber das active Bewegen selbst; denn *motus est actus imperfecti,* wie der oft wiederholte Grundsatz lautet. d. h. die Bewegung, nämlich das Bewegtwerden, ist der noch am Potentiellen haftende und eben darum passive Vorgang der Bethätigung, ist noch nicht die eigentliche Thätigkeit *(actus),* ist nicht bereits ἐντελέχεια, sondern aus deren Gegensatz, der blossen δύναμις sich losringende Machtentfaltung oder ἐνέργεια. Jeder rein active und unräumliche Vorgang soll darum nicht mehr *motus,* sondern ausschliesslich *actus* genannt werden. Darum äussert Thomas mit Aristoteles auch Bedenken gegen das Sichselbstbewegen, da in der Selbstbewegung der Widerspruch des gleichzeitigen Bewegens und Bewegtwerdens liege. *In movente etiam seipsum duo sunt, unum movens et aliud motum; et ideo impossibile est, quod illud, quod est movens, moveatur per se. (Anima. Lect. VI.)* Uebrigens würde ich, wenn ich mit gewissen, zum Theil aber auch gewissenlosen, Vorgängen auf diesem Gebiete der Literatur nicht leider nur allzugut bekannt wäre, meine Verwunderung darüber aussprechen, dass jenen Hoch- und Tiefgelehrten, die sich heutzutage berufen fühlen, über den Thomismus der Welt das rechte Licht anzuzünden, hierbei Eines so ganz und gar entgangen ist. St. Thomas nämlich nimmt es, gegen seine sonstige Gewohnheit, in diesem Punkte mit Aristoteles nicht allzu genau, sondern sagt ausdrücklich, die Argumente, die Aristoteles in Sachen der Bewegung, besonders aber der Selbstbewegung vorbringt, hätten nicht viel zu bedeuten *(parum valere),* da sie es nicht mit dem Wesen der Sache selbst, sondern mehr mit den schiefen Auffassungen derselben von Seiten früherer Denker zu thun haben; denn anders müsse für

Diejenigen argumentirt werden, die voraussetzungslos nach der
Erkenntniss des Wahren streben, anders aber für Solche, die
bereits von bestimmten Voraussetzungen (*positiones*) ausgehen.
*Aliter enim argumentandum est ad eum, qui simpliciter intendit
veritatem, quia ex veris oportet procedere: sed qui arguit ad positionem, procedit ex datis: et ideo frequenter philosophus (sc. Aristoteles) quando argumentatur ad positiones, videtur, quod inducat
rationes parum efficaces, quia procedit ex datis ad interimendum
positionem. (Anima I. Lect. VI.)* Aristoteles bediene sich also in
diesem Falle nur sogenannter *argumenta ad hominem*, und gebe
schliesslich sogar selbst, nachdem er gegen Empedokles ausgeführt, dass die Seele nicht die blosse Harmonie des Leiblichen
sein könne, die Bewegung, die Selbstbewegung, ja selbst die
räumliche Bewegung der Seele *per accidens* zu. Der hier berührte
Gedanke des Aristoteles ist nämlich der, dass der im Schiffe
Fahrende allerdings in Bewegung sei, nämlich *per accidens*, da
er nicht selbst sich in Bewegung setze, sondern nur nebenbei
mitbewegt werde. Insoferne aber der Schiffende selbst rudere,
also die Ursache für die Bewegung des Schiffes sei, und hinwiederum von diesem mitbewegt werde, könne allerdings auch
gesagt werden, er bewege sich selbst. Aehnlich könne auch von
der Seele, wenn wir an Stelle des Schiffes den von ihr bewegten
Leib setzen, gesagt werden, dass sie sich selbst bewege, das
heisst, dass sie bewege und dadurch bewegt werde, gleich dem
rudernden Schiffer. St. Thomas schliesst diese Erörterung mit
den Worten: *Movetur autem secundum accidens, sicut diximus
supra, et movet seipsam. Et quod moveatur secundum accidens,
patet, quia movetur, inquantum corpus movetur, in quo est, corpus
autem movetur ab anima. Alio modo non est movere seipsum
s e c u n d u m   l o c u m* (räumlich) *nisi per accidens. (Anima I.
Lect. IX.)*
　　Im Allgemeinen gilt jedoch, dass auch der Aquinat die
seelischen Vorgänge, vor Allem aber die des Intellectes und des
freien Wollens, als *actus* bezeichnet, das Wort *motus* hingegen
thunlichst, aber keineswegs mit pedantischer Aengstlichkeit, ver-
meidet. So wird z. B. die Einwendung, dass Zürnen, Trauern,
Freude ja doch Bewegungen der Seele seien, damit beseitigt,

dass sie recht erwogen weder der Seele noch dem Körper allein zuzusprechen, sondern *actus conjuncti*, d. h. solche Bewegungen seien, bei denen die Seele mitthätig ist, und die ohne sie gar nicht stattfinden könnten. Sie sind *motus hominis anima et corpore constituti*, und zu sagen, dass die Seele als solche, abgesehen von ihrem Leibe, zürne, trauere, sich freue, sich bewege, sei um nichts besser als zu sagen, dass sie webe, baue, auf der Zither spiele. Wir haben es in beiden Fällen nicht mit Thätigkeiten eines rein geistigen Wesens, sondern mit Bewegungsvorgängen in dem aus Leib und Seele bestehenden Menschenwesen zu thun. *Si aliquis dicat, animam irasci et secundum hujusmodi operationes moveri, idem est ac si dicat, animam texere, vel aedificare, vel cytharizare. (Anim. I. Lect. X.)*

Wie wenig übrigens St. Thomas geneigt ist, in dieser Angelegenheit das letzte Wort sprechen zu wollen, geht schon daraus hervor, dass er die Operationen der vegetativen Seele als *motus* zu bezeichnen keinen Anstand nimmt. Die der sensitiven Seele sind seines Dafürhaltens schon *minus proprie* als solche zu bezeichnen, denn sie scheinen ihm mehr dem Geistigen sich zu nähern, *quia vis sensitiva in sua suprema parte participat aliquid de vi intellectiva in homine (Anima I. Lect. 13.)*, wie dies besonders beim Gesichtssinn hervortreten soll. *Sunt motus secundum esse spirituale, sicut patet in visu, cujus operatio non est secundum esse naturale, sed spirituale: quia est per species sensibiles secundum esse spirituale receptas in oculo. (Anim. I. Lect. X.)* Beim Intellect endlich soll das *motus* noch weniger *proprie* gelten, sondern nur *metaphorice*. Das *Intelligere* ist ihm *quodammodo motus*, insofern nämlich auch bei ihm, wie bei jeder Bewegung, ein Sichemporringen von der blossen Potentialität zur Actualität stattfindet, von der Fähigkeit zu Erkennen zur wirklichen Erkenntniss. *Est ibi operatio, quae quodammodo dicitur motus, inquantum de intelligente in potentia fit intelligens in actu. Differt tamen a motu ejus operatio, quia ejus operatio est actus perfecti, motus vero est actus imperfecti. (Anim. I. Lect. X.)* In Folge dieser Definition also, *motus est actus imperfecti*, wird hauptsächlich Anstand genommen, die seelische, besonders aber die streng geistige und göttliche Thätigkeit als Bewegung zu bezeichnen, obwohl, es sei nochmals bemerkt, Thomas von Aquino gerade in diesem Punkt es mit dem Ausdruck so wenig genau nimmt, dass er beispielsweise sogar allem Lebenden ohne Unterschied die Bewegung vindicirt. *Vivere proprie est eorum, quae habent motum et operationem ex seipsis, sine hoc, quod moveantur ab aliis.* Anstatt des perhorrescirten, weil eine scheinbare *Contradictio in terminis* einschliessenden *Moveri per se* gebraucht er, wie man sieht: *Moveri ex se,* welches ihm eben der passendste Ausdruck für die freie oder, was dasselbe heisst, Selbstbewegung ist. *Moveri voluntarie est moveri ex se, id est a principio intrinseco. (Summa theol. I. quaest. 105.)* Er spricht überhaupt von Willensbewegungen, ja selbst von solchen, durch welche der Intellect bewegt wird. *Voluntas movet intellectum et omnes animae vires. (Summa theol. I. quaest. 82. art. 4.)* Der Wille setzt alle Kräfte der Seele, mit Ausnahme der vegetativen, die ihm nicht unterworfen sind, in Bewegung. *Voluntas per modum agentis movet omnes animae potentias ad suos actus, praeter vires naturales vegetativae partis, quae nostro arbitrio non subduntur. (Ibidem.)* Hinwiederum aber wird auch der Wille durch den Intellect bewegt. *Intellectus movet voluntatem ut finis: voluntas autem respiciens bonum in communi movet intellectum effective. (Summa theol. 82.) Omnem voluntatis motum necesse est, ut praecedat apprehensio. (Ibidem.) Appetitus, quamvis non sit collativus, tamen in quantum a vi cognitiva conferente movetur, habet quamdam collationis similitudinem, dum unum alteri praeoptat. (Summa theol. quaest. 83. art. 3.) Potentia autem haec (intelligentis) prima sua divisione dividitur in apprehensivam et motivam vel appetitivam. Hae duae potentiae solum inveniuntur in substantiis spiritualibus et intellectualibus. (De potent. animae. cap. 5.)*

Was aber die beiden eben so kühnen als vorsichtigen Denker der Vorzeit zu allernächst bestimmte, bei seelischen oder wohl gar geistigen und göttlichen Acten das Wort Bewegung zu scheuen, ist die imminente Gefahr einer Verwechslung des Denkens, Wollens und Fühlens, sowie der göttlichen Lebensbethätigungen mit räumlichen Veränderungen. Dass, wie die heutige Physik sagen würde, die Massenbewegung nicht die einzige Art von Bewegung sei, und dass schliesslich alle Veränderungen in der Natur auf Massen- oder Molecular-bewegungen sich zurückführen lassen, war dem Stagiriten, so wenig er auch diese beiden der neuesten Physik angehörigen Terminen kannte, vollkommen klar. Darum fasst er auch den Begriff der κίνησις in einem viel weiteren Sinne, als dem der blossen Ortsveränderung, der κατὰ τόπον μεταβολή; auch die Zu- und Abnahme der Quantität, αὔξησις καὶ φθίσις, und selbst das qualitative Anderswerden, ἀλλοίωσις, somit jede Art von Veränderung, sind ihm Bewegung, und nur die γένεσις καὶ φθορά, das Entstehen und Vergehen der den Veränderungen zu Grunde liegenden Substanz, sind davon ausgeschlossen. Eben so klar aber war ihm auch, dass unser an die Phantasmen der sinnlichen, also räumlichen, Vorstellung gebundenes Denken das Vehikel des Raumes nicht loswerden kann, dass ihm daher auch nichts näher liegt, als die Anwendung der Ortsveränderung auf unräumliche Lebensbethätigungen. Treffend und echt aristotelisch ist darum die Warnung des hl. Thomas von Aquino: *Locutio haec, qua dicitur, quod sciens se ad suam essentiam redit, est locutio metaphorica. Non enim in intelligendo est motus, ut probat philosophus in I. 7. Phys., unde nec proprie loquendo est ibi recessus aut reditus; sed pro tanto dicitur esse recessus vel motus, in quantum ex uno cognoscibili pervenitur ad aliud per quemdam discursum. (De Veritate, quaest. 2. a 2. ad 2.)* Wenn darum der Aquinat dem Stagiriten im Commentar *De Anima (lib. I. lect. 6.)* beistimmend erklärt: *Dicendum, quod appetere et velle et ejusmodi non sunt motus animae sed operationes. Motus autem et operatio differunt, quia motus est actus imperfecti, operatio vero est actus perfecti,* so bemerkt Kirchmann zu der hier commentirten Stelle (Περὶ ψυχῆς. *Lib. I. cap. 3.*) mit Recht, dass Aristoteles damit nur die räumliche Bewegung im Auge gehabt habe, den Ortswechsel, weil sich die Griechen denselben als »ein Heraustreten aus sich selbst« vorzustellen gewohnt waren. (Aristoteles' drei Bücher über die Seele. Uebersetzt und erläutert von J. H. v. Kirchmann.)

Gibt es aber auch unräumliche Bewegungen? — — — Schon zu wiederholten Malen glaube ich den Leser diese mir jedenfalls sehr begreifliche Frage stellen zu hören, und ich kann darum nicht umhin, mit der vorläufigen Beantwortung dieser Frage den Gang unserer eigentlichen Verhandlung, deren Ziel das richtige Verständniss über die Form ist, abermals zu verlangsamen, hoffe jedoch, dass die Neuheit, wenigstens für sehr viele der Leser die als Neuheit geltende Ungewohntheit, der nunmehr folgenden Denkart, für die langsame Gangart reichlich entschädigen und die Langweile nicht aufkommen lassen werde.

Allerdings kann nur die Vertrautheit mit der gesammten, besonders in den psychologischen und metaphysischen Schriften sich erschliessenden Denkweise des Stagiriten den Gegenstand, um den es sich jetzt handelt, als ein nicht nur Denknothwendiges, sondern Selbstverständliches und so Wirkliches erscheinen lassen, dass ohne ihn schlechterdings keine Wirklichkeit wäre. Die folgende Betrachtung soll strenggenommen nur die Denkbarkeit oder Möglichkeit einer Sache darthun, deren nur beiläufige Erwähnung jedem ausserhalb des aristotelischen Gedankenkreises Stehenden ohne sein Verschulden paradox erscheinen muss.

Πανταχοῦ δὲ τὸ ἕν, ἢ τῷ εἴδει, ἢ τῷ ποσῷ ἀδιαίρετον. Τὸ μὲν οὖν κατὰ τὸ ποσὸν καὶ ᾗ ποσόν, ἀδιαίρετον, τὸ μὲν πάντη καὶ ἄθετον λέγεται μονάς· τὸ δὲ πάντη καὶ θέσιν ἔχον, στιγμή. (Ueberall ist die Eins der Grösse oder Beschaffenheit nach untheilbar. Von dem, was als Grösse und der Grösse nach untheilbar ist, heisst das in allen Richtungen Untheilbare und keinen Ort Habende die Monade, das in allen Richtungen Untheilbare aber, welches einen Ort hat, der Punkt. *I. Metaph. V. 6.)*

῞Ολως δὲ ὧν ἡ νόησις ἀδιαίρετος, ἡ νοοῦσα τὸ τί ἦν εἶναι, καὶ μὴ δύναται χωρίζεσθαι, μήτε χρόνῳ, μήτε τόπῳ, μήτε λόγῳ, μάλιστα ταῦτα ἕν. (Im Ganzen ist dasjenige, dessen Begriff das wesentliche Was erfasst, und nicht getheilt werden kann, weder der Zeit nach, noch dem Raum nach, noch dem Gedanken nach, im strengsten Sinne Eins. *I. Metaph. V. 6.)*

῎Εστι τὸ τί ἦν εἶναι ἕκαστον, ὃ λέγεται καθ᾽ αὐτό. (Das wesentliche Was ist jedes Einzelne, welches man An sich nennt. *I. Metaph. VII. 4.)* — In diesem Capitel 4 des 7. Buches nämlich erbringt Aristoteles den Nachweis, dass das wahre Sein, das wesentliche Was, nur von dem Selbstständigen, an sich Seienden ausgesagt werden kann, und dass dieses durch die Definition zu fixiren, nur dann möglich ist, wenn der Begriff eine Eins bezeichnet, die »nicht bloss durch äussere Folge, wie etwa die Iliade, oder durch Verbindung Eins« ist, oder, wie wir sagen würden, wenn wir es nicht mit einer blossen Collectiveinheit zu thun haben, sondern mit einem absolut Einfachen, der Monade, weil jedes Zusammengesetzte kein solches Selbstständiges und an sich Seiendes sein kann, da jeder seiner Theile auf den oder die andern angewiesen ist, und darum nur in diesem seinem Zusammenbestehen mit den andern Bestand hat. Wenn a nur mit und durch b und hinwiederum b nur mit und durch a ist, so haben offenbar beide kein wahres Sein; aber auch das aus diesen beiden bestehende Zusammengesetzte hat es nicht, so wenig als wir etwa dem Spiegelbilde, welches nur durch die spiegelnde Fläche und das von ihr reflectirte Leuchten des in ihm sich spiegelnden Gegenstandes Bestand hat, eine Selbstständigkeit, ein An sich, somit ein wahres Sein zuschreiben werden.

Ich habe diese wenigen aber schwerwiegenden Aussprüche aus der aristotelischen Metaphysik vorangestellt, gewissermassen als Lichtsignale und Orientirungszeichen auf unserem noch so wenig betretenen Wege, weil es sich bei der Frage, die uns beschäftigt, eben um die Thätigkeiten des der Vielheit und Theilbarkeit des Stoffes Entrückten handelt, um die Thätigkeiten des an sich, d. h. ohne Verbunden- oder Gemischtsein mit Anderem, als ἀμιγέ: zu sein Befähigten, welches darum auch das von allem Andern Trennbare, χωριστόν, in sich selbst aber Untrennbare, oder was dasselbe heisst, Unzerstörbare, das οὐ φθαρτόν, ist. ῞Οτι μὲν οὖν οὔτε τῶν καθόλου λεγομένων οὐδὲν οὐσία, οὔτ' ἐστὶν οὐσία οὐδὲ μία ἐξ οὐσίων, δῆλον. (Es ist klar, dass weder das Gemeinsame ein selbstständig Seiendes ist, noch ein selbstständig Seiendes aus selbstständig Seiendem besteht. *I. Metaph. VII. 16.*)

Was zuweilen selbst denkende Köpfe abhält, die Welt aus letzten, untheilbaren Einheiten, mag man sie nun Atome, Monaden oder Realen nennen, bestehend zu denken, ist eben die sinnlich bildliche Raumvorstellung, von der wir in Folge der Angewiesenheit unseres menschlichen Intellectes an die »Phantasmen«, wie Aristoteles und St. Thomas diese sinnbildlichen Vorstellungen bezeichnen, nur schwer zu abstrahiren vermögen. Wir können uns das einfache Wesen nicht anders als in und mit dem Raume vergegenwärtigen. Es muss demzufolge nach unserer Art es zu denken ein Rechts und Links, ein Oben und Unten haben, somit auch, wenigstens im von der sinnlichen Vorstellung begleiteten Denken, der Theilung, ja selbst der ins Unendliche fortzusetzenden Theilung, fähig sein. Eine ganz kurze und selbst für den in derlei Dingen noch Ungeübten leicht anzustellende Ueberlegung wird ergeben, dass der daraus abgeleitete Widerspruch im Begriff des einfachen Seins, den auch Kant in seinen Antinomien der reinen Vernunft scherzweise gegen Leibnitz hervorhebt, nur ein artiges Spiel der Vernunft und Phantasie ist, die doch beide zuletzt dem ersten Satze der leibnitz'schen Monadologie zustimmen müssen, dass das Einfache selbstverständlich existire, weil ja ohne Einfaches auch kein Zusammengesetztes wäre.

Daraus, dass wir die Monaden in den Raum versetzen, folgt noch lange nicht, dass sie einen Raum einnehmen müssten. Auch der mathematische Punkt ist im Raume, und er hat doch kein Rechts und Links, kein Oben und Unten, sondern bloss Beziehungen nach allen Seiten hin. Uebrigens ist es schon falsch, zu behaupten, dass wir uns das monadische Wesen nothwendig in den Raum versetzen oder im Raume denken müssen. Der Raum ist seinem richtig erfassten Begriffe nach eben nichts weiter, als das Nebeneinander der Dinge oder Erscheinungen. Zum Nebeneinandersein (und das heisst eben im Raume sein) gehören demnach wenigstens ihrer zwei. — Denken wir also nur eine einzige Monade, so müssen wir sie nothwendig raumlos denken: es wäre denn, dass sich Einer den Raum als etwas auch ohne die Dinge Vorhandenes vorphantasirte, vielleicht als eine sehr feine Nebelmasse, einen Alles umhüllenden und durchdringenden Rauch, überhaupt als ein Reales, das neben den anderen Realitäten existirt, folglich auch ihnen, den an sich raumlosen, die

Räumlichkeit, Gott wird wissen wie, verleiht. Ich weiss, dass diese Vorstellung allerdings die gewöhnliche und populäre, aber desshalb keineswegs nur in gewöhnlichen und zum Volk gehörigen Köpfen spukende ist, und weiss auch warum. Sobald wir ein Einziges und Einfaches als existirend ansetzen, fällt jede täuschende Raumvorstellung von selbst hinweg. Der Raum ist wirklich nichts weiter als das Nebeneinander, oder mit Kant gesprochen, »die subjective Bedingung der Sinnlichkeit, unter der allein äussere Anschauung möglich ist«. Das lässt sich dem gemeinsten gesunden Hausverstande, der von Kant's »transscendentaler Idealität und bloss empirischer Realität des Raumes« noch keine Ahnung hat, deutlich machen. Sehr deutlich erörtert auch Aristoteles, der übrigens der gewöhnlichen Vorstellung noch häufig sich anbequemt, denselben Gedanken, wenn er *(II. Metaph. XIII. 2.)* zeigt, dass die räumlichen Bestimmungen nicht für sich neben den Körpern existiren.

Die einzig und allein denkbare Veränderung in dem so bestimmten Sein ist die Bewegung. Jede Veränderung nämlich, die das monadische Sein als solches treffen würde, wäre gleich seiner Vernichtung. Wo wir uns ein Anderswerden des Seins als solchen zu denken suchen, denken wir uns schliesslich ein Andereswerden, d. h. wir denken uns, dass das erstgedachte Sein zunichte geworden und ein vollkommen neues und anderes Sein an dessen Stelle getreten ist. Darum ist das substantielle Entstehen und Vergehen die einzige Veränderung, die Aristoteles nicht als Bewegung gelten lässt. In Wahrheit ist es auch nicht Veränderung, sondern Veranderung, Verwandlung, Transsubstantiation in einem viel strengeren Sinne, als die Kirche will.

Befindet die Monade sich in stets gleichförmiger Bewegung, so geht an ihr ebensowenig eine Veränderung vor, als wenn sie in vollständiger Ruhe ist. Ruhe und gleichförmige Bewegung fallen unter den einen Begriff des Beharrens.

Wäre ein einziges monadisches Wesen vorhanden, oder anders gesprochen, bestünde das ganze Universum aus nur einer Monade, so gäbe es, weil kein Raum existirte, auch keine räumliche Bewegung. Dass sie aber desshalb überhaupt bewegungslos sein müsse, ist damit keineswegs gesagt. Wie wird sich demnach, diese ihre Bewegung angenommen, der Vorgang derselben gestalten? — Allgemein lässt sich gleich im Vorhinein sagen, dass dieser Bewegungsact »ein bloss innerlicher Vorgang« sein werde. Vielleicht wird er sich unter Umständen mit denjenigen Vorgängen, die man als »seelische« bezeichnet, sogar verwandt zeigen. Betrachten wir uns zu dem Behufe die mögliche Wirksamkeit der im strengsten Sinne dieses Wortes einfachen Wesen noch näher.

Stellen wir uns das Universum als ein aus nur zwei Monaden Bestehendes vor, so haben wir bereits ein Ausser- und Nebeneinandersein derselben, den Raum, und mit demselben erst die Möglichkeit einer räumlichen Bewegung. Es ist dabei gleichgiltig, ob wir uns beide Monaden bewegt, oder nur die eine derselben bewegt, die andere aber in Ruhe denken. Abstand, Annäherung und Entfernung, somit Alles was zur räumlichen Bewegung gehört, sind mit ihnen bereits gegeben. Nur kann durch bloss äussere Wahrnehmung noch nicht entschieden werden, welche der beiden Monaden bewegt und welche in Ruhe ist, wie denn auch durch bloss äussere Wahrnehmung der zwischen Erde und Himmelsgewölbe stattfindenden Beziehungen nicht entschieden wurde und werden konnte, ob die Erde oder das Himmelsgewölbe sich drehe. Erst der foucault'sche Pendelbeweis hat 1851 die zweitausendjährige Frage endgiltig beantwortet, weil er mit unwiderleglicher Evidenz die Bewegung der Erde einzig und allein auf der Erde selbst und mit Absichtnahme von ihrem Verhältnisse zum Himmelsgewölbe, als einen innerhalb der Erde stattfindenden Bewegungsact constatirt. Darum auch hat die peripatetische Schule sich zwar in Ermanglung eines Besseren mit dem ptolomäischen Weltsystem begnügt, sich aber, wie der vorangestellte Ausspruch aus der Schrift *De coelo* zeigt, sehr gehütet, die Möglichkeit eines Besseren in Abrede zu stellen.

Gesetzt nun, wir wüssten auf irgendwelche Weise, dass die erste der beiden allein vorhandenen Monaden in Bewegung, die zweite aber in Ruhe ist, und die zweite, die ruhende, gegen welche die erste sich hinbewegt, versänke plötzlich ins Nichts, was wäre der Erfolg davon? Müssen wir uns damit die Bewegung der ersten, vorausgesetzt, dass sie eine Eigenbewegung und nicht bloss Folge der Attraction ist, ebenfalls als vernichtet denken? — Keineswegs. Nur die Ortsveränderung, die Bewegung im Raum, wäre vernichtet, weil der Raum selbst vernichtet worden wäre. Die Bewegungsthätigkeit in der Monade wäre jedoch geblieben, weil durchaus kein Grund vorhanden ist, das Gegentheil anzunehmen. Was also ist in der That geblieben? Jedenfalls ein bloss innerer Vorgang, ein nicht äusserlich wahrnehmbarer und von unserem an die Form des Raumes gebundenen Vorstellungsvermögen auch nicht vorstellbarer, nichtsdestoweniger aber denkbarer Act, der zunächst, weil im Innern der Monade beschlossen, nur dieser selbst gegenständlich sein kann, eine Bewegung also, die nicht Offenbarung des Seins nach aussen, sondern nur nach innen sein könnte, oder, um auch hier die immer sich einschiebende Raumvorstellung, die noch am »Aussen« und »Innen« Nahrung findet, loszuwerden, Offenbarung des Seins nicht für Anderes, sondern für sich selbst, also beiläufig dasjenige, was die Worte Gemüthsbewegung, Willensbewegung ausdrücken, um nicht bereits von Bewusstsein oder gar Selbstbewusstsein zu reden, jedenfalls also ein Innewerden, da es ja doch ein Werden ist. Denken, Wollen *et omne quod sic in nobis est, ut ejus immediate conscii simus*, wie Descartes es ausdrückt, was sollen sie denn überhaupt sein, als solche rein innerliche, psychische, unräumliche Bewegungsvorgänge? Wir fühlen, dass wir damit fast unbemerkt in das Gebiet des beseelten, bewussten oder doch wenigstens belebten Seins gelangt sind. Mögen wir nämlich die Sache wenden, wie wir wollen, es bleibt, da nach Aristoteles *(II. Metaph. XI. 11.)* jede Veränderung, mit alleiniger Ausnahme der γένεσις καὶ φθορά, Bewegung des Seins ist, durchaus nichts übrig, als die psychischen Vorgänge, die eben die Veränderungen des psychischen Seins sind, als Bewegungen, und zwar als unräumliche Bewegungen, zu denken. Wer sich, an einem blossen Wörtchen Anstoss nehmend, nicht dazu entschliessen kann, klebt eben an Worten, und gibt damit den aristotelischen Standpunkt auf. Der letzte Grund dieses Sichnichtentschliessenkönnens liegt aber bei der unräumlichen Bewegung so gewiss als beim raumlosen, monadischen Sein in der falschen Ansicht über die Begriffe Raum und Zeit.

Eine, und zwar die vornehmste, der bereits von Herbart angedeuteten Schwierigkeiten findet sich ganz gewiss darin, dass anfangs die Meisten trotz allem darüber Gesagten und noch zu Sagenden die Ausdehnung und somit auch den Raum vom einfach Realen, und folglich auch von der Bethätigung desselben nicht hinwegzudenken vermögen. Sie geben beispielsweise zwar zu, dass in dem früher vorgelegten Falle die Eigenbewegung der ersten Monade fortdauert, wenn die einzig ausser ihr noch vorhandene , zweite Monade, gegen welche sie sich hinbewegt, und mit ihr selbstverständlich auch der Raum vernichtet ist. Aber, so würden sie allenfalls einwenden, die fortan noch sich weiter bewegende Monade behält auch dann noch die einmal eingeschlagene Richtung bei, wenn das Ziel der Richtung nicht mehr vorhanden ist; ihre Bewegung ist nach aussen ge-richtet, obwohl auf keinen bestimmten äussern Gegen-stand, sie macht einen Weg, der beim Wiederauftauchen der zweiten Monade alsbald in Erscheinung treten müsste, ändert den Ort, und es thut wenig oder nichts zur Sache, dass dieser Ort im gegebenen Falle ein bloss gedachter ist. Soll ja doch der Raum überhaupt kein für sich Bestehendes, son-dern ein blosses Gedankending sein, u. dgl. Kurz, wir müssen auch der in vollster Vereinsamung sich bewegenden Monade einen Weg, und das heisst einen Raum, »andenken«. Möglich, dass Weg und Bewegung ebenfalls in einer sehr bedeutungsvollen Verbindung stehen und die deutsche Sprache uns auch hier den rechten Fingerzeig gibt.

Ich halte es dem entgegen für nicht überflüssig, ebenfalls ein wenig Etymologie zu treiben, und schon bei diesem Anlasse auf den eigenthümlichen und in der Psychologie ja nicht zu übersehenden Doppelsinn mancher Wörter aufmerksam zu machen, die mit der Silbe »ung« endigen. Mit dem Worte Vorstel-lung kann sowohl der Act des Vorstellens, als auch das Pro-duct dieses Actes gemeint sein. »Ich habe Wahrnehmung und Vorstellung«, heisst bekanntlich nicht jedesmal schon »Ich habe diese und jene genau bestimmte Wahrnehmung und Vorstellung«, sondern nur »Ich habe das Vermögen, wahrzunehmen und vorzustellen, bin ein wahrnehmendes und vorstellendes Wesen«. — Auf ähnliche Weise verhält es sich mit der »Bewegung«. Wer dieselbe als räumlich denkt, hat nicht die Bewegungsthätigkeit im Auge, sondern das Product derselben, nicht das active Bewegen, sondern die in Folge desselben sich einstellenden, möglicherweise in räumlicher Form verlaufenden Phasen des Bewegtseins. Es hängt damit zusammen, dass die alte Philosophie das πρῶτον κινοῦν, die das Bewegen in sich tragende Ursache der Bewegung, als »unbewegt« bezeichnet. (Κινεῖ οὐ κινούμενος.) Das πρῶτον κινοῦν ist Unbewegtes, insofern seine Bewegung reine Thätigkeit, mit Ausschluss aller Passivität, alles blossen Bewegtwerdens ist, nicht aber in dem Sinne, als ob ihm die Bewegung überhaupt abgesprochen würde. Vielmehr kommt ihm die Bewegung in der vollendetsten Form, der ἐντελέχεια. zu, daher auch das »Sich selbst bewegen« bei ihm nur ein sprachlicher Nothbehelf ist, gegen den Aristoteles und St. Thomas gerechte Bedenken äussern.

Aus ganz demselben Grunde aber, aus welchem es uns fast unmöglich ist, diesen ersten, rein veranlassenden Sollicitirungsact in Worte zu kleiden und sprachlich auszudrücken, wird es uns auch schwer genug, ihn aller Räumlichkeit entkleidet zu denken. »Nur vom Standpunkte eines Menschen reden wir vom Raume, von ausgedehnten Wesen u. s. w. — Wir können von den Anschauungen anderer denkender Wesen gar nicht urtheilen, ob sie an die nämlichen Bedingungen gebunden seien.« (Kant. Transscendentale Aesthetik.) Eben weil wir Menschen sind, drängt es uns fast unaufhaltsam, jenen Act als nicht blossen Anlass, sondern als Anstoss in der uns geläufigen sinnbildlichen Bedeutung, und so recht eigentlich im Sinn dieses Wortes zu denken, daher als einen, wenn auch noch so verschwindend kleinen, Ruck, und es bedarf erst der Besinnung und aller uns erschwinglichen Besonnenheit, um darüber ins Klare zu kommen, dass der so vorgestellte Ruck ja bereits das Product einer Thätigkeit wäre, nicht aber die Thätigkeit selbst, dass er zum ursprünglichen Bewegungsacte sich als

Wirkung zur Ursache verhielte. In dem Momente, wo das
Rücken entsteht, verursacht wird, kann nicht bereits der Ruck
vorhanden sein; vorhanden ist nur die Thätigkeit, die ihn hervorbringt, die Bewegung, die selbst nicht bewegt wird,
aus dem so simplen Grunde, »weil es keine Bewegung der
Bewegung, kein Entstehen des Entstehens gibt«. (Ὅτι οὐκ ἔστι
κινήσεως κίνησις οὐδὲ γενέσεως γένεσις. *II. Metaph. XI. 12.*)

V. Die Naturformen als verwirklichte Schöpfungsgedanken.

Göttliche Mensuration. — Eduction der Form aus der Materie. — Die peripatetische Schule und die Descendenztheorie. — Angelo Secchi. — Der »Pantheismus« des Aristoteles und des hl. Thomas von Aquino. — Lustig auch in ernster Zeit.

> *Omne autem, quod exit de potentia in actum, non exit nisi per causam, quae habet illud in effectu et extrahit ad illum.*
> Avicenna. *(Lib. Natur. VI. p. 5. c. 4.)*
>
> *Forma nihil aliud est, quam divina similitudo participata in rebus, unde convenienter Aristoteles dicit, quod est divinum quoddam et appetibile.*
> St. Thomas Aquinas. *(Summa contra gentiles. I. 3. cap. 97.)*

Nachdem wir uns, ich fürchte sogar gründlicher, als es so Manchem lieb war, über die erlaubte Anwendung des Wortes Bewegung auch auf sogenannte rein seelische und selbst im strengsten Sinne geistige Vorgänge beruhigt haben, wenden wir uns nochmals zu dem der Verdeutlichung so viele Schwierigkeiten Bereitenden, welches Aristoteles und die gesammte aristotelisch-thomistische Philosophie mit dem Terminus Form bezeichnet. Ohne dessen ganz zweifelloses Verständniss sollte sich Niemand erdreisten, überhaupt mitzureden, wenn von der Philosophie der Vorzeit die Rede ist. Es wird nunmehr, wie ich ohne Bedenken versprechen darf, auf diesen Gegenstand ein so klares Licht fallen, dass auch J. Justus die Antwort auf seine*) mit so viel

---

*) Das Christenthum im Lichte der vergleichenden Sprach- und Religionswissenschaft und in seinem Gegensatze zur aristotelisch-scholastischen Speculation. Von J. Justus. Wien 1883.

Sorge um die Orthodoxie der Thomisten aufgeworfene Frage finden wird, was denn eigentlich unter der Substanz, er hätte besser gesagt unter der *forma substantialis*, der Scholastiker zu denken sein möge. J. Justus meint nämlich: »dass dieses Etwas ein unbefugter Machtspruch der Philosophie im katholischen Glauben ist. »Gott hat laut *Conc. Lat. IV.* nur die *creatura spiritualis* und die *natura corporalis* erschaffen; dieses Etwas im Brote, Fleische u. s. w. könnte also nur entweder ein Geist oder ein Naturwesen sein. Wäre es ein Geist *(creatura spiritualis)*, so müsste jedes Ding, in dem es ist, ein Mensch sein *(deinde humanam, communem ex utraque constitutam. Conc. Lat. IV.)*; wäre es ein Naturwesen *(creatura corporalis)*, so muss, da nach der Scholastik ein Stoff ohne Form nicht existirt, und alles, was Natürliches existirt, geformter Stoff ist, auch dieses Etwas geformter Stoff sein: es frägt sich also *in infinitum* immer wieder, was Substanz dieses Etwas, d. i. was Substanz der Substanz sei.« — (Pag. 193.) J. Justus meint ferner: »Soll dieses Etwas zerstört werden können, sei es *per annihilationem* oder *immutationem*, so muss es doch ein Etwas sein. Ein Etwas aber, welches entsteht und vergeht, und weder ein Geist, noch ein Naturwesen ist, was, um des Himmels willen! soll es denn sein?« —

Bald darauf räth J. Justus nochmals ein wenig hin und her, was denn eigentlich dieses nicht Geist und nicht Natur sein sollende Etwas bei Thomas von Aquino, der doch den Ausspruch des vierten lateranensischen Concils so gut als Justus gekannt haben musste, und überhaupt bei den echten Scholastikern, zu denen sich gewisse Neuscholastiker verhalten, wie das sogenannte Neusilber zum wirklichen Silber, sein könnte. Er meint schliesslich, es sei vielleicht »Gottes Wille«, oder auch das durch Gottes Willen bestimmte »Sichdarleben des Individuums nach seiner Art«. — Ich habe darauf zu meiner grössten Freude nichts zu erwiedern als: »Damit hat es J. Justus beiläufig errathen, wie die nun folgende Abhandlung darthun soll.« Ueberhaupt habe ich diesen J. Justus stark im Verdacht, dass er von Aristotelismus und Scholastik etwas mehr versteht, als er merken lässt. Sollte nicht ihm, der von dem »Heiden Aristoteles« und von St. Thomas mit so viel

Anerkennung spricht, ein Schalk im Genick sitzen, und seine Thesis, die aristotelisch-scholastische Speculation sei mit dem Christenthum unverträglich, nur die grundfalsche Auffassung . dieser Speculation im Auge haben, wie solche unserer Tage in allerlei Broschüren und dickbändigen Geschichten der Philosophie in die bischöflichen Seminarien colportirt wird? —

Thatsächlich ist, jedenfalls in den organischen Naturindividuen, die Form nichts Anderes, als die den Naturdingen in letzter Instanz (in den Urformen) von Gott (durch göttliche Mensuration) gegebene eigenthümliche Daseinsbethätigung, die der Stoff selbst aus sich allein nicht hervorbrächte, obwohl sie demungeachtet s e i n e (des Stoffes) Bethätigungen sind und bleiben. Darum redet die Scholastik nicht nur von der *Mensuratio divina,* d. h. der Alles nach Mass und Ziel ordnenden Weisheit des ersten Bewegers, sondern auch von einer *Eductio formae e materia,* die unsere Commentatoren abermals zu manch seltsamem und, wenn der Ernst dieser so folgenschweren Sache es erlauben würde, selbst drollig zu nennenden Commentum verleitet hat, obwohl sie sich uns zufolge des bisher Gesagten als das Einfachste von der Welt ergeben wird; denn Ὑφ' οὗ μὲν, τοῦ πρώτου κινοῦντος· οὗ δὲ, ἡ ὕλη· εἰς ὃ δὲ, τὸ εἶδος. (Dasjenige, wodurch die Veränderung geschieht, ist das ursächliche Wirken des ersten Bewegers, dasjenige, w o r a u s sie k o m m t, ist d e r Stoff, dasjenige aber, in welches verändert wird, ist die Form. *II. Metaph. XII. 3.*) und *Actio non fit per motum localem, ut Democritus posuit, sed per hoc, quod aliquid producitur de potentia in actum. (Summa theol. I. qu. 87. art. 2.)* — *Omnis forma, quae educitur in esse per transmutationem materiae, est forma educta de potentia materiae; hoc enim est materiam transmutari de potentia, in actum educi. Anima autem intellectiva non potest educi e potentia materiae. (Summa c. Gent. II. cap. 86.)*

Die *Forma substantialis* ist, wenigstens bei den Naturdingen, nichts von aussen Hinzukommendes, wie sie ja nach Aristoteles, im consequent festgehaltenen Gegensatze zu Platon's Ideen, auch nur im Gedanken, nicht aber in der Wirklichkeit von ihnen trennbar ist. Sie wird aus der Materie zwar auf äussere Anregung hin, nicht aber durch Zusammensetzung mit einem Aeussern, educirt, indem die Materie aus dem bloss potentiellen Sein (μὴ ὄν) ins wirkliche Sein erhoben, ganz plan geredet, zu etwas gemacht wird. *Fieri enim est secundum quod materia de potentia educitur in actum. Et hoc est formam educi de potentia materiae absque additione alicujus extrinseci. (De spiritu creat. art. 2. ad 8.)* So lange man sich, wie das gewöhnlich geschieht, die Formen als zur Materie von aussen hinzukommende und den Stoff bewohnende und belebende geisterartige Wesen denkt, als Elfen, Dryaden u. dgl., kann weder von einem Verständniss der Eduction, noch einem Verständniss der Form und Materie überhaupt die Rede sein. Die immer wiederkehrende Frage ist da, wie denn solche seelenartige Dinge, wenn sie nicht ursprünglich schon in der Materie sein und ebenso nicht von aussen in sie hineinkommen sollen, doch aus der Materie educirt werden können: »Sie müssten ja aus nichts entstanden, d. h. geschaffen sein!« meint ein übrigens sehr achtenswerther katholischer Dogmatiker, ohne zu bemerken, dass auch damit das Räthsel keineswegs gelöst wäre, weil auch das Hinzugeschaffenwerden ein Hinzukommen von aussen (θύραθεν) wäre.

Wenn ein noch in Ruhe befindlicher Gegenstand in Bewegung versetzt wird, so ist er zwar verändert worden, jedoch ist zu ihm kein neuer Bestandtheil hinzugekommen, sondern nur die in ihm bereits vorhandene Fähigkeit sich zu bewegen ist in Thätigkeit versetzt worden. Das gilt sowohl von der Massen- als auch von der Molecularbewegung; doch hat es lange gebraucht, bis man sich mit der letzteren begnügte und sich entschloss, die »Wärmematerie«, das »elektrische und magnetische Fluidum«, und das wären ja solche von aussen in den Stoff geschlüpfte geisterhafte Wesen, ganz entschieden aufzugeben, während doch bereits Aristoteles *(1. Metaph. V. 12.)* auseinandersetzt, dass die δύναμις nichts anderes sei, als dasjenige, was wir das Sichauslösen der Bewegung nennen würden, und dass sie auch in dem Unbeseelten vorhanden sein müsse, z. B. in der Leier als Vermögen, zu tönen. Da ferner nach Thomas Aquinas die Bewegung die Thätigkeit des Körperlichen ist und es eine andere Thätigkeit desselben nicht gibt *(nullum corpus agit nisi moveatur. — Summa c. Gent. II. cap. 20.)*, und auch nach Aristoteles als Naturdinge diejenigen gelten, welche die. ihnen eigenthümliche Bewegung in sich tragen, und der Stoff nur insofern Natur heisst, als er dieser Bewegungen fähig ist, so scheint es, als könnte man die in den Naturindividuen statt-findenden, ihnen als solchen eigenthümlichen Bewegungen als ihre Formen bezeichnen. *Idem est dicere, materiam esse in actu et materiam habere formam. (Quodlibet III. art. 1.)* Jedoch so scheint es nur.

Nihil fit a corporis actione nisi per motum heisst es *Summa c. Gent. II. 20.* Die blosse Bewegung oder Thätigkeit darf also nicht so geradezu als die Form selbst genommen werden, sondern ist nur das Vehikel der Form. Nicht das dem Löwen eigenthümliche Gebrüll, nicht sein grausamer Blutdurst, nicht der ihm andererseits zugeschriebene und seiner majestätischen Gestalt entsprechende Edelmuth, nicht die vor-nehmen und graciösen Allüren des Wüstenkönigs, noch all das zusammengenommen, was ihn von anderen Thieren mehr oder weniger verwandter Arten unterscheidet, ist die Form des Löwen; sondern das ist seine Form, was allen diesen ihn aus-zeichnenden Erscheinungen, die sich im Lichte der heutigen Naturwissenschaft durchgängig auf bestimmte Bewegungsvor-gänge zurückführen lassen, zu Grunde liegt und ihnen als Träger dient, die *Leoninitas*, die Art, nicht zu verwechseln mit dem blossen Artbegriff. — Der Artbegriff nämlich ist das blosse *caput mortuum* der Abstraction, ein Gedankending; die Art selbst aber, die hier gemeint ist (wir können sie auch Gattung nennen), ist das nach Goethe »nicht bloss im Gehirn, da hinter des Menschen alberner Stirn« existirende sehr Wirkliche und Wirkende, welches die materiellen Theilchen am und im Löwen-leibe gerade so zusammenfasst und zusammenhält, dass sie eben zum Löwen sich gestalten, nicht aber zum Lamm, obwohl aus denselben materiellen Theilchen bekanntlich auch das Lamm besteht, welches der Löwe mit gutem Appetit verzehrt, ohne aber durch den dabei stattfindenden Stoffwechsel je seine Löwen-natur zu verlieren und allgemach zum Lamm zu werden, selbst

4*

wenn er sein ganzes Leben lang nichts als Lämmer frisst, und somit fortwährend seinen Leib aus ganz denselben Stofftheilchen regenerirt, aus denen auch das Lamm besteht. Mit dem blossen Stoffwechsel und dem darauf basirten Kreislauf in der Natur kommen wir nicht aus; wir brauchen zum stets wechselnden Stoff die bleibende Form.

Was ist es also schliesslich, was diesen im ewigen Wechsel kreisenden Stofftheilchen wie ein im Wechsel beharrender ruhiger Geist das Gepräge der Art aufdrückt, ihnen die bestimmten Thätigkeiten verleiht, die sie gerade als Löwe oder als Lamm erscheinen lassen? — Stehen wir mit dieser Frage, wie nur allzugern versichert wird, vor einem unergründlichen Mysterium? Haben wir vielleicht da den Baum des Lebens vor uns, von dem zu essen uns verwehrt ist, »damit der Mensch nicht ausstrecke seine Hand, und nehme vom Baum des Lebens, und esse und lebe ewiglich....?« (Genesis. 3.)

So viel wenigstens können wir mit aller Gewissheit aussprechen, dass kein wie immer gearteter Stoff auf andere Weise sich zum Löwenartigen gestaltet, als dadurch, dass er mit der bereits bestehenden Löwenart in jene innigste Berührung kommt, welche eben die Transformation oder Transsubstantiation, wie wir sie ohne alles Bedenken nennen dürfen, bedingt. Ich erinnere hierbei nochmals an das bereits besprochene, von Diderot vorgeschlagene Verfahren, um eine Marmorstatue zu beleben, d. h. zunächst in pflanzliche Organismen und mittelbar in Fleisch und Blut zu verwandeln. Sie soll nämlich zu Staub zermalmt und dieser auf den Acker gestreut werden, wo er von den daselbst bereits vorhandenen Pflanzenarten assimilirt wird und so weiter. Es wurde auch die so naheliegende Erinnerung gemacht, dass auf die bereits vorhandenen Pflanzenarten der Accent zu legen ist, und ohne sie der Marmor in alle Ewigkeit liegen bliebe, ohne je solch eine Umwandlung zu erfahren. Die noch anorganische Materie hat allerdings die Möglichkeit organisirt zu werden in sich, sie ist in potentia (δυνάμει) Pflanze; diese Möglichkeit aber würde nie zur Wirklichkeit werden ohne ein Etwas, durch welches sie aus ihrem Todesschlaf geweckt wird. Die neue Form, das εἴς ὅ, in

welcher der zur Pflanze verwandelte Marmor erscheint, erweist
sich allerdings nicht als ein neuer Bestandtheil, der zu den
Marmoratomen hinzutritt, nichtsdestoweniger aber doch als etwas
wirklich Neues, welches durch das Zusammentreffen der Marmor-
atome mit einer bereits bestehenden Pflanzenart aus diesen
geschaffen wurde.

Wir können, ja wir müssen sogar, uns den Vorgang in
der Weise versinnlichen, dass die Pflanzentheilchen in ganz
anderen Molecularbewegungen begriffen seien, als die Theilchen
des anorganischen Marmors, dass aber diese in Folge ihrer
innigen Berührung mit der Pflanze in dieselben Bewegungen
hineingezogen werden, in ähnlicher Weise wie das tönende
Clavier der ruhig an der Wand hängenden Harfe die Schwingungen mittheilt, so dass in den Saiten derselben die schlummernden Töne erwachen und die gleiche Melodie erklingt. *Forma
educitur e materia* sagen darum die echten Scholastiker mit
Recht, und jene Neuscholastiker, denen dieser Ausdruck an
Hylozoismus zu streifen scheint, mögen sich damit beruhigen,
dass erstens nach der Lehre der Scholastik eine $\ddot{\upsilon}\lambda\eta$ ohne Form
nicht existirt, zweitens nicht jede Form schon $\zeta\omega\acute{\eta}$ ist, drittens
aber die in der unbelebten (anorganischen) Materie vorhandene
Form, die eben als solche noch nicht Leben ist, nur dadurch
$\zeta\omega\acute{\eta}$ werden kann, dass sie sammt der von ihr formirten Materie
Theil eines schon Lebendigen wird. Die in der Materie schlum-
mernde Potenz wird nur durch eine bereits *in actu* befindliche
Form *ad actum* geweckt (educirt); sie kann sich nicht aus
eigenen Mitteln dazu wecken, das Leben ist somit keine
bloss erhöhte Selbstthätigkeit der anorganischen Materie. Nur dann aber, wenn die Materie sich aus eigener Macht
ins Leben versetzen könnte, dürfte von Hylozoismus und Materialismus die Rede sein; denn sie wäre dann im engsten und
strengsten Sinne Lebensprincip.

Ebensowenig ist, wie von einer andern Seite befürchtet
wird, die Eduction ein Entstehen aus Nichts, somit ein Schöpfungs-
act ohne Intervention Gottes, um von Anderm zu schweigen,
schon aus dem Grunde nicht, weil das nur *in potentia* Vorhan-

dene kein Nichts ist. Wohl aber weist die Eduction, wie die ganze aristotelische Lehre von Materie und Form, auf einen ersten Beweger und somit schliesslich auf schöpferische Vorgänge hin. Da nämlich alle Weckung zum wirklichen Thätigsein nur durch die Verbindung des Stoffes mit einem schon Informirten geschehen kann, so erhebt sich von selbst die Frage, woher die ersten und ursprünglichen Formen entstanden sein mögen, eine Frage, die uns nach allem bisher Gesagten mit der nach dem ersten Beweger identisch erscheinen muss. Jene ursprünglichen Formen (Urformen), denen alles später Formirte sein Dasein dankt, erweisen sich als verwirklichte Schöpfergedanken, womit die aristotelische Formenlehre bei Thomas Aquin wieder zu Platon's Ideen, als vorweltlichen Musterbildern alles Bestehenden im göttlichen Denken zurückweist und theilweise zurückkehrt. Dass nämlich Gott die ὕλη nach den Ideen gestaltet, besagt nichts Anderes, als der Satz des Aquinaten: *Deus imprimit toti naturae principia propriorum actuum, et per hunc modum Deus dicitur praecipere toti naturae. (Summa theol. I. quaest. 2. art. 5.)*

Als Naturgesetze hat man darum auch, und zwar von sehr achtenswerther Seite, diese verwirklichten Gottesgedanken (Urformen) bezeichnet, und sie, wie die platonische Ideenlehre überhaupt, mit der Potenzenlehre Schelling's in Einklang zu bringen gesucht. Doch drückt das Wort Gesetz viel zu wenig die ihnen eigenthümliche Realität aus, die Potenzen der schelling'schen Alleinslehre aber sind nichts weiter als die Haltstationen in der Selbstentwickelung des einen und einzigen Lebensprincipes oder des Absoluten auf den verschiedenen Stufen seines Sichemporringens von der finstern und starren Materie »bis zu jener Helle des selbstbewussten Geistes, gegen die gehalten alles Licht der Fixsterne Nacht und Finsterniss ist«. In diesem hellen und grellen Lichte der Identitätsphilosophie betrachtet, kann aber die Formenlehre des Stagiriten nur vollständig missverstanden werden, denn er selbst ist der Ansicht: Ἔτι εἰ ἀληθεῖς αἱ ἀντιφάσεις ἅμα κατὰ τοῦ αὐτοῦ πᾶσαι, δῆλον ὡς ἅπαντα ἔσται ἕν. (Könnten in Wahrheit alle Widersprüche von ganz demselben Gegenstande ausgesagt werden, dann wäre offenbar Alles Eins. *(I. Metaph. IV. 4.)*

Am besten werden wir jedenfalls thun, bei dieser ersten Formirung des Stoffes an etwas zu denken, woran freilich der »blinde Heide«, der nach J. Justus und Anderen so viel Unheil im Reiche Gottes angerichtet hat, freilich nicht dachte, nämlich an das schöpferische »Es werde« im ersten Buche des alten Testamentes. Besonders auffallend erscheint es, dass der Schöpfer der bereits geschaffenen Natur (Erez) gebietet, das Pflanzen- und Thierreich aus sich selbst hervorzubringen, und mir wenigstens will es auch auffallend erscheinen, dass die beiden Ausdrücke Schaffen und Gebieten im Deutschen sogar häufig identisch genommen werden, in der österreichischen Mundart fast ausnahmslos. »Die Erde sprosse Gras. das grünet und Samen macht nach seiner Art, und Bäume die da Frucht tragen, in denen selbst ihr Same sei auf Erden.« *(Genesis I. 11.)* — Und Gott sprach: »Es bringe hervor das Wasser kriechendes Thier mit lebendiger Seele und Geflügel über der Erde unter der Veste des Himmels.« *(Genesis I. 20.)* Da haben wir ja die Eduction der Form aus der Materie in concreten Fällen deutlich ausgesprochen. Die Erez selber bringt diese neuen Formen aus sich, bringt das Organische, Lebendige, Seelische aus dem anorganischen Stoff hervor; in diesem sind bereits die *rationes seminales,* von denen St. Thomas sagt: *Rationes seminales, quae sunt activa et passiva principia generationum et motuum naturalium, in materia corporali multis modis inveniuntur. (Summa theol. I. quaest. 115. art. 2.)* Der Aquinat sagt übrigens, dass dieser für die ersten Ursachen der Generation und aller natürlichen Bewegungsvorgänge gebrauchte Terminus von Augustinus bereits angewendet worden sei. *Convenienter Augustinus omnes virtutes activas et passivas, quae sunt principia generationum et motuum naturalium, seminales rationes vocat. (Summa theol. quaest. 115. art. 2.)* Obwohl aber die Erez selbst und durch eigene Thätigkeit sie hervorbringt, so bedarf es doch der Ansprache von Seite des schöpferischen Logos, des göttlichen Schöpfergedankens und schaffenden Wortes, um die Natur zu solchen Hervorbringungen zu veranlassen. In ähnlicher (nicht gleicher) Weise geht nach einem von Aristoteles mit Vorliebe gebrauchten Gleichnisse die Eduction der Hermesstatue aus dem Marmor vor sich. Die Gestalt des Hermes ist bereits im Marmorblocke *in potentia* enthalten, da dieser die Fähigkeit hat, alle möglichen Gestalten anzunehmen und somit, in seiner Ungeformtheit zu irgend einem bestimmten Bilde der Plastik gedacht, für unsern Fall ein ganz ausreichendes Gleichniss der formlosen Materie gibt. Es wird also durch die Ausgestaltung des Marmorblockes zum Hermesbilde dem Marmor nichts Neues hinzugefügt oder eingeschaffen, der entwickelte marmorne Hermes ist unabtrennbar vom Marmor selbst. Der Marmorblock vermag jedoch nie und nimmer vermittelst seiner eigenen elementaren Kräfte die Hermesstatue aus sich zu erzeugen, und nirgends im Weltall findet sich eine Hermesstatue, die etwa durch das blosse Spiel mechanischer und chemischer Kräfte entstanden wäre. »Wo rohe Kräfte sinnlos walten, da kann sich kein Gebild gestalten.« Es bedarf zu ihrem Zustandekommen des Geistes und der kunstfertigen Hand eines Künstlers. Dasselbe gilt in noch ungleich höherer Art und Weise selbstverständlich von den der Zeit nach ersten Gebilden der Natur. *Producat terra herbam virentem, non intelligitur, tunc plantas esse productas in actu et in propria natura, sed tunc terrae datam esse virtutem germinativam ad producendum plantas opere propagationis, ut dicatur tunc, terram produxisse herbam virentem et lignum pomiferum, i. e. producendi accepisse virtutem. (Pot. quaest. IV. art. 2.)* Ich glaube, um ja keinem Missverständnisse Raum zu lassen, hierzu noch anmerken zu sollen, dass die *virtus* nach St. Thomas ein *habitus* ist, ein dauerndes Verhalten, eine Disposition zu etwas, jedoch keine nothwendig bleibende. Er gebraucht nach Aristoteles dafür als Beispiel die Gesundheit. *Habitus,* also auch *virtus,* ist darum nicht mit *potentia* zu verwechseln. Die *potentia* kann nämlich niemals ganz und gar verloren gehen, die Disposition aber, welche der *habitus* (ἕξις) ausdrückt, ändert sich gewöhnlich nur besonders schwer, wie solches zunächst bei den Tugenden und Lastern ersichtlich wird. Die Potenz also gehört der Materie als solcher an, die *virtus* aber nicht. Die anor-

ganische Natur hat die *potentia* zu allen späteren organischen Bildungen in sich, nicht aber schon die
virtus. So liegt auch die Möglichkeit des tugendhaften Handelns
im Willen des Menschen, die wirkliche Tugend jedoch kommt
nicht zu Stande ohne Mitwirkung Gottes.

Nicht die Bewegung als solche ist, wie wir aus all
dem ersehen, schon die Form des Naturindividuums, sondern
dessen Form ist die durch eigenthümlich geordnete Bewegungen
(per motum) eigenthümliche Gestaltung der Materie. Das
Wort Gestaltung aber ist hierbei nicht bloss in der Bedeutung
Gestalt, sondern zugleich in der des activen Gestaltens zu
nehmen.

Da hätten wir demnach eine, obwohl nur für die Naturformen berechnete, endgiltige Definition der Form. Sie ist augenscheinlich nur möglich mit steter Rücksichtnahme auf das
Wirken des aristotelischen Gottes, und jedweder Verständigungs-
versuch über die beiden Grundbegriffe Form und Materie, der
von der nicht genug zu bewundernden Gotteslehre des Weisen
von Stageiros Absicht nehmen zu können glaubt, und meint,
ein Aristoteles moralisire nach Art eines sentimentalen Pietisten-
predigers ins Blaue hinein, wenn er versichert, dass die Wissenschaft auf ihrer höchsten Stufe (θεωρία) als Erkenntniss der
metaphysischen Principien zum Denken über das Göttliche be-
fähige, und dass in diesem Denken die reinste Freude und
Glückseligkeit (εὐδαιμονία) liege, die dem Sterblichen erreichbar
ist, wird nie zu einem andern Ergebnisse führen, als zu unaus-
stehlich breitem etymologischen Gerede, zu jener plan- und
zwecklosen Wortklauberei und Buchstabenzählerei, die den Wald
vor lauter Bäumen nicht sieht und unwillkürlich an Rückert's
Wort gemahnt:

> Vor lauter Geschnatter ringsumher
> Hört man die Nachtigall nicht mehr.

Die in der Schöpfung verwirklichten vorweltlichen Ideen (Schöpfungsgedanken), die als ein eben so
oftmaliges Eingreifen des ersten Bewegers in die Natur
der Dinge zu fassen sind, können und sollen demnach

als jene Urformen bezeichnet werden, durch die jede
spätere und ohne unmittelbares Eingreifen erfolgende
Information des Stoffes bedingt ist. *Quia igitur mundus
non est casu factus, sed est factus a Deo per intellectum agentem,
necesse est, quod in mente divina sit forma, ad cujus similitudinem
mundus est factus. Et in hoc consistit ratio ideae. (Summa theol. 1.
quaest. 15. art. 1.)*

Wie viele solcher Urformen sein mögen, ist selbstverständlich *a priori* ebensowenig auszumachen, als die Zahl der factisch
bestehenden unveränderlichen Arten sich mittelst blosser Ver-
nunftschlüsse feststellen lässt. Daher hat die aristotelisch-thomistische Philosophie gegen die Descendenztheorie im Allgemeinen
nicht nur nichts einzuwenden, sondern Aristoteles und St. Thomas
würden, wenn sie aufstünden, das heutzutage von Seite absoluter
Nichtswisser in diesem Punkte gegen die exacte Naturwissenschaft erhobene Gezeter, gelinde gesagt, ganz unbegreiflich
finden.*)

Auch J. Justus kann bei diesem Anlasse eine wichtige
Concession, wenn auch nur mit Einschränkung, gemacht werden.
Die Concession besteht darin, dass der gegenwärtige »empirische« Zustand der Welt allerdings den der Schöpfung zu
Grunde liegenden göttlichen Ideen mehr oder weniger nicht
entspricht, obwohl auch durch diesen empirischen Zustand allenthalben der ursprünglich gottgewollte hindurchleuchtet. Die Einschränkung aber, die nothwendig hierbei zu machen ist, betrifft
die Behauptung, Aristoteles habe davon nichts gemerkt und
ohne weiters diesen empirischen Zustand für den an sich richtigen, für die beste der Welten, angesehen. Solch ein saloper
Optimismus stimmt jedenfalls schlecht zu dem Sichhinbewegen
aller Wesen zur Vollendung im göttlichen Geiste in Folge eines

---

*) »Die Theorie von der allmäligen Abänderung der Arten ist mit
der Vernunft und mit der Religion durchaus nicht unvereinbar, wenn man sie
mit der nöthigen Kenntniss und Mässigung vertritt.« — So schreibt der be-
rühmteste Astronom unserer Zeit, der grosse Aristoteliker und Naturforscher,
der sich in seiner vornehmen Schlichtheit nie anders als P. Secchi nennt. (Die
Grösse der Schöpfung. Zwei Vorträge, gehalten in der Tiberinischen
Akademie zu Rom.)

Zuges, den Aristoteles der schmerzlichen Sehnsucht des Liebenden nach dem geliebten Gegenstande vergleicht. *(II. Metaph. XII. 6.)* Ueber den Grund dieses unvollendeten Zustandes hat Aristoteles meines Wissens allerdings nichts Bestimmtes gesagt; ich glaube, weil er, ganz ungleich so manchem späteren Philosophen, nicht gern über Dinge redete, von denen er nichts wusste. Dass aber die ursprünglich von Gott geschaffene »höhere Naturordnung«, gleichviel durch welche Einflüsse und Vorgänge, gestört oder, wie J. Justus sagt, »verdunkelt, gebunden« sei, das hat Aristoteles gewusst und deutlich genug ausgesprochen, und er würde, ohne übrigens Pessimist und Weltschmerzler zu sein, gewiss einstimmen in die schönen Worte des christlichen Dichters:

> Es geht ein allgemeines Weinen,
> So weit die stillen Sterne scheinen,
> Durch alle Adern der Natur;
> Es ringt und seufzt nach der Verklärung
> Entgegenschmachtend der Gewährung
> In Liebesschmerz die Creatur.

Fassen wir nunmehr das über die Formen in der Natur Gesagte kurz zusammen, so ergibt sich als Endresultat: Nicht der Zufall, nicht ein ewiges und unabwendbares Geschick (είμχρμένη, *fatum*) treibt in der Welt sein planlos blindes Spiel, sondern die Natur ist Gottes Werk, und sie wirkt und bildet, wenn auch nur wie im Traum und als blinde Künstlerin, nach den ihr eingeschaffenen göttlichen Gesetzen. Jene Bestimmtheit des so Gewordenen aber, vermöge der dasselbe einer göttlichen Idee entspricht, wird von Thomas Aquin die göttliche Mensuration, die Gestaltung des gegebenen Stoffes zu dieser Bestimmtheit selbst die Eduction der Form aus der Materie genannt, und St. Thomas stimmt darum dem Ausspruche des Aristoteles, dass die Form ein Göttliches sei, ohne den mindesten Scrupel bei. *Unde philosophus in I. Phys. formam nominat quoddam divinum. (Periherm. I. lect. 3.)* — *Convenienter Aristoteles de forma loquens dicit, esse quoddam divinum. (Summa contra Gentiles I. III. c. 97.) Cf. Summa theol. I. quaest. 44. a. 3.* Weil endlich nach den später zu entwickelnden Grundsätzen der thomistischen Erkenntnisstheorie Alles, was da

besteht, ein doppeltes Sein hat, nämlich das reale, welches ihm
als dem ausserhalb des blossen Gedachtseins existirenden wirklichen Gegenstande zukommt, und das intentionale, als welches es in unserem Denken vorhanden ist, die Welt aber durch
göttliche Mensuration formirt, und demzufolge die Weltschöpfung
recht eigentlich eine Verwirklichung oder ein Aeusserlichwerden
des vorweltlichen Weltgedankens ist, der also vor dieser seiner
Realisirung nach aussen hin das intentionale Sein der Welt
im göttlichen Logos ist, darum definirt der Aquinat die
Weltschöpfung als *Emanationem totius entis e causa universali,
quae est Deus. (Summa theol. I. quaest. XLV. art. 1.)* Die *Con-
clusio* der *Quaestio 45* aber lautet kurz und verständlich genug:
Creare est ex nihilo aliquid facere. Sie hat jedoch unsere Pan-
theismusriecher nicht abhalten können, einem St. Thomas von
Aquino Pantheismus und Semipantheismus zuzumuthen, was
mir um so verwunderlicher scheint, da meines Wissens derartige Commentatoren des Aquinaten nichts zu lesen pflegen, als
eben die Conclusionen der *Summa theologica.* Diesen Herren,
besonders aber dem J. Justus, gebe ich daher zum Schluss
noch ein kleines Thema zur nachträglichen Meditation mit. Es
ist ein Wort aus einem Buche des hl. Thomas, das ihnen höchst
wahrscheinlich noch nicht zu Gesicht gekommen sein und dessen
Verständniss ihnen nach dem eben Gesagten nicht schwer fallen
dürfte, falls die Herren überhaupt in der Lage sind, von meines
Gleichen Belehrung anzunehmen. *Intellectus divinus est mensurans
non mensuratus, res naturalis mensurata non mensurans, intellectus
noster est mensurans, non mensurans quidem res naturales, sed
artificiales tantum. (De Veritate. Quaestio I. art. 3.)* Und in demselben Buche schreibt der heilige Lehrer, wie es scheint, um
für die Ausleger kommender Jahrhunderte an Deutlichkeit sich
womöglich selbst zu übertreffen: *Oportet in Deo rationes rerum,
i. e. ideas, existere.* Zum Schluss: *Mundus intelligibilis nihil
aliud est, quam idea mundi. (De verit. quaest. III. art. 1.)*
Die Verwirklichung dieser *idea mundi* ausserhalb des göttlichen
Wesens ist die so perhorrescirte *Emanatio.*

   Endlich kann ich es zum vollen Verständniss der Sache
nicht unterlassen, noch ein Bild hinzuzufügen, durch welches

ich schon so manchem meiner Schüler dieses Verständniss vermittelt habe. Ich thue es auf die Gefahr hin, dass ich beschuldigt werde, meinen so erhabenen Gegenstand nicht mit dem
gebührenden Ernst zu behandeln, und will meinethalben den
Vorwurf »Lustig auch in ernster Zeit« mir gern gefallen lassen,
wenn man mir den Vorzug der Deutlichkeit lässt. Dass die in
den anorganischen Elementen vorhandenen Bewegungen durch
Berührung mit der schon organisirten Materie zu den den
Organismen eigenthümlichen Bewegungen erhoben und veredelt
werden, liesse sich allenfalls durch folgenden sehr wenig hin-
kenden Vergleich deutlich machen, den ich gern für einen
salbungsvolleren einzutauschen bereit bin, wenn derselbe zugleich
eben so gut oder besser ist. Bei ländlichen Festen habe ich eine
mir sehr interessante Beobachtung gemacht. Man sieht da gewöhnlich eine Anzahl Bauernbüblein um die Linde oder Tanz-
hütte herumstehen und sich das lustige Treiben mit offenem
Munde ansehen. Da geschieht es nun mitunter, dass eine muth-
willige Tänzerin, die momentan keinen Partner hat, unversehens
einen der Gaffer erfasst und mit ihm zum allgemeinen Gaudium
im muntern Wirbel über den Tanzboden hinrast. Anfangs
stolpert der so Ueberraschte unbeholfen genug herum, bald
aber theilt die rhythmische Bewegung sich seinen gespreizten
Beinen mit, die Steifheit löst sich, und »nach dem Takte reget
und nach dem Mass beweget sich Alles an ihm fort«. Der
Tölpel ist Tänzer geworden, was er aus sich allein mit aller
Anstrengung nie und nimmer zuwege gebracht hätte, obwohl
das Vermögen dazu (die *potentia*) ohne Zweifel in ihm lag.
*Fiat applicatio. — Formam extrahi de potentia materiae
nihil aliud est, quam aliquid fieri in actu, quod prius
erat in potentia. (Summa theol. 1. quaest. 90. art. 2.)*

VI. Die Materie.

Die Materie ist nie ohne Form. — Sie kann vom menschlichen Intellect nur *per abstractionem* gedacht, nie aber in adäquater Weise vorgestellt werden. — Die Materie ist weder unendlich ausgedehnt, noch ins Unendliche theilbar. — Anticipationen der heutigen Physik. — Thomas Aquinas und Kant. — Was ist das Lebendige im Leibe? — Substanz und *forma substantialis*. — Ein bitteres Wort über die Ausleger des Aristoteles. — Bedeutung der Worte *generatio*, *corruptio* und *privatio*. — Der Kreislauf in der Natur. — Die Transsubstantiation in der Körperwelt. — Die aristotelische Lehre von Materie und Form ist keine Hypothese.

> *Quia omnis definitio et cognitio est per formam, ideo materia prima non potest per se definiri nec cognosci, sed per comparationem ad formas.*
> St. Thomas Aquinas. *(Opusc. de princ. nat. 31.)*

> *Informitas materiae non praecessit duratione ejus formationem aut distinctionem, sed natura.*
> St. Thomas Aquinas. *(Summa theol. I. quaest. 66. art. 1.)*

Es kann nicht oft genug hervorgehoben und eingeschärft werden, dass nach einem Fundamentalsatze der aristotelischen Philosophie und der gesammten echten und ernst gemeinten Scholastik nirgends in der Natur eine Form ohne Materie und nirgends eine Materie ohne Form existirt. Dadurch unterscheiden sich eben die Naturformen von denjenigen, die Thomas von Aquino als *formas subsistentes* und *separatas*, Aristoteles aber geradezu als ein θεῖον bezeichnet. Beide zählen zu den letzteren die vernünftige Seele des Menschen und jene übersinnlichen Substanzen, welche der gegenwärtige Sprachgebrauch »reine Geister« nennt. Dieser gewöhnliche Sprach-

gebrauch aber hat wieder bei Leuten, die gern an Worten
kleben, Missverständniss und Verwirrung angerichtet, und ich
will darum einstweilen nur kurz bemerken, dass das Wort
spiritus bei St. Thomas auch oftmals eine blosse Naturkraft bedeutet, die eigentlich geistigen, d. h. selbstständig und ohne
Materie zu existiren befähigten, darum auch selbstbewussten
und freiwollenden Wesen aber bei ihm *mentes,* am häufigsten
intellectus heissen. In der Thatsache, dass ausser diesen
auch unselbstständige, des Selbstbewusstseins und
freien Wollens unfähige Wesen, sogenannte blosse
Naturwesen, existiren, liegt einer der metaphysischen
Gründe, die zur Annahme der Gebundenheit ihrer
Formen (Naturformen) an die Materie, somit zur Annahme einer Materie überhaupt führen.

Der Begriff der Materie scheint den Meisten noch mehr
Schwierigkeiten zu verursachen, als jener der Form, und zwar
aus dem einfachen Grunde, weil sie nie und nirgends ohne
Form existirt, daher als *materia pura* oder *materia prima* eine
Abstraction, ein blosses Gedankending ist, dem in der Wirklichkeit kein Gegebenes entspricht, also ein an und für sich
gar nicht Bestehendes, ein μὴ ὄν *(Phys. I. 8., Metaph. II. 4.),*
in seiner gänzlichen Bestimmungslosigkeit verwandt mit Hegel's
berühmtem reinen Sein *aequale* Nichts. Λέγω δὲ ὕλην, ἣ καθ'
αὐτὴν μήτε τι μήτε ποσόν, μήτε ἄλλο μηδὲν λέγεται οἷς ὥρισται τὸ ὄν
sagt Aristoteles *(I. Metaph. VI. 3.)* darum von ihr, und nennt
die ὕλη das den wirklichen Naturgebilden noch ungeformt zu
Grunde Liegende (ὑποκείμενον), dasjenige, welches nicht wirklich
etwas ist, sondern aus welchem etwas wird (ἐξ οὗ γίγνεται), die
Möglichkeit (δύναμις) und das Wesen der blossen Möglichkeit
nach (ἡ δυνάμει οὐσία), auch das bloss passiv Aufnehmende (δεκτικόν)
im Gegensatze zur Actualität der μορφή, die darum der ὕλη
gegenüber als die eigentliche ἐνέργεια und ἐντελέχεια bezeichnet
wird. Vorstellen lässt sich dieses blosse Gedankending jedenfalls nicht, und es macht darum einen fast rührenden Eindruck,
selbst einen Augustinus darüber klagen zu hören, wie er sich
in jüngeren Jahren vergeblich abgemüht, die formlose Materie
zu denken, aber dabei zu nichts gelangte, als zur Vorstellung

von allerlei grotesken Phantasiegebilden, die als solche doch wieder nicht ohne Form und Bestimmtheit waren. »*Foedus et horribiles formas volebat animus perturbatis ordinibus, sed tamen formas; et informe appellabam non quod careret forma, sed quod talem haberet, ut, si appareret, ceu insolitum et incongruum aversaretur sensus meus, et conturbaretur infirmitas hominis.*« *(Confess. lib. XII. cap. 6.)* Obwohl er jedoch keine Vorstellung von der Materie sich zu bilden vermochte, drängte sich ihm doch beim blossen unbefangenen Anblick der Körperwelt, in welcher ein fortwährendes Werden des Einen aus dem Andern stattfindet, so zwar, dass die Naturdinge stets neue Gestaltungen annehmen, im tiefsten Grunde aber dabei dennoch bleiben, was sie sind, immer wieder der Gedanke auf, es müsse doch ein Substrat derselben geben, welches von einer Form in die andere überzugehen befähigt ist, daher an sich selbst keine dieser Formen ursprünglich oder eigenthümlich besitzt. »*Et intendi in ipsa corpora, eorumque mutabilitatem altius inspexi, qua desinunt esse, quod fuerant, et incipiunt esse, quod non erant. Eundemque transitum de forma in formam per informe quiddam fieri suspicatus sum, non per omnino nihil.*« *(Ibidem.)*

Sobald die Materie von einer Form verlassen wird, muss sie darum von einer neuen Form ergriffen werden, denn ohne alle Wirksamkeit *(actus)* wäre sie auch nichts Wirkliches, sondern eben das vielbeschriene μὴ ὄν. Thomas drückt dies mit den Worten aus: *Quia materia nunquam denudatur ab omni forma, propterea quandocunque recipit unam formam, perdit aliam et e converso. (Quaestiones disputatae de potentia.)* — *Idem est dicere, materiam esse in actu et materiam habere formam. Dicere ergo, quod materia sit in actu sine forma, est dicere contradictoria esse simul. (Quodlib. III. art. 1.)* In die Sprache der heutigen Naturwissenschaft übersetzt, müsste das offenbar lauten: Eine Kraft geht im Haushalte der Natur nie verloren, sondern kann nur in eine andere verwandelt werden, die Massenbewegung in Molecularbewegung, die Elektricität in Licht, und umgekehrt. Nicht nur der Stoff ist unvernichtbar, sondern auch die Kraft; einen Stoff ohne Kraft gibt es so wenig, als eine Kraft ohne

Stoff, als ein Werden ohne Werdendes, als eine Bewegung ohne
Bewegendes und Bewegtes. Selbst die Entdeckung, dass bei
— 273 Grad Celsius, dem sogenannten absoluten Nullpunkt, die
Expansivkraft = 0 geworden, spricht keineswegs, wie anfangs
befürchtet wurde, dagegen, sondern ist vielmehr ein neuer und
entscheidender Beleg dafür. Die Molecüle erscheinen unter
— 273 Grad Celsius so aneinandergepresst, dass ihre räumliche Bethätigung unmöglich, nicht aber, dass ihre Energie
überhaupt vernichtet ist. Auch wäre das experimentell constatir-
bare Nichtvorhandensein selbst eines Minimums der unserer
Sinneswahrnehmung noch zugängigen, also räumlichen Bewegungsvorgänge nicht zu verwechseln mit der Abwesenheit der
Bewegung überhaupt. Ist ja doch unwiderleglich constatirt, dass
es diesseits des Rothen im Spectrum Strahlen gebe, die wegen
ihrer zu geringen Brechbarkeit wenigstens für unser Auge
eben so wenig wahrnehmbar sind, als andererseits aus dem entgegengesetzten Grunde, wegen zu grosser Brechung nämlich,
die ultravioletten. — Die alte aristotelische Lehre also, dass es
keine Materie ohne Form gebe und *vice versa*, besagt dasselbe,
wie das neue Princip der Erhaltung der Kraft, oder »besser
der Energie«, wie einer der neuesten Physiker (Licht und
Wärme von E. Gerland) nicht ohne Grund bemerkt.

Neuere Berichterstatter über Thomas von Aquino wollen
diesem mit einer gewissen Heftigkeit, um nicht zu sagen einem
Wink mit dem Zaunpfahl, die Lehre zuschreiben, die Materie
sei ins Unendliche theilbar, und müsse eben dieser unendlichen
Theilbarkeit wegen auch dem Raum nach unendlich, unbegrenzt
sein, da Dasjenige, was eine unendliche Zahl von Theilen ent-
halte, von keiner Grenze eingefasst werden könne. Man könnte
einfach antworten, dass nach dieser Folgerung auch jeder Theil
der Materie, somit ein jeder sich unseren Augen als begrenzt
repräsentirende Körper, thatsächlich ins Unendliche ausgedehnt
sein müsste, da er ja ebenfalls ins Unendliche theilbar ist und
somit unendlich viele Theile in sich schliesst. Indessen sind
diese Berichterstatter gewisser Umstände halber ganz ernst zu
nehmen, und darum zuerst die Frage: Von welcher Materie
belieben denn eigentlich die Herren zu reden? Von der bloss

gedachten Materie, der Materie ohne Form, der sogenannten *materia prima?* — Oder aber von der *actu* vorhandenen, das heisst von der den Sinnen zugängigen Körperwelt? — Im ersten Falle mögen sie ohne weiters Recht behalten. Ein ganz Unbestimmtes hat keine Grenzen, ein blosses Gedankending, z. B. die mathematische Linie oder Fläche, kann im Gedanken ins Unendliche getheilt werden. Anders jedoch steht es mit der Wirklichkeit, d. h. dem nicht bloss Gedachten, und darum auch mit der wirklichen Theilung wirklicher Körper, also mit der formirten Materie. Diese lässt eben umwillen ihrer Bestimmtheit durch die Form keine unbestimmte Theilung zu, sondern führt zu letzten, nicht weiter theilbaren Elementen. St. Thomas drückt das mit den meines Erachtens unmöglich misszuverstehenden Worten aus: *Etsi corpora m a t h e m a t i c a possint in infinitum dividi, corpora tamen n a t u r a l i a ad certum terminum dividuntur, cum unicuique formae determinetur quantitas secundum naturam, sicut et alia accidentia. (Quaest. disput. de potentia.)* Jeder Form also ist ihrer Natur nach ein bestimmtes Quantum angewiesen, ein Minimum der von ihr zu gestaltenden Materie, und sobald nur dieses mehr übrig ist, hört die Möglichkeit jeder noch weiteren Theilung auf. *Corpus naturale, quod consideratur sub tota forma, non potest in infinitum dividi, quia, quando jam ad minimum deducitur, statim propter debilitatem virtutis convertitur in aliud. Unde est invenire minimam carnem, sicut dicitur in I. Physicorum. (De sensu et sensato. Lect. 15.)* Diese bereits von Aristoteles herrührende Ansicht, es müsse kleinste Fleischtheilchen geben, die nicht wieder in Fleisch zertheilt werden können, erweist sich wieder im Lichte der heutigen Naturwissenschaft als vollkommen richtig; denn da das Fleisch schliesslich aus jenen letzten einfachen Elementen besteht, die sein stöchiometrisches Zeichen angibt, so muss es eine Grenze geben, wo die **mechanische Theilung** endet und die **chemische Scheidung**, das Zerfällen der Fleischsubstanz in ihre letzten einfachen Elemente, eintritt. Dass diese Grenze sowohl unseren schärfsten Schneideinstrumenten als auch den kräftigsten Mikroskopen, die wir besitzen, unerreichbar ist, hat mit der Sache wenig zu thun, so lange nur zugegeben werden muss, dass die

innige Verbindung der einfachen Elemente in den aus ihnen
bestehenden chemischen und organischen Producten eine Anein-
anderlagerung, nicht aber ein förmliches Einswerden derselben ist, welch letzteres der Natur des Seins widersprechen
würde. Ist aber einmal in der supponirten *minima caro* das Zer-
fallen in die letzten einfachen Elemente eingetreten, dann ist
uns die Fleischsubstanz selbst entschwunden, sie ist nach
der Ausdrucksweise des Aquinaten corrumpirt, und die der
Substanz des Fleisches zum Substrat dienende Materie ist »*per
generationem*« von anderen Formen, in diesem Falle von anorganischen Formen, ergriffen worden, da die Materie nicht den
kleinsten Moment im Zustande der Formlosigkeit *(privatio)*
bleiben kann. Darum besteht nach St. Thomas das substantielle
Sein der Dinge geradezu im Untheilbaren, so zwar, dass in ähnlicher Weise, wie wir uns bei den chemischen Verbindungen
selbst durch den Augenschein überzeugen können, durch das
geringste Mehr oder Minder der constitutiven Elemente das
Wesen selbst verändert wird. *Esse substantiale cujuslibet rei in
indivisibili consistit, et omnis additio vel subtractio variat speciem.
(Summa theol. quaest. 76. art. 4.)* — *In qualibet specie oportet
esse terminum quemdam rarefactionis, ultra quem species non sal-
vatur. (Summa theol. II. dist. 14. qu. 1. art. 1.)*

Wie man sieht, ist die Körperlehre des hl. Thomas von
Aquino mit den atomistischen Grundlagen der heutigen Chemie
und Physik sehr wohl verträglich, ja sie muss sogar als eine
sehr beachtenswerthe Anticipation derselben erkannt werden.
Der Lärm aber, der hin und wieder gegen die Atomistik erhoben
wird, die man geradezu als Materialismus und Atheismus ver-
schreit, hat bei richtiger Einsicht in die Principien der aristotelisch-thomistischen Lehre gar keinen Sinn. Wie sollte die aber-
witzige Schrulle, dass die Atome einer im Weltraum zerstreuten
Materie sich aus eigener Macht, man nenne dieselbe Zufall oder
Nothwendigkeit, zusammenfinden, um im kaleidoskopartigen
Wechsel ihrer Mischung die Gestaltungen der anorganischen
und organischen Natur zu erzeugen bis hinauf zum Menschen,
dessen Gehirn sodann die Gedanken absondert, wie (um mit
einer bekannten Somnität der materialistischen Schule zu

5*

sprechen) die Nierenpyramiden ihr Secret, wie sollte sie Platz finden in jener grossartigsten Naturanschauung, die da zeigt, dass die Bewegung des geringsten Atomenstäubchens einen göttlichen ersten Beweger postulirt, dass die Natur von Gottesgedanken durchleuchtet und getragen ist, und selbst in ihrem dermaligen Zustande der Unvollendung und des Schmerzes noch den Abglanz ihrer einstigen Herrlichkeit erblicken lässt, dass nach einem bekannten Wort des Stagiriten nur ein Trunkener den ewigen Νοῦς nicht merken kann, der sie bewegt, und zu welchem sie sich hinbewegt!

Scheint es doch, als hätte der Aquinat, die Entstellungen seiner so klaren und einfachen Lehre im Geiste vorausschend, eigens die interessante Schrift *De natura materiae et dimensionibus interminatis* abgefasst, deren Inhalt auf der Erwägung beruht, dass, sobald die räumliche Unendlichkeit und endlose Theilbarkeit der Materie angenommen wird, auch eine *materia nuda* zugegeben werden muss, oder dass den zahllosen Theilen der Materie auch eine unendliche Anzahl von Formen parallel gehen müsste. *Principium dimensionum non est dimensio: prima enim dimensio est linea, cujus principium est punctus, qui omni dimensione caret, cum partem et partem non habeat. Cum ergo quaedam indivisibilia sint propria omnium dimensionum terminatarum, impossibile est, ponere dimensiones interminatas in materia ut principia dimensionum terminatarum. (De nat. mat. et dimens. interm. cap. 4.)* Ebendaselbst heisst es: *Ex dictis patet, quod dimensiones interminatas in materia ponere et praecedere omnem formam substantialem, est impossibile, nisi intellectu tantum, ut ponunt mathematici.* Wohl aber geschieht es, dass eine wirkliche, d. i. formirte Materie im Vergleiche mit der ihr bevorstehenden höheren Formirung als *indeterminata* bezeichnet wird, und das mag denn auch der Anlass zu dem ungeheuren Missverständniss gewesen sein, vor welchem übrigens St. Thomas mit dem Zusatz warnt: *Quod forma secundi generis, scilicet corporis, adveniens materiae* (nämlich derjenigen Materie, die durch die *»formas elementorum«* erst zu Elementen der *»corporum mixtorum«* formirt ist) *dat materiae* (eigentlich den Elementen) *quoddam esse incompletum ordinabile* (im Verhältniss) *ad esse completum actu, quod* *advenit materiae per aliam formam perfectiorem* (etwa durch die Pflanzenseele, die *forma vegetativa*). Es bleibt jedoch dabei in Geltung: *Materia in quidditate sua indivisibilis est penitus, ablata enim quantitate substantiae manet indivisibilis, ut dicitur (ab Aristotele) in I. Physicorum. Sed ex corporeitate, quam sequuntur dimensiones quantitatis in actu, sequitur divisio materiae, per quam materia ponitur sub diversis sitibus. (Ibidem.)* Mit Recht kann nur das interminirt genannt werden, was nicht oder noch nicht *actu* vorhanden ist, also das rein Potentielle; denn *Nihil habet propriam mensuram, quod nondum habet proprium esse. (Ibidem cap. 7.)* Ein Solches aber existirt nicht; die latente Kraft ist nur das Bild dafür. Ich stimme darum aus vollster Ueberzeugung mit Tilmann Pesch S. J., der in seinem neuesten sehr empfehlenswürdigen Buche (Die grossen Welträthsel) sagt: »dass es sich hier um eine Frage handelt, in welcher ein Anhänger der alten Philosophie unbedingt auf die Seite der Atomistik treten kann und muss.« — »Der Schlachtruf lautet nicht: Hic Atome, hic Scholastik, sondern: Hic Atome und Scholastik, hic moderne Continuitätstheorie!« (Pag. 562.) Doch ist Tilmann Pesch in einem verzeihlichen Irrthum, wenn er Kant für diese neue Continuitätstheorie verantwortlich macht. Kant ist Atomist, wie dies, um von Anderem zu schweigen, neuestens von Erdmann in überzeugendster Weise durch die Herausgabe bis auf unsere Tage noch unbekannt gebliebener Abhandlungen Kant's nachgewiesen wurde.

Wenn ich die Materie ein blosses »G e d a n k e n d i n g« nenne, so verwahre ich mich dagegen, dass sie mir ein sogenanntes »reines Nichts« sein müsse. Ich sage: Die Materie in ihrer Trennung von der Form genommen, ist ein blosses Gedankending, denn sie kann nicht in der Wirklichkeit, sondern nur im Gedanken von der Form getrennt werden, oder wie v. Hertling ganz richtig es ausdrückt: »Die Materie im Sinne eines eigenartigen Princips ist in der That nichts als die logische Möglichkeit, von der man sie vergebens zu scheiden sucht.« Auch die Form kann, wie nicht oft genug zu betonen ist, in den Naturdingen nicht in Wirklichkeit, sondern nur im abstrahirenden Denken von der Materie getrennt werden. *Agere non est nisi rei subsistentis, et ideo neque materia agit, neque forma, sed compositum, quod vero non agit ratione materiae, sed ratione formae, quae est actus et actionis principium. (Summa theol. IV. qu. 1. art. 2.)* Weder die Form noch die Materie sind Substanzen, sondern Form **und** Materie bilden in ihrem wirklichen Zusammensein in einem Naturindividuum die Substanz desselben. Die Form ist nach Aristoteles nur insoweit Substanz, als die von ihr formirte Materie bestimmt ist, Substanz zu sein. Τὸ εἶδος καὶ τὸ ἐξ ἀμφοῖν οὐσία δόξειεν ἂν εἶναι μᾶλλον τῆς ὕλης. *(1. Metaph. 6.)* Daher ist es nur ein grobes Missverständniss, in der Natur einen durchgängigen Dualismus zweier Substanzen (Form und Materie) sehen zu wollen. Die Seele des belebten Naturindividuums (Thierseele und Pflanzenseele) ist nichts, als die Actualität des Thieres oder der Pflanze. Sie ist keine Substanz neben dem Leibe, sondern gehört wesentlich zur Substanz des ganzen, eben aus Leib und Seele bestehenden Lebendigen, so dass dieses, sobald die Lebensthätigkeit in ihm nicht mehr vorhanden ist, den Namen eines Thieres oder auch einer Pflanze nach Aristoteles und Thomas von Aquino nur mehr im uneigentlichen Sinne führt. Sie ist nach Aristoteles mit ihrem Leibe Eines, wie das aufgedrückte Siegel mit dem Wachs, wie die Gestalt des Hermes mit dem Erz, aus welchem sie geformt und das hinwiederum durch sie geformt ist; sie ist nicht selbst und an und für sich d a s Lebendige im Leibe, sondern nur eines der beiden Principien, und das will hier sagen einer der beiden wesentlichen Bestandtheile dessen, was da lebt und aus Materie und Form besteht, und, um alles Gesagte noch einmal mit ein paar Worten zusammenzufassen: Sie ist nicht Substanz, sondern nur *Forma substantialis* eines blossen Naturwesens, und nicht zu verwechseln mit der *Forma subsistens*, die als solche nicht nur *Forma substantialis,* sondern selbst *Substantia* ist, und darum befähigt ist, selbstständig, ohne Materie, als *Forma separata* (χωριστόν) zu existiren, als eine Substanz, die als solche anauflöslich, unverwandelbar, unzerstörbar ist, eben weil sie nicht, den zusammengesetzten Substanzen der Körperwelt gleich, aus Form und Materie besteht.

Werden diese wenigen und, wie ich wohl annehmen darf, so leicht zu behaltenden und auseinanderzuhaltenden Begriffe und Terminen nicht genau beachtet, dann freilich ist es nur Consequenz, dem Stagiriten, und dem Aquinaten selbstverständlich mit ihm, psychologische Theorien zuzuschreiben, von deren einer, der verbreitetsten nämlich, Franz Brentano (in seiner Psychologie des Aristoteles) mit ruhigem Blut sagen kann: »Wenn das die Theorie des Aristoteles wäre, dann hätte man, wenn man ihn als Sensualisten verschrie, nicht seine Ehre als Philosophen gekränkt; man hätte ihn noch allzu günstig beurtheilt. Der Sensualismus ist doch noch eine Ansicht, aber solch ein Gerede wäre ohne allen Sinn und Verstand.«

Ich hoffe, nunmehr dem Leser nicht mit Anführung zu vieler ihm noch neuer Terminen beschwerlich zu fallen, wenn ich noch eine kurze Erklärung der bereits erwähnten Bezeichnungen *Generatio, Corruptio* und *Privatio* beifüge.

In der *Privatio* (στέρησις) befindet sich die Materie als das aller Form entledigte (»beraubte«) Princip. Da nun die Materie niemals ohne alle Form existirt, so ist dieser Zustand der »Beraubung«, sowie die formlose Materie selbst, ein in Wirklichkeit niemals vorkommender. Die *Privatio* ist ein blosser Hilfsbegriff, um den Vorgang der *Generatio* und *Corruptio* möglichst klar und deutlich zu machen.

Bei den Worten *Generatio* und *Corruptio* nämlich ist von der gewöhnlichen etymologischen Bedeutung ganz und gar Absicht zu nehmen. Das Wort *Generatio* bedeutet nicht etwa »Zeugung«, und die *Corruptio* ist kein Verderben oder wohl gar Vernichten, kein »*Annihilari* oder *Expelli*«, wie ich letzteres mit schmerzlichem Erstaunen in einer achtenswerthen, hauptsächlich von strebsamen jungen Theologen gehaltenen Zeitschrift lesen musste. »*Simpliciter dicendum est, nihil omnino in nihilum redigi*« lautet die nicht misszuverstehende Antwort des von derselben Zeitschrift so hoch gepriesenen *Doctor angelicus. (Summa theol. quaest. 104. art. 4. concl.)* Die *Generatio et Corruptio* des hl. Thomas ist eins und dasselbe mit der γένεσις καὶ φθορά des Aristoteles. Diese aber ist kein Entstehen aus Nichts und kein Zunichtswerden; denn Aristoteles nennt nur jenes substantielle

Werden γένεσις, welches zugleich das Vergehen (φθορά) eines
Andern, und nur jenes substantielle Vergehen φθορά, welches
zugleich das Entstehen (γένεσις) eines Andern ist. Er sagt nämlich, dass der Grundsatz, Nichts könne aus Nichts werden (τὸ
μὲν ἐκ μὴ ὄντων γίνεσθαι ἀδύνατον· περὶ γὰρ ταύτης ὁμογνωμονοῦσι
τῆς δόξης ἅπαντες οἱ περὶ φύσεως. *Phys. I. 4. a. 34.*) jedenfalls für
die Physik, wenn auch möglicherweise n u r für die Physik,
unumstösslich gelte *(Phys. 1. 7.)*, und dass er selbst in seinen
Büchern über die Physik keineswegs darüber entscheiden
wolle, ob es ein Entstehen aus Nichts und ein Zunichtswerden
überhaupt gebe, das heisst ein Entstehen und Vergehen der
Substanz, welches nicht bloss γένεσις καὶ φθορά sein würde.
(Phys. VIII. 6.) In *Quaest. disput. de potentia* setzt darum
St. Thomas unter der Frage *Utrum aliqua creatura in nihilum
redigatur?* in gründlichster Weise auseinander, dass und warum
es keine Vernichtung des Geschaffenen gebe, als welche eben
so sehr dem heiligen Willen und dem unveränderlichen Rath-
schlusse Gottes als auch der Natur des Seins widerspreche. Zum
Schlusse aber und um keinem Zweifel Raum zu lassen, heisst
es noch von den der Corruption verfallenen Formen, mit denen
sich unsere professionellen Referenten über St. Thomas so wenig
anzufangen wissen, dass sie dieselben vernichten und sogar
»austreiben« lassen, ohne uns aber zu sagen, w o h i n sie getrieben
werden, wie folgt: *Formae etsi non habeant materiam partem sui,
ex qua sint, habent tamen materiam, in qua sunt et de cujus potentia educantur; u n d e e t c u m a g e r e d e s i n u n t, o m n i n o
n o n a n n i h i l a n t u r, s e d r e m a n e n t i n p o t e n t i a m a-
t e r i a e s i c u t p r i u s. (Quaest. 5. art. 4.)* Sie sind also, wie
wir uns heute ausdrücken würden, gebunden, latent geworden,
oder auch, um Niemandem die Freude zu verderben, sie sind
dahin z u r ü c k g e t r i e b e n, woraus sie educirt worden sind, und
können dort den Kreislauf von Neuem beginnen. »Zu neuen
Ufern lockt ein neuer Tag.« *Uno corrupto generatur aliud, et uno
genito aliud corrumpitur, et sic consideratur quidem c i r c u l u s i n
g e n e r a t i o n e e t c o r r u p t i o n e, r a t i o n e c u j u s h a b e t
a p t i t u d i n e m a d p e r p e t u i t a t e m.« (De generatione et cor-
ruptione. 1. 1., 7.)* Da hätten wir somit bei Aristoteles und

St. Thomas auch den jüngster Zeit so vielfach perhorrescirten »immerwährenden Kreislauf in der Natur«.

Das *Corrumpi* besagt demnach nichts anderes, als dass die gegenwärtig das Naturwesen informirende *forma substantialis* aufhört, *forma substantialis* dieser durch sie formirten Materie zu sein, dass sie nicht mehr das Substanzbildende bleibt; die *Generatio* aber besagt, dass an die Stelle der früheren eine andere *forma substantialis* tritt, wodurch eben, um ganz offen und unumwunden es herauszusagen, eine neue Substanz entsteht. Ich sage es auf die Gefahr hin, dass auch hier sich Jünger finden, die (wie jene bei Joh. 6. 61.) murren und sprechen »Diese Rede ist hart, und wer kann sie hören?« — Aber auch der *Doctor Angelicus* hat für Solche, die dem alten ἓν καὶ πᾶν wenigstens im Naturleben ein trautes Heim noch gönnen möchten und von der einen und einzigen Natursubstanz sich nicht losmachen zu können versichern, als Antwort nur die Frage: »Wollt auch ihr weggehen?« — Was aber meint denn, bei diesem Punkte angelangt, J. Justus, der die »heidnische« Philosophie des alten Griechen hauptsächlich aus dem Grunde als unvereinbar mit dem Christenthum befunden haben will, weil sich von ihr aus keine Brücke ergeben könne, die emporführt zum richtigen Gottes- und Schöpfungsbegriffe »und dem Höhepunkte des katholischen Glaubens, sowie dem Mittelpunkte des Cultus, d. i. der Lehre von dem allerheiligsten Sacramente des Altars«, und uns versichert: »Es ist also vorweg unmöglich, dass ein Heide die wahre Philosophie grundlegen konnte.« — Thatsächlich aber ist es die ausschliessliche philosophische Lehre dieses Heiden, dass das der Körperwelt zu Grunde liegende ὑποκείμενον nicht Substanz sei, wohl aber dazu befähigt, Substanz zu werden und, wenn auch nicht aus eigener Macht, so doch unter Einflüssen, die in letzter Instanz auf Gott zurückführen, aus einer Substanz in die andere sich zu verwandeln. Nicht bloss gleichnissweise, sondern in aller Wahrheit wird darum unsere Nahrung in die Wirklichkeit der menschlichen Natur verwandelt, was sich ja übrigens auch nach den Grundsätzen der heutigen Naturwissenschaft von selbst versteht. *Dicendum est, quod alimentum v e r e convertitur in v e r i t a t e m h u m a n a e*

naturae, inquantum vere recipit speciem carnis et ossis et hujus-
modi partium. Et hoc est, quod dicit philosophus (in libro II. de
Anima) quod alimentum nutrit, inquantum est in po-
tentia caro. (Summa theol. I. quaest. 119. art. 1.)

Die *Corruptio* und *Generatio* sind also im eigentlichsten
Sinne als eine substantiale Verwandlung zu nehmen, wie dies
besonders bei der Potenzirung der vorhandenen Lebensmächte
in den beseelten Naturwesen hervortritt, am allermeisten aber
bei der Entstehung der thierischen Organismen, die ja in ihren
ersten Ansätzen ein bloss vegetatives, somit pflanzenartiges
Leben aufweisen, eine sogenannte *anima vegetabilis,* die aber im
befruchteten Ei von der *anima sensitiva* abgelöst, oder vielmehr
von ihr aufgehoben wird, wobei wir gut thun, an den eigenthümlichen Doppelsinn des deutschen Wortes Aufheben zu
denken, welches sowohl *tollere* als *conservare* bedeutet. *Anima*
vegetabilis, quae primo inest, cum embryo vivit vita plantae, corrum-
pitur, et succedit anima perfectior, quae est nutritiva et sensitiva
simul, et tunc embryo vivit vita animalis. (Summa c. Gent. II.
cap. 89.) Die vegetativen Actionen hören somit beim Uebergange
ins Animalische nicht überhaupt auf, werden nicht vernichtet,
sondern sie hören nur auf, *forma substantialis,* Seele dieses
bestimmten Individuums zu sein; denn wären sie seine substantiale Form, so wäre es eben noch Pflanze. Darum ist die Thierseele *»nutritiva et sensitiva simul«*, wobei aber nicht an eine
Zusammensetzung derselben aus zwei substantialen Formen zu
denken ist, wie Averroës lehrte, den St. Thomas als *depravator*
philosophiae peripateticae bezeichnet, denn *esse substantiale cujus-*
libet rei in indivisibili consistit; et omnis additio et subtractio variat
speciem. An ein *Annihilari* aber, an ein förmliches Zunichtswerden, ist umsoweniger hier zu denken, da ja selbst auf einer
noch tieferen Stufe, auf der des Anorganischen nämlich, die
elementaren Formen jener Elemente, aus denen beispielsweise
der Stein besteht, in ihrer Verbindung zum wirklichen Stein
fortdauern, und als Potenzen die Disposition oder Unterlage für
die *forma substantialis* dieses durch seine chemischen und kry-
stallinischen Verhältnisse genau bestimmten Minerales bilden.
Dicendum est secundum philosophum (de part. animalium 2. a princ.),

quod formae elementorum manent in mixto virtute: manent enim qualitates propriae elementorum, licet remissae, in quibus est virtus formarum elementarium. Et hujusmodi qualitas mixtionis est propria dispositio ad formam substantialem corporis mixti, puta formam lapidis, vel animati cujuscunque. (Summa theol. I. quaest. 76. art. 4.) Conf. Quodlib. I. art. 6. So gewiss die Molecüle der anorganischen Substanzen nach ihrer Aufnahme in den pflanzlichen Organismus die ursprünglichen Qualitäten der Molecularbewegung und der chemischen Wahlverwandtschaft nicht verlieren, wohl aber sie nicht mehr selbstmächtig zur Geltung bringen, sondern gehorchend der Macht und Lenkung eines einheitlichen organisirenden Princips, ebenso bleiben auch die ursprünglich bloss vegetativen Qualitäten des zum sinnbegabten Naturwesen erhobenen Embryo im Thiere, und bilden die Grundlage für die *anima sensitiva* desselben, so zwar dass die *anima sensitiva* zugleich *vegetativa* ist, daher auch das Thier nach dem Aufhören der vegetativen Thätigkeiten sterben muss, und nicht etwa als bloss Sensitives fortdauern kann.

So viel über die *Generatio et Corruptio,* die ersichtlicher Weise nur an solchen Substanzen möglich ist, denen ein der substantiellen Verwandlung fähiges Substrat, das daher nicht selbst schon Substanz ist, zu Grunde liegt, wesshalb der blosse thatsächliche Bestand der beiden Vorgänge, die Aristoteles als γενεσις και φθορα bezeichnet, wieder zum Beweise dienen kann für die Existenz der so gedachten Materie selbst und für die objective Wahrheit der aristotelischen Lehre von Materie und Form.

VII. Aufzählung der Formen.

Die Formen der anorganischen Natur. — Pflanzen-, Thier- und Menschenseele. — Reine Geister. — Der Dualismus Anton Günther's. — Bedeutung der Worte ψυχή und νοῦς bei Aristoteles und im biblischen Sprachgebrauche. — Warnung vor der Verwechslung gewisser Terminen.

> Unter einem gewöhnlichen Wort verstehe ich
> ein solches, das im allgemeinen Gebrauch ist,
> unter einem fremdartigen ein bei Anderen übli-
> ches, so dass offenbar dasselbe Wort zweierlei
> bedeuten kann, aber nicht für dieselben.
> Aristoteles. (Poetik. Cap. 22.)

Im Anschluss an Aristoteles finden sich bei Thomas von Aquino die folgenden substantialen Formen aufgezählt:

1. Formae elementorum. Unter diesen sind die Bethätigungen der noch nicht zu Körpern gestalteten letzten Elemente aller Naturkörper zu verstehen, Feuer, Luft, Wasser und Erde, welche nach der Ansicht der peripatetischen Schule, da ihnen die gemeinsame Materie zu Grunde liegt, ineinander *per corruptionem et generationem* verwandelt werden können, zum Beispiel die Luft durch Verdünnung in Feuer, durch Verdichtung aber in Wasser. Die Himmelskörper bestehen nicht aus ihnen, sondern werden durch eigene *formae subsistentes* (reine Geister) beherrscht, und sind, wie diese selbst, keiner Corruption, somit auch keiner Verwandlung fähig. *(De motoribus corporum coelestium.)*

2. Formae mixtorum corporum. Zu ihnen gehören alle anorganischen Naturkörper. Die Qualitäten der elementaren Bestandtheile, aus denen die Naturkörper zusammengesetzt sind, bleiben auch in der Zusammensetzung, aber im latenten Zustande. *Manent qualitates propriae elementorum, licet remissae, in quibus est virtus formarum elementarium. (Summa theol. I. quaest. 76.)*

3. *Animae plantarum*, die vegetativen und plastisch bildenden Thätigkeiten des Pflanzenlebens, die allerdings auch im Thierleibe walten, ohne aber eine neben der Thierseele vorhandene zweite Seele des Thieres zu sein; denn die vegetative Thätigkeit des Thieres ist nicht dessen *forma substantialis*. Der Name *anima* kommt der vegetativen Form ausschliesslich in der Pflanze zu.

4. *Animae brutorum*. Die *forma substantialis* des Thieres ist die *anima sensitiva*, in welcher die vegetativen Qualitäten wieder *virtute* und *licet remissae* thatsächlich vorhanden sind. Sie sind nicht mehr Formen, sondern blosse Potenzen *(potentiae, virtutes,* zuweilen auch *vires* und selbst *partes)* der einen Thierseele, welche wegen ihrer vorzüglichsten Thätigkeit, der Sinnesthätigkeit nämlich, nach dem Grundsatze *A potiori fit denominatio* eben als *anima sensitiva* bezeichnet wird.

5. *Animae intellectivae*, Menschenseelen. Die Seele des Menschen wird auch *anima rationalis, intellectus noster* oder einfach *anima humana* genannt. Sie bedeutet aber nicht, wie dies in unserem gewöhnlichen Sprachgebrauche und den mit diesem fast verwachsenen Vorstellungen der Fall ist, eine den Leib bewohnende geistige Substanz, und sie als *spiritus* zu bezeichnen, ist aus sogleich anzugebenden Gründen geradezu bedenklich. Hingegen geht es auch nicht an, Seele das im Menschen waltende vegetative und sensitive Leben zu nennen, und diese »Leibseele« dem Geist des Menschen, das heisst dem selbstbewussten und willensfreien Lebensprincip, als blossen Bruchtheil des im Menschen zur Verinnerung oder Subjectivirung sich emporringenden »Naturprincips« entgegenzusetzen, wie dieses von dem grossen und verehrungswürdigen Philosophen Anton Günther geschehen ist, der aber dabei weit entfernt war, eine Trichotomie von Leib, Seele und Geist zu inauguriren, da Leib und Seele nach seiner Lehre so wenig als nach der aristotelisch-thomistischen zwei selbstständige Bestandtheile des einen Naturindividuums sind. Die Absicht dieses christlichen Denkers war, den Sprachgebrauch der Bibel, nach welchem נֶפֶשׁ und ψυχή

die vegetative und sensitive Lebensbethätigung des Leibes im
Gegensatze zum selbstbewussten und freien Leben des Geistes
bedeutet, auch in der philosophischen Speculation zur Geltung
zu bringen, wobei jedoch zwei Dinge wohl zu beachten sind,
einmal nämlich, dass weder das hebräische נֶפֶשׁ noch das griechische ψυχή, noch das lateinische *anima* mit unserem deutschen
Wort Seele identisch sind, und dann dass der aristotelisch-
thomistische Sprachgebrauch bereits mit vielen streng dogma-
tischen Bestimmungen in zu enger Verbindung steht, um ohne
Gefahr für den Glauben von ihnen getrennt zu werden. Nach
diesem aristotelisch-thomistischen Sprachgebrauch aber ist die
anima humana die *forma substantialis* des Menschen, und keine
andere *forma substantialis* oder Seele waltet i m Leib, oder auch
a l s Leib des Menschen neben ihr. Wie auf den früheren Stufen
der aus Form und Materie bestehenden Naturwesen, bildet auch
im Menschen die substantiale Form mit dem Leibe nur e i n e
Substanz, obwohl diese, die menschliche *forma substantialis,*
g e i s t i g e r Wesenheit ist, wie solches, um vom *Doctor Angelicus*
zu schweigen, bereits vom Stagiriten mit aller Sicherheit und
Bestimmtheit ausgesprochen ist, wenn er sagt, dass nicht die
ganze Seele des Menschen der Natur angehöre (οὐδὲ γὰρ πᾶσα
ψυχὴ φύσις), und dass es ihm scheine, das Vernünftige im Menschen sei eine andere Art von Seele (ἔοικε ψυχῆς ἕτερον γένος
εἶναι) und sei trennbar (χωριστόν) von der leiblichen Materie, als
das Unvergängliche vom Vergänglichen (καθάπερ τὸ ἀίδιον τοῦ
φθαρτοῦ), während die übrigen Theile (Potenzen) der menschlichen Seele nicht trennbar seien (τὰ δὲ λοιπὰ μόρια τῆς ψυχῆς
φανερὸν ἐκ τούτων, ὅτι οὐκ ἔστι χωριστά). Aristoteles nennt uns
solcher Theile, d. h. Potenzen der einen menschlichen Seele fünf,
nämlich das θρεπτικόν, welches dem pflanzlich vegetativen Theile,
das αἰσθητικόν, welches sammt dem ὀρεκτικόν und κινητικόν, dem Animalischen im Menschen, als dem empfindenden, begehrenden
und sich willkürlich bewegenden Naturwesen angehört, und das
διανοητικόν, das eigentlich Denkende und Vernünftige, von welchem die Menschenseele, wieder nach dem Grundsatze *A potiori
fit denominatio,* den Namen, *anima intellectiva* und *anima rationalis,* führt.

Auch hier wieder finde ich mich veranlasst, bevor ich nur einen Schritt weiter mache, vor einem folgenschweren Missverständnisse und vor bedauerlichen Verwechslungen zu warnen. Aristoteles erkannte, wie wir gesehen, die übernatürliche, geistige Wesenheit der Menschenseele mit aller Sicherheit, und nennt darum das διανοητικόν ohne Bedenken νοῦς. Doch ist wohl zu beachten, dass er nicht dieses allein νοῦς nennt, sondern νοῦς ist ihm auch die Denkthätigkeit und alles dem Denken Analoge. Wir haben ein Gegenstück hierzu bei Thomas von Aquino, der unter dem *Intellectus* sowohl die Denkthätigkeit als auch das vernünftig denkende Wesen selbst, den Geist, versteht. *Spiritus* aber wird von Thomas gewöhnlich zur Bezeichnung der sogenannten Lebensgeister, der *esprits animaux,* somit des animalischen Lebens gebraucht, wie wir uns in concreten Fällen zu überzeugen Gelegenheit finden werden.

6. *Formae subsistentes*, des Selbstbewusstseins und der Freiheit fähige, geistige Wesen, mit Rücksicht darauf, dass sie ohne Verbindung mit einer Materie zu existiren vermögen, auch *formae separatae* genannt. Die *anima intellectiva* des Menschen gehört zu ihnen, ist aber nicht reiner Geist, wie es der Engelgeist ist, sondern auf die Verbindung mit der Materie angewiesen, und darum nach ihrer Trennung vom Leibe, obwohl sie auch nach dem Tode desselben als *forma separata* fortlebt, in einem ihrer Natur widersprechenden unvollendeten Zustande. Die sensitiven und vegetativen Lebensthätigkeiten sind nämlich *actus esse compositi* und können darum nur in der gottgewollten Verbindung des geistigen Seins mit dem leiblichen, nicht aber von jenem allein ausgeübt werden.

Ausser diesen substantialen Formen werden von den Scholastikern noch mehrere Formen genannt, oder vielmehr Bezeichnungen für die Form gebraucht, die für den Zweck unserer gegenwärtigen Untersuchung nicht von Bedeutung sind, jedoch der Vollständigkeit wegen hier erwähnt sein mögen. Es sind folgende: *a*) Die *forma accidentalis*, auch *forma assistens* genannt. Sie hat es, wie bereits ihr Name besagt, nicht mit der Substanz, sondern nur mit deren Accidenzen, z. B. nicht mit dem Pferde als solchem, sondern mit dessen zufälliger

Grösse und Farbe zu thun. Die *forma substantialis* des Pferdes ändert sich nicht, das Pferd bleibt Pferd, wenn auch in Folge des Wachsthums seine Grösse und Färbung sich ändert. *b)* Die *forma exemplaris.* Sie bezeichnet das Vorbild des in der Wirklichkeit vorhandenen Gegenstandes, die Weltidee im schöpferischen Logos und die Idee des zu bildenden Kunstwerkes im Geist des Künstlers. Ihr kommt im Gegensatze zum realen Sein des in der Aussenwelt existirenden Gegenstandes das sogenannte intentionale Sein zu. *c)* Die *forma metaphysica*, der Artbegriff, nicht zu verwechseln mit der Art selbst, denn diese ist *forma substantialis*, hat demnach reales Sein, während dem Artbegriff nur intentionales zugesprochen werden darf. Der Streit zwischen Nominalismus und Realismus beruht auf dieser Verwechslung, daher die Realisten die allgemeinen Begriffe als neben und ausserhalb des Wirklichen und Einzelnen bestehende selbstständige Substanzen behandeln, die Nominalisten aber die wirklich existirenden und in den Einzeldingen sich als *formae substantiales* darlebenden Arten als blosse Gebilde des abstrahirenden Verstandes betrachten, als Gedankendinge und »*flatus vocis*«. *d)* Die *forma physica* ist der eigentliche Gegensatz zur eben genannten. Sie ist dasjenige, was ein Ding eben zu dem macht, was es ist, kann also auch eine Art sein, niemals aber der blosse Artbegriff. Die *forma physica* wieder darf nicht verwechselt werden mit der Naturform und der *forma elementaris* oder *mixtorum corporum;* sie ist auch im reinen Geiste dasjenige, wodurch derselbe reiner Geist ist. *e)* Die Naturformen werden von St. Thomas auch als *formae materiales* bezeichnet, und von schnell lesenden und schreibenden Berichterstattern als die in der anorganischen Natur waltenden Thätigkeiten der Krystallisation und der chemischen Processe ausgegeben. Das ist grundfalsch; denn *forma materialis* ist jede Form, die zu ihrem Wirken einer Materie bedarf. Die *formae materiales* können daher auch Seelen sein; das aber, was diese hurtigen und dienstbeflissenen Herren beiläufig meinen, bezeichnet der Engel der Schule mit dem Ausdruck *f) forma omnino materialis*, worunter eigentlich nur das Wirken der Elementarkräfte zu verstehen ist. Nur Gott und die reinen Geister könnten allenfalls, wenn das überhaupt die Sprachweise des Aquinaten wäre, als *formae omnino immateriales* bezeichnet werden, denn die Formen der Naturwesen können ohne Materie weder bestehen noch erkannt werden. *Nam formae rerum naturalium sine materia exsistere non possunt, cum nec sine materia intelligantur. (Summa contra Gentiles I. 51.)*

Selbstverständlich werden wir uns im nun Folgenden hauptsächlich nur mit einer der genannten Formen, mit der Menschenseele, befassen, die Naturformen aber nur insoweit berücksichtigen, als sie zum richtigen Verständnisse der auch im Menschen sich geltend machenden vegetativen und sensitiven Naturmächte beitragen. Da ferner die *anima humana* als Wesensform des Geist und Natur in sich einigenden Menschen, dieses echten Mikrokosmos, selbst der lebendige Ausdruck der gesammten Schöpfung und die Synthese zweier Welten ist, so werden wir uns andererseits auch mit den von der Scholastik als *formae subsistentes* von Aristoteles aber als Gottähnliches (θεῖον) bezeichneten rein geistigen Wesenheiten zu befassen haben, um gelegentlich durch die Wirksamkeit des rein Geistigen das Wirken des an die Materie angewiesenen Geistes, d. h. der Menschenseele in ihren das bloss Natürliche überragenden Lebenserscheinungen, des vernünftigen Denkens und des vernünftig freien Wollens, zu beleuchten.

Bei der Eintheilung der zu behandelnden Materien soll uns in erster Linie der Ausspruch des Aquinaten massgebend sein: *Quinque distincta sunt potentiarum genera in anima, vegetativum, sensitivum, appetitivum, motivum secundum locum et intellectivum: tres animae, vegetativa, sensitiva et intellectiva: et quatuor modi vivendi, vegetativum, sensitivum, motivum secundum locum et intellectivum. (Summa theol. I. quaest. 78. art. 1.)* Da es auffallen dürfte, dass bei den *modis vivendi* gerade das *appetitivum* hinwegfällt, so bemerke ich nur kurz noch, dass St. Thomas, die wahre Natur der Bewegung richtig erkennend, immer geneigt ist, den letzten Grund und den Anfang der räumlichen Bewegung im Begehren und Wollen zu suchen, daher auch *(De potentiis animae, cap. 5.)* das *appetitivum* geradezu als Theil des *motivum* bezeichnet wird.

VIII. Die Potenzenlehre.

Aufzählung und Benennung der sämmtlichen vegetativen, sensitiven und intellectiven Potenzen. — Das Gefühlsvermögen gehört keiner besonderen Potenz an. — Der Sinn der Sensation. — Instinctives Urtheil. — Gedächtniss und Erinnerung. — Das Sprechen und Rechnen der Thiere. — Die Thiere sind keine Automaten. — Sinnlichkeit und Sinneslust. — Lebenskraft. — Kein doppeltes Lebensprincip im Menschen. — Duns Scotus und Günther. — Die thomistische Psychologie *in nuce*. — Der Pseudoaristotelismus und seine Opfer. — *Principium primum* und *principium proximum*.

> Es zeigt sich der unvernünftige Theil der menschlichen Seele als ein zweifacher. Der pflanzenartige hat an der Vernunft gar keinen Antheil; der Theil aber, in dem auch die Begierden und überhaupt die sinnlichen Regungen enthalten sind, hat an der Vernunft Antheil, insofern er auf sie horcht und ihr gehorcht.
>
> A r i s t o t e l e s. *(Eth. Nicom. I. 13.)*

> *Ce principe qu'on appelle aussi le principe vital et qui est la vie, ne peut être quelque chose de materiel absolument denué de connaissance et de conscience.*
>
> D e M a i s t r e. *(Examen de la philosophie de Bacon.)*

Die Seele übt ihre Thätigkeiten vermittelst der Potenzen (Seelenvermögen) aus, wozu noch bei der Bewegung der Glieder jene allgemein als selbstverständlich vorausgesetzten und darum nirgends definirten Lebensgeister dienen, die man sich seit den ältesten Zeiten bis herab auf unsere Tage beiläufig als eine im Blut enthaltene und von da in die Nerven gelangende feine Feuermaterie vorstellte, als Aether und Nervenfluidum, so dass sie vielfach an jene elektrischen Ströme erinnert, die nach Dubois Reymond's Entdeckung Muskel und Nerven umkreisen.

Anima omnes operationes suas efficit per suas potentias, unde me-diante potentia movet corpus et adhuc membra mediante spiritu (πνοή) heisst es *Summa contr. Gentiles II. 71.* Solcher Potenzen (*potentiae, vires, virtutes,* zuweilen auch *partes animae* genannt) lassen sich hauptsächlich nach *Summa theol. I. quaest. 78.* und *De potentiis animae,* folgende aufzählen:

A. Potentiae partis vegetativae: 1. *Potentia nutritiva,* 2. *augmentativa,* 3. *generativa.* Der ersten gehören die Functionen der Aufnahme und Organisirung des stofflichen Substrates an, der zweiten die der plastischen Um- und Ausgestaltung des-selben zu Bestandtheilen des Organismus, der dritten die der Erzeugung neuer organischer Individuen aus den bereits beste-henden.

B. Potentiae partis sensitivae: 1. *Visus,* 2. *auditus,* 3. *olfac-tus,* 4. *gustus,* 5. *tactus,* 6. *sensus communis,* 7. *phantasia seu imaginativa,* 8. *aestimativa,* 9. *memorativa,* 10. *appetitiva et mo-tiva secundum locum,* wovon die letztere, die Ortsbewegung näm-lich, den nur die Glieder bewegenden, aber als Ganzes den Ort nicht verändernden Thierformen abgesprochen wird. *Sensus communis, phantasia, aestimativa* und *memorativa* werden im Ge-gensatze zu den fünf äusseren als die vier inneren Sinne bezeichnet.

C. Potentiae intellectivae partis: 1. *Intellectus,* 2. *volun-tas.* In dieser Eintheilung dürfte so Manches neu und befremdlich erscheinen. Die Meisten, an die seit Tetens übliche, besonders durch Kant's Kritiken eingebürgerte Eintheilung in Erkennt-niss-, Gefühls- und Begehrungsvermögen gewöhnt, vermissen in der thomistischen Eintheilung der Potenzen zunächst die Ge-fühle. Es lässt sich hierüber vorläufig nur bemerken, dass der Aquinat den Gefühlen (*passiones affectus*) sehr eingehende Unter-suchungen widmet, aber sich nicht entschliessen kann, denselben eine eigene, vom Begehren und Wollen wesentlich verschiedene Potenz zuzusprechen. Besonders erscheint ihm der Uebergang vom Vorstellen zum Wollen durch Gefühle vermittelt, und hier vorzugsweise gilt sein Grundsatz, dass eine allzustrenge Abgren-zung der Seelenvermögen sich nur schwer rechtfertigen lasse, eine Potenz durch die andere sich entwickeln könne, das Fühlen

aber bald mehr dem leiblich Sensitiven und Appetitiven, bald
mehr dem geistig Intellectiven anzugehören scheine, im Ganzen
aber Sache des *conjunctum*, d. h. des ganzen aus Leib und Geist
bestehenden Menschen sei. *Inter potentias animae est m u l t i p l e x
o r d o: et ideo una potentia procedit ab essentia animae mediante
alia. (Summa theol. I. quaest. 87. art. 7.)* Das Vermögen entwickelt sich aus dem Wesen der Seele nicht durch eine Aende-
rung des Wesens selbst, sondern durch einen der Seele natürlichen Vorgang, in welchem sie das bleibt, was sie ist; das
Seelenvermögen besteht darum mit der Seele zugleich, und dasselbe gilt auch von dem gegenseitigen Verhalten der Potenzen
unter sich. *Sicut potentia animae ab essentia fluit, non per transmutationem, sed per naturalem quamdam resultationem, et est simul
cum anima, ita est etiam de una potentia respectu alterius. (Ibidem.)*
Das Gefühl kann darum bleiben, wenn auch der dunkle Drang
bereits dem lichten Wollen Platz gemacht, und die Vorstellung,
dass nur willensschwache Menschen sogenannte Gefühlsmenschen
sein können, ist falsch. *Quaedam sentit anima cum corpore, i. e.
in corpore existentia, sicut cum sentit vulnus; quaedam vero sentit
sine corpore, i. e. non existentia in corpore, sed solum in apprehensione animae, sicut cum sentit se tristari vel gaudere de aliquo
audito. (Summa theol. I. quaest. 87. art. 1.)* Dabei gibt jedoch
St. Thomas eine nicht geistige Trauer und Freude, deren auch
die Thiere theilhaft sind, unbedingt zu, bemerkt aber, dass
diese in dem niedern Begehren, dem von dem inneren Sinn
der Imagination, der *Aestimativa* und *Memorativa* getragenen *Appetitivum sensitivum*, wurzle, da auch dem Thiere Vorstellen, Einbildungskraft, Gedächtniss und eine Art Urtheil in Betreff des
seiner Natur Zusagenden oder Widerstreitenden, das aber ist
eben die *aestimativa*, jedenfalls zuzusprechen sind. Die Trauer
und Freude der vom Leibe getrennten Seele hingegen gehören
ausschliesslich dem *appetitus intellectivus*, der *voluntas*, an. *Tristitia et gaudium sunt in anima separata non secundum appetitum
sensitivum, sed secundum intellectivum, sicut in Angelis. (Summa
theol. I. quaest. 87. art. 8.)* *Appetitus sensitivus* nämlich und *appetitus intellectivus* oder *voluntas* stehen bei Thomas von Aquino
ganz in demselben Verhältnisse wie bei Aristoteles das ὀρεκτικόν,

d. h. das auch dem Thiere zukommende Begehren im Allgemeinen, zur προαίρεσις, dem eigentlichen Wollen, welches nicht nur, wie das Begehren überhaupt, ein Ziel anzustreben, sondern auch das Ziel selbst sich zu stecken, oder zwischen den Gegenständen des Begehrens zu wählen versteht.

Auffallen wird ferner dem Leser, dass in der vorliegenden Gliederung der Seelenvermögen neben den bekanntlich allgemein angenommenen fünf äusseren Sinnen, Gesicht, Gehör, Geruch, Geschmack und Tastsinn, noch ein sechster Sinn genannt wird, der *sensus communis* nämlich. Ich merke vorläufig an, dass unter ihm nicht etwa das sogenannte Gemeingefühl zu verstehen ist, noch weniger aber dasjenige, was die Franzosen als sechsten Sinn bezeichnen, da es nach Thomas streng genommen sogar zur *potentia vegetativa* gehört, sondern dasjenige, was von neueren Aristotelesforschern als Sinn der Sensation bezeichnet wird. Wir nehmen nicht nur das Gesehene, Gehörte u. s. w. wahr, z. B. die Farbe, den Klang, sondern auch den Act des Sehens, Hörens u. s. w. Wir nehmen wahr, dass wir sehen und hören, wir können auch den Act des Sehens von dem des Hörens und diese beiden Acte von denen der übrigen drei äusseren Sinne unterscheiden, was nach den gründlichen Auseinandersetzungen des Stagiriten *(De anima II. und III.*, ferner *De sensu et sensato 7., De sophisticis elenchis 22.* und *De partibus animalium III. 4.)* nicht durch einen der äusseren Sinne selbst, auch nicht durch das Zusammenwirken zweier oder mehrerer derselben, möglich ist, sondern nothwendig einen Sinn der Sensation erfordert. Thomas von Aquino bezeichnet als Sitz dieses *sensus communis* (κοινὴ αἴσθησις) nach der seiner Zeit als traditionell allgemein angenommenen Vorstellungsweise allerdings noch das Herz, führt aber *(De potentiis animae)*, und zwar ohne irgendwelche Einwendung dagegen, auch an, dass der von ihm so hochgeachtete Avicenna als wahren Sitz des *sensus communis* das Gehirn, näher die *prima concavitas cerebri,* angebe.

Endlich ist der Deutlichkeit wegen noch vorwegzunehmen. dass nicht nur das Gedächtniss *(memorativa)*, sondern auch die Imagination und selbst die *aestimativa* dem sinnlichen Theile zugesprochen werden, obwohl unter der Phantasie und Einbildungskraft kein ganz unwillkürliches oder wohl gar regelloses Spiel der sich reproducirenden Sinneseindrücke, sondern eine natürliche Combinationskraft zu verstehen ist. Beim Gedächtniss unterscheidet übrigens St. Thomas mit Aristoteles zwischen *memoria* (μνήμη) und *reminiscentia* (ἀνάμνησις). Jene, als das Vermögen, die empfangenen Sinneswahrnehmungen zu behalten und gelegentlich zu reproduciren, hängt unzertrennlich mit der *imaginativa* zusammen, denn *Imaginativa est apprehensiva similitudinum corporalium rebus etiam absentibus. (Summa theol. 1. II. quaest. 55. art. 1.)* Sie kommt daher auch den Thieren zu, und das denkenden Köpfen so lästige bloss mechanische Auswendiglernen beruht auf ihr. Die *reminiscentia* aber, das absichtlich angestellte, von Vernunft und Freithätigkeit geleitete Sicherinnern, ist ausschliessliches Eigenthum des Menschen. Es hängt mit der Begriffsbildung und Sprache aufs innigste zusammen, da hier anstatt des von der sinnlichen Vorstellung gelieferten Bildes zum Festhalten und zur Reproduction des Gedankens ein ganz beliebig gewähltes Zeichen (Wort, Schrift, Ziffer) erfunden und angewendet wird, in welchem meistens selbst der letzte sinnlich bildliche Rest abgestreift ist. Ein Sichentsinnen (Entsinnlichen) wird darum auch das menschliche Sicherinnern nicht ohne tiefe Bedeutung genannt. Ein derartiges Zeichen zu erfinden, kann natürlich dem blossen Sinnenwesen nie in den Sinn kommen, daher denn auch, wie passenden Ortes noch eingehender erörtert werden soll, das Thier niemals zählen, rechnen oder gar sprechen lernt, selbst dann nicht, wenn es, wie die Elster und der Papagei, die dazu nöthigen leiblichen Organe besitzt. Sein sogenanntes Sprechen ist eine Nachahmung der vom Menschen zum Sprechen gebrauchten Naturlaute auf blosse Abrichtung hin, nicht aber ein Gedankenaustausch oder eine Conversation, und das Rechnen des Hundes (des hinundwieder auftauchenden gelehrten Mohr) ein allerliebstes Taschenspielerstückchen, viel sinnreicher erdacht und durchgeführt, als alle Gaukeleien der heutigen Spiritisten.

Neu ist auch den mit der alten Psychologie noch wenig Vertrauten die *aestimativa*. Man könnte sie vielleicht am besten als instinctives Urtheil interpretiren, welches bekanntlich bei den Thieren ungleich mächtiger und erstaunlicher als im Menschen sich geltend macht, und demzufolge ohne vorhergegangene Belehrung und Ueberlegung das der Natur Zusagende angestrebt, das Gegentheil aber vermieden und verabscheut wird. Insofern ist die *aestimativa* ein Vorspiel des intellectiven Urtheils, dessen Thätigkeit recht erwogen im Annehmen des Wahren und Abweisen des Falschen besteht, nicht aber im blossen Verbinden des Subjectes mit dem Prädicatsbegriffe, als welches nur die Folge und das rein Aeusserliche der urtheilenden Thätigkeit ist.

Wir sehen bereits, dass nach aristotelisch-thomistischen Principien, so wesentlich und durchgreifend auch der Unterschied zwischen Mensch und Thier sich gestaltet, dennoch im Thiere dieselben Lebensmächte walten, die im sensitiven Theile der Menschenseele thätig sind. In aller Wahrheit und nicht zum Schein nur lebt das Thier, empfindet Lust und Schmerz, hat Vorstellungskraft, Gedächtniss, Phantasie, ein oft bis nahe an den freithätigen Willen streifendes Begehrungsvermögen und ein, wenn auch nicht durch eigene vernünftige Ueberlegung, so doch von einer höheren Vernunft nach den durch göttliche Mensuration der Natur eingeschaffenen Gesetzen geleitetes Urtheil. *Hoc judicium est eis ex naturali aestimatione, non ex aliqua collatione, cum rationem sui judicii ignorent. (De Verit. quaest. 24.)* Einer viel späteren Zeit blieb es vorbehalten, die Thiere als blosse Sachen, als Automaten, und ihre so augenscheinlichen Lebensbethätigungen als Reflexbewegungen auszugeben, wogegen das einfache Naturgefühl jedes gutgearteten Kindes lauten, oft schreienden Protest erhebt; denn nur Stumpfsinn, nur die durch langjährige träge Gewohnheit erworbene Gedanken- und Gefühllosigkeit kann ruhigen Blutes die in unseren Rechts- und Culturstaaten noch immer viel zu viel geduldete Rücksichtslosigkeit, Rohheit, ja Grausamkeit gegen die mit uns lebende, Freude und Leid mit uns theilende Thierwelt ansehen, ein Gebahren, welches die christianisirte und ihrer hohen Cultur sich rühmende Menschheit des neunzehnten Jahrhunderts oft bergetief unter die Verehrer Brahmas und Buddhas stellt.

Das allen Potenzen des sensitiven oder animalischen Theiles Gemeinsame ist die *sensibilitas* (Sinnlich-

keit), gewöhnlich verwechselt mit *sensualitas* (Sinnen-
lust), welche bloss dem Appetitiven und Aestimativen
angehört. *Sensibilitas et sensualitas differunt. Sensibilitas comprehendit omnes vires sensitivas, tam apprehensivas, quam appetitivas.
Sensualitas autem dicit proprie partem animae sensibilis, per quam
est motus ad persequendum aut fugiendum id, quod apparet con-
sentaneum vel dissentaneum voluptati animalis, et hoc est (apud nos)
secundum ordinem et imperium rationis. (De potentiis animae. 5.)*
Dabei bringt Thomas auch die von Plato herrührende Unter-
abtheilung des Appetitiven (Begehrenden) im Gegensatze zum
Apprehensiven (Wahrnehmenden) in den irasciblen und concupisciblen Theil zur Geltung. Dem letzteren werden die Bewegungen
zur Erreichung des Angenehmen und der sinnlichen Natur Zu-
träglichen, dem ersteren aber die zur Abwehr des Nichtzusagenden
vindicirt. *Motivae autem imperantes et facientes motum sunt concupiscibilis et irascibilis, quae sunt partes appetitus sensitivi: concupiscentia enim est vis imperans motum, ut appropinquetur ad ea, quae
putantur necessaria vel utilia, et hoc appetitu delectandi: irascibilis
est vis imperans motum ad repellendum id, quod putatur nocivum
vel corrumpens, et hoc appetitu vincendi et vindicandi. Vis exsequens
motum est exterior, quae diffusa est in musculis et lacertis et nervis
membrorum. (De potentiis animae, cap. 5.)*
Es findet sich auch die Eintheilung der nicht
intellectiven Potenzen in *virtutes elementares, naturales*
und *animales,* wobei zu beachten ist, dass die *virtutes naturales*
nicht die Naturkräfte überhaupt, sondern speciell die vegetativen
Potenzen bedeuten, unter denen noch die auch im Organismus
fortdauernd thätigen und in chemischen und mechanischen Wirkungen sich äussernden Kräfte der in ihn aufgenommenen Elemente der Materie *(virtutes elementares)* stehen. *Virtutes naturales
sunt, quae operantur digestiones, virtutes animales vero, quae operantur sensum et motum. (De somno et vigilia.)* Doch bewirken die
virtutes naturales überdies im animalischen Organismus, als die
niedersten, dem selbstthätigen Begehren und Wollen mehr oder
weniger entrückten Lebensmächte, die Herzbewegung, das Pul-
siren der Arterien und das Athmen. *Naturalis est, quae non movet
per apprehensionem nec est subjecta rationis imperio, et talis est*

virtus vitalis et pulsativa, quae movet arterias et cor secundum dilatationem et constrictionem, et hujusmodi est in corde sicut in proprio organo. Unde solum habet esse in animalibus perfectis, et haec vis per spirationem et respirationem est principium contemperandi calorem cordis et corporis. (De pot. anim.) Die Lebenskraft ist darum so lange im Leibe vorhanden, als *virtutes naturales,* d. h. nicht durch Apprehension bedingte, vegetative Thätigkeiten in ihm vorhanden sind, und die vegetativen Vorgänge selbst sind die Grundlage auch des sensitiven und appetitiven Seelenlebens, welches ja augenscheinlich nicht ohne sie bestehen kann, die eigentliche *virtus vitalis.* Daher dauern bekanntlich die Herzbewegungen und die peristaltische Bewegung noch eine geraume Zeit nach dem Erlöschen der Sinnesthätigkeiten fort, und es ist, um die Einheit der Seele zu retten, nicht nothwendig, sie als Reflexbewegungen zu erklären, sondern man kann unbedenklich sagen, dass mit dem definitiven Aufhören der sensitiven Thätigkeiten das Leben des Thieres erloschen, die Seele entflohen ist. Die noch fortdauernden vegetativen Thätigkeiten haben im thierischen Organismus nicht so wie im pflanzlichen ein seelenhaftes Dasein, denn sie sind keine Entelechie, keine das substantielle Sein des Individuums terminirende *forma substantialis* oder Seele, sondern blosse Potenzen, und müssen darum, sobald die *forma substantialis,* die sensitive Seele, der sie als Potenzen angehören, entschwunden ist, nach verhältnissmässig sehr kurzer Dauer ein Ende nehmen.

Aus demselben Grunde dürfen im Menschen die in den niederen Potenzen sich äussernden Lebensbethätigungen weder als pflanzliche noch als bloss animalische Seelenthätigkeiten, sondern nur als *actus conjuncti* behandelt werden, selbst dann, wenn sich der empirische Nachweis erbringen liesse, dass Sinnesthätigkeiten nach dem Tode noch im menschlichen Leibe fortdauern. Es ist darum nicht statthaft, etwa mit Duns Scotus dem Leib des Menschen eine besondere *forma substantialis* oder mit neueren christlichen und gleich Duns Scotus verehrungswürdigen Denkern eine, allerdings mit dem leiblichen Leben selbst identische, Seele neben dem Geiste zuzusprechen. Die Gefahr dieser Auffassung liegt übrigens nahe genug. Sie hat darin ihren Grund und Halt, dass die niederen, die vegetativ sensitiven Lebensthätigkeiten durch die Vermittelung der leiblichen Organe bewirkt werden, nicht aber, wie die intellectiven, unmittelbar durch das geistige Princip der *anima humana,* ja dass sie geradezu *actus corporis* sind, in ähnlicher Weise wie die Klänge der Aeolsharfe auf den Schwingungen der Saiten beruhen, nicht aber unmittelbar auf der Bewegung des durch sie hindurchziehenden und sie in Schwingung versetzenden Aeolus, der für sich allein nur sausen und brausen kann. *Quaedam operationes sunt animae, quae exercentur per organa corporalia, sicut visio per oculum, auditus per aurem; et simile est de omnibus aliis operationibus sensitivae et nutritivae partis. Et ideo potentiae, quae sunt talium operationum, sunt in conjuncto sicut in subjecto, et non in anima sola. (Summa theol. 1. quaest. 87. art. 5.)* Hingegen sind *intellectus* und *voluntas* in der *anima sola,* und zwar *sicut in subjecto,* nicht bloss *sicut in principio,* daher sie auch nach der Trennung vom Leibe fortdauern. *Quaedam potentiae comparantur ad animam solam sicut ad subjectum, ut intellectus et voluntas, et hujusmodi potentiae necesse est, quod remaneant corpore destructo.* Die vegetativen und sensitiven Potenzen aber, als welche sie weder dem Leib noch der Seele des Menschen allein angehören, sondern dem *conjunctum,* können aus demselben Grunde nach der Auflösung der Synthese, d. h. nach dem Tode des Menschen, nicht mehr fortdauern, das will sagen, nicht mehr in Wirksamkeit bleiben, ohne jedoch vernichtet zu werden; sie bleiben in der fortlebenden Seele des Menschen *sicut in principio vel radice,* in der neueren Terminologie gesprochen »im latenten Zustande« vorhanden, d. h. der intellectiven Seele bleibt die Macht, bei allfälliger Wiedervereinigung mit dem Leibe die vegetativen und sensitiven Lebensthätigkeiten abermals aus der Materie des Leibes zu educiren, die Aeolsharfe von Neuem in Schwingungen zu versetzen. *Quaedam vero potentiae sunt in conjuncto sicut in subjecto, sicuti omnes potentiae sensitivae partis et vegetativae. Destructo autem subjecto non potest accidens remanere. Unde corrupto conjuncto non manent hujusmodi potentiae actu sed virtute tantum, manent in anima sicut in principio et radice.* Das Wort *principium* hat,

nebenbei erwähnt, bei St. Thomas einen mehrfachen Sinn. Bald
ist es das der Zeit oder Ordnung nach Erste in einer Reihe
von Dingen oder deren Erscheinungen, bald die *causa*, von
der etwas in seinem Sein und Werden abhängt, bald einer
der integrirenden Theile eines *conjunctum*, in welch
letzterem Sinne es eben in unserem gegenwärtigen Falle
zu nehmen ist. Leibliches und Geistiges sind die beiden *principia*, das heisst hier, die beiden wesentlich componiren-
den Bestandtheile des einen Menschen; keiner von beiden
ist in seiner Abgetrenntheit vom andern Mensch. Daraus ergibt
sich das Verständniss jenes schwerwiegenden Ausspruches, den
ich die thomistische Psychologie *in nuce* zu nennen wage:
*Omnes potentiae animae comparantur ad animam solam sicut
ad principium, quaedam vero potentiae comparantur ad animam
solam sicut ad subjectum, sicuti intellectus et voluntas. (Summa
theol. I. quaest. 77.)* Weil demnach alle, auch die sensitiven und
vegetativen, Lebensprocesse *ad solam animam* (das heisst hier
zu der als *sola* oder *separata* zu existiren befähigten, als rein
geistig gedachten Seele) *sicut ad principium* gehören, ohne sie
den menschlichen Leib nicht informiren können, so geht es nicht
an, von einem leiblichen Lebensprincip neben dem geistigen
zu reden. Allerdings lebt der Leib des Menschen, lebt selbst,
so gewiss der Leib des Thieres selbst lebt, und nicht bloss die
Seele lebt in ihm. Er ist keineswegs, wie manche vermeintliche
Aristoteliker und Thomisten sich die Sache vorstellen, eine an
sich todte Masse, die nur von der Seele bewegt würde und
deren jede Bewegung richtig angesehen somit eine Geistesthätigkeit wäre. Die Menschenseele bewohnt und gestaltet nicht bloss
den Leib wie die Spinne ihr Netz und die Schnecke ihr Haus,
bewegt ihn nicht wie der Schiffer das Schiff; denn diese Auffassung ist es ja eben, gegen die gerade Aristoteles
und Thomas von Aquino so oft und so entschieden Ver-
wahrung einlegen, dass es nicht bloss als unbegreiflich, sondern als unverzeihlich erscheint, ihnen die
mechanische Lehre zuschieben zu wollen, nach welcher
Form und Materie, lebendige Seele und todter Leib,
Geist und Leichnam, zusammengeleimt sein sollen, wie

ein paar Stücke Holz. Aber: »Weh' Denen, die dem ewig
Blinden des Lichtes Himmelsfackel leih'n! — Sie strahlt ihm
nicht, sie kann nur zünden.« — Das ist ja eben jener Pseudoaristotelismus, der am Ausgang des Mittelalters und beim Be-
ginn der Neuzeit alle edel geschaffenen Geister gegen sich
empörte, und keine andere Waffe gegen sie zu führen vermochte, als Folter, Schwert und Scheiterhaufen, der blutdrünstige
blöde Tyrann auf dem Katheder, der (nach Baco von Verulam)
gleich den türkischen Sultanen nur dadurch seine Herrschaft
behaupten konnte, dass er alle seine Verwandten und Mit-
bewerber ermorden liess. Seinetwegen musste Giordano Bruno
den Scheiterhaufen besteigen, Lucilio Vanini, obgleich er
seine Rechtgläubigkeit und seine Unterwerfung unter die Kirche
bis zum letzten Athemzug betheuerte, mit ausgerissener Zunge
den Feuertod erleiden; der fromme, zartsinnige Dichter Campa-
nella, weil er mit Goethe, und setzen wir hinzu mit dem
echten Aristoteles, meinte: »Natur hat weder Kern noch Schale,
Alles ist sie mit einem Male.« Kerker und Folterqual er-
dulden; Roger Baco, Redi, Galilei, Petrus Ramus sind
Zeugen, selbst Blutzeugen dafür geworden, was es mit dem
falsch und engherzig verstandenen Aristotelismus auf sich hat,
und was aus der höchsten Leistung des menschlichen Denk-
geistes werden kann, wenn sie unter die plumpen Fäuste geist-
loser Wortklauber, in ihrem Autoritäts- und Wissensdünkel jeder
Einsicht und ruhigen Erwägung unzugänglicher Pedanten geräth.

Die Lebensthätigkeiten des menschlichen Leibes, bis zu
den niedrigsten hinab, sind dem Gesagten zufolge schlechterdings nicht Geistesthätigkeiten, wie jene vermeintlichen Aristoteliker und Thomisten noch heutzutage zu lehren sich nicht ent-
blöden, und noch obendrein trotz des grossen Gaudiums und
der wohlfeilen, weil gar so naheliegenden Witze ihrer Gegner-
schaft, Witze, die bereits so alt und so oft gebraucht sind, dass
man sich weder zu entrüsten noch zu verwundern braucht, wenn
sie stinken. Man kann, mit Verlaub, ein Doppelleben im
Menschen zugeben, aber kein doppeltes Lebensprincip.
Nur im uneigentlichen Sinne nämlich dürfen die vegetativ-sensi-
tiven Potenzen Princip genannt werden, *principium proximum*,

wie sie St. Thomas nennt, während die genannte *anima sola* auch für das leibliche Leben Princip im eigentlichsten Sinne, nämlich *principium primum* ist. Die Lebensthätigkeiten des Leibes sind keine Emanationen des mit ihm substantiell geeinigten Geistes, denn ihr *principium proximum* ist wirklich die leibliche Potenz; aber sie haben in der geistigen *anima sola* ihren letzten Grund und Halt, weil diese einer der wesentlichen Factoren des aus Leib und Geist bestehenden Menschenwesens ist, und zwar der bleibende, seinem innersten Sein und Wesen nach keiner Corruption unterworfene. *Principium proximum* kann nach St. Thomas auch jedwede Potenz genannt werden. *Potentia animae nihil aliud est, quam proximum principium operationis animae. (Summa theol. I. quaest. 78. art. 4.) Principium primum*, Lebensprincip, aber ist einzig und allein die Form, und zwar die *forma substantialis.*

Kommt nun, das ist die Lehre des hl. Thomas von Aquino, zu dem bereits von der *anima sensitiva* belebten Embryo die *anima intellectiva* hinzu, so hört die *sensitiva* auf, dessen substantiale Form und Seele zu sein und sinkt zur blossen Potenz herab, zum *principium proximum,* welches in demselben uneigentlichen Sinne den Titel Princip führt, in dem auch, wie wir beim *regressus in infinitum* (Abhandlung III) gesehen, die *causae intermediae* Ursachen genannt werden. *Dicendum est, quod prius habet embryo animam, quae est sensitiva tantum, qua ablata venit perfectior anima, quae est simul sensitiva et intellectiva. (Summa theol. I. quaest. 76. art. 3.)* In derselben Weise erging es früher bereits der *anima vegetativa* beim Eintritt der *sensitiva. Anima igitur vegetabilis, quae primo inest, cum embryo vivit vita plantae, corrumpitur, et succedit anima perfectior, quae est nutritiva et sensitiva simul, et tunc embryo vivit vita animalis; hac autem corrupta succedit anima rationalis ab extrinseco immissa, licet praecedentes fuerint virtute seminis. (Summa contra Gent. II. cap. 89.)* Die vegetative Seele wird also gleichfalls durch den Eintritt der sensitiven keineswegs vernichtet oder »ausgetrieben«, sie bleibt als Kraft, wie auch die allerersten bei der Entstehung des Leibes thätigen Kräfte bleiben. *Virtus formativa, quae in principio est in semine, manet etiam adveniente anima rationali, sicut et spiritus* (das ist der vorerwähnte Lebensgeist) *in quos tota substantia spermatis convertitur, manent. (Quaest. disp. de potentia, quaest. 3. art. 1.)*

Die Zweitheilung der sämmtlichen Potenzen in apprehensive und appetitive, welche allerdings einen höchst einfachen Eintheilungsgrund abgeben würde, begnüge ich mich bloss anzudeuten, weil sie nur im intellectiven Theile der menschlichen Seele in voller Schärfe hervortritt. Wenn es vielleicht Manchem scheint, dass ich damit einer Unterlassungssünde mich schuldig machte, so möge er sich damit trösten, dass es Anderen im Gegentheile hierzu scheinen wird, als hätte ich hier des Guten zuviel gethan. Manches hier Erörterte findet sich nämlich auch in der späteren Abhandlung über die Verbindung von Leib und Seele wieder, zum Theile sogar mit denselben Citaten belegt. Die Ursache davon aber ist diese, dass ich einerseits dem natürlichen Gange nach die Verbindung von Leib und Seele, die das Ziel und den Schlussstein des Ganzen bildet, eben erst gegen das Ende zu bringen kann, andererseits aber auch gewisse grundlegende Gedanken, die zum Verständniss des nunmehr Folgenden wenigstens dem Wesentlichen nach unerlässlich sind, dem Leser nicht länger vorenthalten durfte. Den etwa mich treffenden Tadel der Weitschweifigkeit und Unordnung nehme ich dabei gern in den Kauf, wenn ich mir selbst nur nicht den Vorwurf zu machen habe: *Brevis esse laboro, obscurus fio*, und tröste mich mit Lessing's bekanntem Ausspruch: »Es ist nicht immer wahr, dass die gerade Linie die kürzeste ist.« Er sagt dasselbe, wie der des meines Dafürhaltens nicht weniger geistreichen St. Bernard von Clairvaux: *Ordinatissimum est, minus interdum ordinate fieri aliquid.*

IX. Die äusseren Sinne.

Die Sinneswahrnehmung ist kein blosser von aussen kommender Eindruck. — Entspricht die Vorstellung den vorgestellten äusseren Objecten? — Verwandtschaft der peripatetischen Erkenntnisstheorie mit den Errungenschaften der neueren empirischen Psychologie. — Die Sinne täuschen nicht. — *Species impressae et expressae.* — Wie ist die Seele auf gewisse Art Alles? — Das intentionale Sein der realen Existenzen. — Unterschied zwischen Sinn und Intellect. — Warum gibt es in der Thierwelt keinen Fortschritt? — Die Lebensgeister. — Das Sehen. — Lotze. — Das Diaphanon und der Aether. — Anklänge an Goethe's Farbenlehre. — Aristoteles und St. Thomas als Gegner der Emissionstheorie. — Die physische Bewegung des Diaphanon und der psychische Act des Sehens. — Trendelenburg. — Das Gehör. — Der Geruch im Dienste des instinctiven Urtheilens. — Geschmack und Tastsinn im Menschen höher als bei den Thieren entwickelt. — Grund dafür.

> Man hat bei den obersten Grundsätzen nicht bloss die Schlussfolgerungen und die Vordersätze zu erwägen, sondern auch dasjenige, was von Anderen darüber gesagt worden ist. Denn in dem Wahren stimmen alle wirklichen Ansichten überein, mit dem Falschen aber geräth das Wahre bald in Widerspruch.
>
> Aristoteles. *(Eth. Nicom. I. 5.)*

Die Sinnesthätigkeit ist erkennende Thätigkeit, *virtus cognoscitiva*, nicht zu identificiren mit der *virtus intellectiva*, die ausschliesslich nur das vernünftige, geistige Erkennen bedeutet. Die sinnliche Erkenntniss definirt St. Thomas als Thätigkeit eines körperlichen Organes, des Sinnes nämlich, womit er eben den meisten älteren und neueren Erkenntnisstheoretikern gegenüber in entschiedenster Weise auf aristotelischem Grund und Boden steht. *Quaedam cognoscitiva virtus est actus organi corporalis, scilicet sensus. (Summa theol. quaest. 85. art. 1.)* Der Gegen-

satz aber besteht darin, dass nach der bequemen Vorstellung
alter und neuer, ja selbst allerneuester Psychologen (Beneke)
das Erkennen als Eindruck in die Seele genommen wird,
während es nach der peripatetischen Schule Thätigkeit ist,
nämlich Thätigkeit des Erkennenden selbst in Folge einer
Thätigkeit des zu Erkennenden, somit die schliessliche Erkenntniss ein aus der Thätigkeit des Erkannten und der entsprechenden Thätigkeit des Erkennenden sich Ergebendes. Die
Thätigkeit des Erkennenden aber wird als eine Verähnlichung
(assimilatio) gedacht und demzufolge gelehrt, es entstehe im
Erkennenden selbst ein Bild des Erkannten *(similitudo)*;
denn *omnis cognitio fit secundum similitudinem cogniti in cognoscente.*
(Contra gent. II. cap. 77.)

Das Wort Bild oder Aehnlichkeit aber ist, wie nach-
drücklichst hervorgehoben werden muss, selbst im bildlichen
Sinne zu nehmen; es besagt nur, dass auf die von Seite des
äusseren Gegenstandes geschehene Einwirkung oder Anregung
in dem Erkennenden selbst eine der äusseren Anregung entsprechende und insofern ähnliche, keineswegs aber nothwendig ganz gleiche Wirkung erfolgt. Das Erkennende wird
auf die von aussen geschehene Anregung hin in seiner ihm
selbst eigenthümlichen Weise thätig, sinnlich, wenn es
ein sinnliches, geistig, wenn es ein geistiges Wesen ist. Es
antwortet mit einem Gesichtsbild, wenn das Auge, mit einem
Lautbild, wenn das Ohr erregt wurde, und derselbe Schnitt mit
dem Messer, der für gewöhnlich Schmerz bereitet, ruft, wenn
er den Sehnerv trifft, Lichterscheinungen hervor. Von einem
eigentlichen Abbild des äusseren Gegenstandes kann in der peripatetischen Erkenntniss-Theorie gar keine vernünftige Rede sein,
und St. Thomas tadelt an Plato geradezu, dass dieser der Wahrheit mit der Lehre, das Erkennen müsse ein getreues Abbild
des erkannten Gegenstandes sein, einen schlechten Dienst
erwiesen habe. *Videtur autem in hoc Plato deviare a veritate, quia cum existimaret, omnem cognitionem per modum similitudinis esse, credidit, quod forma cogniti ex necessitate sit in
cognoscente eo modo, quo est in cognito. (De veritate quaest. 10.
art. 4.)* Der Grundsatz des Aquinaten lautet: *Cognitum est in*

cognoscente secundum modum cognitionis. — Receptum est in recipiente secundum modum recipientis. (De veritate quaest. 2.)

Die in der neueren, besonders der nachkant'schen Philosophie so oft ventilirte Frage, ob die materiellen Dinge unseren sinnlichen Vorstellungen in der Weise entsprechen, dass wir uns die Dinge so vorstellen, wie sie an sich sind, würde der Aquinat mit einem entschiedenen N e i n beantworten. Er würde uns sagen: Das Ding an sich vorstellen, ist eine ganz unerfüllbare Forderung; denn das Ding an sich vorstellen, heisst nichts anderes, als dasselbe sich so vorstellen, wie es ausserhalb der Vorstellung ist, oder ganz deutlich gesprochen, sich das Ding vorstellen, ohne dasselbe sich vorzustellen. Unsere sinnliche Erkenntniss, sie heisse nun unmittelbare Wahrnehmung oder reproducirende Vorstellung, ist ja eben das Product zweier Thätigkeiten, des inneren Vorganges nämlich und der des ihn sollicitirenden äusseren Gegenstandes. *Ab utroque enim notitia paritur, a cognoscente et cognito. (De Trinitate I. 9. cap. 12.)* In der Abhandlung *De veritate* setzt St. Thomas den besonders in unserer neuesten empirischen Psychologie (Lotze, Wundt, Brentano) wieder mit wissenschaftlichem Ernst aufgenommenen Gedanken auseinander, dass die sinnliche Erkenntniss unmöglich eine Art Wiederholung des äusseren Vorganges in Folge eines getreuen Abdruckes des erkannten Objectes in der Seele, gleich dem Siegel im Wachs, sein könne, sondern eine dem äusseren (physischen) Gegenstande entsprechende innere (psychische) Bethätigung, die als solche, weil sie für jede der äusseren Einwirkungen eine besondere sein muss, als ein Zeichen (Lotze's Localzeichen) oder als eine Repräsentation für dieselbe dient. *Ad cognitionem non requiritur similitudo conformitatis in natura, sed similitudo repraesentationis tantum, sicut per statuam aeneam ducimur in cognitionem hominis. (De verit. quaest. 2. art. 5.)* Die gegenwärtige empirische Psychologie drückt diesen Gedanken besonders durch die Unterscheidung zwischen physischen und psychischen Phänomenen aus, wobei sie eben den psychischen Act als Repräsentanten, nicht aber als einfache Wiederholung der physischen Bewegung behandelt. Der physische

Vorgang, der als die von aussen kommende Veranlassung eines von uns vernommenen Tones erscheint, ist eine bestimmte Schwingung der Luft oder des sie supplirenden Mediums; der dadurch veranlasste psychische Act aber ist das Hören des bestimmten Tones. Dieser Bewusstseinsact, das Tonhören, ist doch offenbar nicht identisch mit jener räumlichen Bewegung, welche die Physik als Schwingung des den Ton veranlassenden Gegenstandes und des ihn umgebenden Mediums, meinetwegen auch der Membranen, cortischen Fasern und Nervenpartien des Gehörorganes, nachweist. Nichtsdestoweniger dient dieser Bewusstseinsact, das vom Tönen *toto coelo* verschiedene Tonhören, zum Zeichen, oder mit der Scholastik gesprochen, zum Repräsentanten und Bilde *(species)* der ausserhalb stattfindenden Bewegungsvorgänge, d. h. des physischen Phänomenes. Darin erblickt St. Thomas geradezu den Quell aller Verirrungen der voraristotelischen Philosophen, dass diese den Satz: »Gleiches kann nur von Gleichem erkannt werden«, dahin verstanden, es müsse die Erkenntniss eine genaue Wiederholung des erkannten Vorganges in sich schliessen. *Hoc animis omnium communiter inditum fuit, quod simile simili cognoscitur. Existimabant autem, quod forma cogniti sit in cognoscente eodem modo, quo est in re cognita.* Das Sinnenbild ist nicht Abdruck und Abbild, sondern Zeichen, Repräsentation, wie solches neuestens wieder von Helmholtz betont wird, der auf Grund seiner experimentellen Forschungen das innere Bild als »ein unter gleichen Umständen in gleicher Weise wiederkehrendes Zeichen für den einwirkenden äusseren Gegenstand« erklärt. *Ad cognitionem non requiritur similitudo conformitatis, sed similitudo repraesentationis tantum.* Die Frage, ob der Sinn unseren Intellect täuschen könne, beantwortet St. Thomas dahin, dass dieses allerdings, wie die vielfache Erfahrung bezeugt der Fall sei; doch täusche er nur über die Zuständlichkeit des ihm von der Aussenwelt gebotenen Objectes, niemals aber über seine eigene Zuständlichkeit. Die Sinne irren nicht, weil sie nicht über das Ansich des wahrgenommenen Objectes urtheilen, sondern nur vermittelst der in ihnen entstandenen, von aussen her sollicitirten Zuständlichkeiten Vorstellungen in uns hervorbringen, wie diese zufolge der Natur des einwirkenden Gegenstandes und des wahrnehmenden Subjectes noth- wendig entstehen müssen. Dass ich den schief ins Wasser. getauchten Stab gebrochen sehe, ist vollkommen richtig; der Irrthum entsteht erst, wenn ich urtheile, dass er wirklich ge- brochen sei, liegt also nicht im Sinn, sondern im Urtheil, welches im gegebenen Falle als ein vorschnelles, d. h. als Vorurtheil sich erweist. *Sensus intellectui comparatus semper facit veram existimationem de dispositione propria, sed non de dispositione rerum. (De verit. quaest. 1. art. 11.)*

Diese jedem Erkennenden, dem Geistigen noch in höherem Grade als dem Sinnlichen eigenthümliche Fähigkeit, sich durch einen selbstthätigen inneren Vorgang (ihn B e w e g u n g oder Selbstbewegung zu nennen, nehmen Aristoteles und Thomas Anstand) zum Repräsentanten des Erkannten zu gestalten, wird mit dem Worte *species* bezeichnet, welches dem Gesagten zufolge nur sehr ungenau mit Aehnlichkeit oder Bild übersetzt wird. Das ergibt sich schon aus der Unterscheidung zwischen *species impressa* und *species expressa.* Unter der *species impressa* nämlich ist eben die besagte, dem Erkennenden selbst angehörige Fähig- keit zu denken, unter der *species expressa* hingegen die aus der wirklichen Bethätigung dieser Fähigkeit auf Anregung von Seite des zu erkennenden Gegenstandes erfolgte Erkenntniss selbst, welche somit das P r o d u c t b e i d e r, des inneren V o r g a n g e s nämlich und der äusseren Einwirkung, ist. *Et ideo modus cognoscendi rem aliquam est secundum conditionem cognoscentis, in quo forma recipitur secundum modum ejus. Non autem requiritur, ut res cognita sit secundum modum cog- noscentis. (De verit. quaest. 10. art. 4.)* Wäre die *res cognita,* das heisst der Gegenstand selbst nothwendig *secundum modum cognoscentis,* dann hätten Diejenigen Recht, nach denen »Denken und Sein« in der Weise identisch sein sollen, dass das Er- kennende gleicher Natur und Wesenheit mit dem Erkannten und insofern es Alles zu erkennen befähigt wäre, folgerichtig aus Allem bestehen, das ἕν καὶ πᾶν sein müsste. *Erraverunt antiqui philosophi, qui posuerunt, simile simili cognosci, volentes secundum hoc, quod anima, quae cognoscit omnia, ex omnibus*

7 *

naturaliter constitueretur, ut terra terram cognoscat, aqua aquam, et sic de ceteris. (De veril. quaest. 2. art. 2.) Allerdings hat man jüngster Zeit auch die thomistische Erkenntnisslehre auf diese Art missverstanden, weil sie zugibt, das Erkannte sei in dem Erkennenden dem Sein nach gegenwärtig, und die Seele des Menschen sei, wie bereits Aristoteles lehrt, auf gewisse Weise Alles, da sie im Erkennen die Formen *(species)* aller erkennbaren Dinge aus sich hervorbringe, und nur dadurch vermöge das höchste erkennende Wesen, Gott, Alles vollkommen zu erkennen, weil es nicht nur zu Allem sich machen, Alles werden könne, sondern in Wahrheit Alles sei. Die anderen erkennenden Wesen aber unterscheiden sich von den nicht erkennenden dadurch, dass diese letzteren nur eine einzige Form haben, die ersteren aber auch die Formen anderer Dinge anzunehmen vermögen. *Cognoscentia a non cognoscentibus in hoc distinguuntur, quia non cognoscentia nihil habent nisi formam suam tantum; sed cognoscens natum est habere formam etiam rei alterius, nam species cogniti est in cognoscente. Unde manifestum est, quod natura rei non cognoscentis est magis coarctata et limitata, natura autem rerum cognoscentium habet majorem amplitudinem et extensionem: propter quod dicit philosophus (De Anima I. 3. 37.) quod anima est quodammodo omnia. (Summa theol. I. quaest. 15. art. 1.)* Aus dieser nicht misszuverstehenden Stelle ist wieder ersichtlich, was es mit dem Pantheismus und Semipantheismus bei Aristoteles und St. Thomas beim rechten Lichte, und das heisst hier im Lichte ihrer eigenen Erkenntniss-Theorie, betrachtet, auf sich hat. Es ist nochmals daran zu erinnern, dass bereits die vorthomistische Scholastik, um das Räthsel des Erkennens zu lösen, jedem Dinge ein doppeltes Sein zuschrieb, das physische oder reale und das in ten tion ale Sein, entsprechend den physischen und psychischen Phänomenen der heutigen empirischen Psychologie. Das *esse intentionale* bedeutet nun im Gegensatz zum *esse physicum* oder *reale* jenes Sein, welches die Dinge im erkennenden Subjecte haben, ihr Gegenwärtigsein im Acte des Erkennens, der bei den Alten auch *intentio* hiess, das *esse per speciem*, welches dem *esse physicum* sowohl vorhergehen als nachfolgen kann. Als Vorbild ist das intentionale Sein *forma exemplaris*, Idee im Sinne Platon's, und darf als solche selbst, wie dies bei den Ideen des bildenden Künstlers und beim Schöpfungsgedanken Gottes der Fall ist, als *Causa* des realen Seins angesetzt werden. Hierher gehört, wie schon erwähnt, die Stelle der *Summa theologica*, in der man den unumstösslichen Beweis für den Pantheismus des Aquinaten entdeckt haben will, da ihr zufolge die Welt eine Emanation aus der göttlichen *causa universalis* ist.

Dieses intentionale Sein ist aber nicht etwa, wie ein Commentator uns von Amtswegen belehren möchte, ausschliessliches Eigenthum der geistigen Erkenntniss, sondern es besitzt dasselbe in ihrer Weise auch die sinnliche. Von der Imagination und vom Auge sagt es der Aquinat mit ausdrücklichen Worten, und wenn er dabei das Farbensehen ein Geistiges nennt, so ist das offenbar kein Beweis dafür, dass er das *esse intentionale* nur dem eigentlich geistigen Erkennen, dem *intellectus* zuspricht, sondern nur ein Beleg mehr für den bereits angedeuteten Sprachgebrauch, demzufolge es Thomas von Aquino mit den Worten *spiritus* und *spirituale* gerade so hält, wie Aristoteles mit dem νοῦς, der auch eine sinnliche, aber dem Denken analoge und mit dem streng geistigen Intellect in Berührung und Wechselwirkung stehende und dadurch unseren menschlichen Geistesthätigkeiten zum Vehikel dienende Thätigkeit sein kann. *Considerandum est, quod intellectus per speciem rei formatus intelligendo format in seipso quamdam intentionem rei intellectae, quae est ratio ipsius, quam significat definitio. Et hoc quidem necessarium est, eo quod intellectus intelligit indifferenter rem absentem et praesentem, in quo cum intellectu imaginatio convenit. (Contra gent. I. cap. 53.)* Die inneren Sinne, und unter diesen das Gedächtniss vorzugsweise, werden als *thesaurus intentionum* bezeichnet. *Vis memorativa, quae est thesaurus quidam hujusmodi intentionum, cujus signum est, quod principium memorandi fit in animalibus ex aliqua hujusmodi intentione. (Summa theol. I. quaest. 78. art. 3. et 4.)* Der Unterschied zwischen sinnlichem und geistigem Erkennen, zwischen *sensus* und *intellectus* liegt keineswegs im Besitze des intentionalen Sein, sondern im Erfassen der Essenz eines Erkannten. Die sinnliche Erkenntniss nämlich erfasst nur die Accidenzen, nicht aber das wirkliche Sein und Wesen des Erkannten, welches aber gerade der rechte Gegensatz zu demjenigen Sein ist, welches die Scholastik das intentionale nennt. *Sensus non apprehendit essentias rerum, sed exteriora accidentia tantum, similiter nec imaginatio, sed apprehendit solas similitudines corporum. Intellectus autem apprehendit essentias rerum. (Summa theol. I. quaest. 57. art. 1.) Sensus non est cognoscitivus nisi singularium . . . . intellectus autem est cognoscitivus universalium. (Summa contra gent. I. 2. cap. 66.)* Von diesen Universalien. die durch keinen der Sinne, auch nicht durch den *sensus communis*, der Erkenntniss vermittelt werden können, wird später. beim streng intellectiven Erkennen in eingehender Weise gesprochen werden. Die blossen Sinnenwesen, nämlich die Thiere. gelangen nicht zur Apprehension der Universalien und eben darum auch nicht zum »begrifflichen Denken«, welches ihnen bekanntlich von einem Theil der Günther'schen Schule zugesprochen wird. Wohl aber haben die von den Sinnen percipirten Objecte auch in der sinnlichen Erkenntniss ein eigentlich intentionales und darum sogar immaterielles Dasein. *In intellectu habent res esse sine materia et sine conditionibus materialibus individuantibus. . . . . In sensu habent res esse sine materia, non tamen absque conditionibus materialibus individuantibus, neque absque organo corporali. Est enim sensus particularium, intellectus vero universalium. (Comm. de anim. II. lect. 5.)* Aus demselben Grunde und noch ganz abgesehen von der Willensfreiheit, bei welcher die Sache nochmals besprochen werden soll, sind die Thiere in ihren Thätigkeiten einförmig. Sie sind in ihrem Handeln von den auf sie wirkenden particulären Sinneseindrücken bestimmt, ein Fortschritt ist bei ihrem Thun auch nach Jahrtausenden nicht bemerkbar. *Non operantur diversa et opposita, quasi intellectum habentes, sed sicut a natura mota ad quasdam determinatas operationes et uniformes in eadem specie, sicut omnis hirundo simili modo nidificat. (Summa c. gent. II. cap. 66.)*

Eine wichtige Rolle spielt endlich auch bei den Sinnesthätigkeiten als eine Art Vermittler zwischen Leib und Seele der schon erwähnte Lebensgeist *(spiritus)*, der aber, wie gesagt, selbst etwas Materielles ist und als die bis zur Aehnlichkeit mit dem Körperlosen sublimirte, darum gleich dem· Geistigen unsichtbar, weil ausserordentlich schnell und leicht, bewegte Materie (Elektricität?) vorgestellt wird. Der hl. Augustinus meinte, dass die Seele durch Licht, feines Feuer und Luft, weil diese dem Geistigen am ähnlichsten seien, den Leib regiere. »*Anima per lucem i. e. ignem et aërem, quae sunt subtiliora et similiora spiritui, corpus administrat.*« Thomas antwortet: *Verum est, quod partes grossiores movet per subtiliores; et primum instrumentum virtutis motivae est spiritus, ut dicit philosophus (Aristoteles) in libro De causa motus animalium. Subtracto spiritu deficit unio animae ad corpus, non quia sit medium, sed quia tollitur dispositio, per quam corpus est dispositum ad talem unionem. Est tamen spiritus medium in movendo sicut primum instrumentum motus. (Summa theol. quaest. 76. art. 7.)*

Wenden wir uns nach diesen mehr allgemeinen Betrachtungen über die Sinnesthätigkeiten nunmehr zur Kenntnissnahme des Wichtigsten, was sich in der aristotelisch-thomistischen Psychologie über die Thätigkeiten der einzelnen Sinne vorfindet, unter denen dem Gesichtssinn vor allen eine so merkwürdige Untersuchung zugewendet wird, dass es unbegreiflich scheint, wie nicht nur die Psychologen, sondern auch die Physiologen und Physiker diese fast unglaublichen Anticipationen der neuesten exacten Forschungen durch Jahrhunderte unbeachtet lassen konnten.

Der Gesichtssinn ist der dem Erkennen am meisten dienende und am wenigsten vom Materiellen beeinflusste. *Sensus accipit formam rei cognitae sine materia quidem, sed cum materialibus conditionibus. Inter ipsos sensus vero visus est maxime cognoscitivus, quia est minus materialis. (Summa theol. I. quaest. 84. art. 2.)* Den naheliegenden Einwurf, dass ja die Taubgebornen geistig auf einer viel tieferen Stufe bleiben als die Blindgebornen, somit das Gesicht der Erkenntniss weniger Dienste zu leisten scheine als das Gehör, beseitigt St. Thomas damit, dass zwischen Erkennen und Kenntnisse erwerben wohl zu unterscheiden sei. Das Gehör diene mehr zum Lernen, zum Aneignen der

Erkenntniss *(addiscendo)*, das Gesicht aber zum selbstständigen Erkennen und Entdecken *(inveniendo)*. *Plus homo potest cognoscere addiscendo, ad quod est utilis auditus, quamvis per accidens, quam de se inveniendo, ad quod praecipue est utilis risus. Inde est, quod inter privatos a nativitate utrolibet sensu, scilicet risu et auditu, sapientiores sunt caeci quam surdi. (De sensu et sensato. II.)*

Das Sehen selbst kommt nicht dadurch zu Stande, dass ein Abbild des äusseren Gegenstandes im Auge erscheint, wie dies Demokrit lehrte, der noch hinzusetzt, dass dieses Bild wegen der Politheit und Glattheit im Auge entstehe, dessen Innenfläche einem Spiegel vergleichbar sei. Thomas setzt, einen unsterblichen aristotelischen Gedanken des Näheren ausführend, auseinander, dass solche Bilder ja eben auf jedem Spiegel erscheinen, der Spiegel aber demungeachtet den auf ihm abgespiegelten Gegenstand nicht sehe, dass also auch das Erscheinen des Bildes im Auge noch lange nicht das Gesehenwerden des Bildes, nicht der Act des Sehens sei, dass demnach das Sehen selbst eine von der bloss körperlich bildenden unterschiedene Kraft sein müsse. Neuere Psychologen (Lotze) haben denselben Gedanken dahin formulirt, dass ja der physische Vorgang beim Sehen nichts weiter darbiete als Aetherschwingungen, nicht den psychischen Act des Farbensehens und des Sehens überhaupt, ja dass eine Verwandlung des einen in den andern, der objectiven Wellenbewegung in subjective Empfindung, des unbewussten Geschehens in Bewusstsein, sinnloses Gerede sei; denn die äussere Natur sei an sich, insoferne sie von keinem Auge wahrgenommen wird, ohne Licht und Farbe, so gewiss als sie, wenn die in ihr stattfindenden Wellenbewegungen der Luft kein zum Hören befähigtes Ohr treffen, vollständig lautlos ist. Die Luftschwingungen seien eben mechanische Bewegungen, aber nicht Töne, und die Aetherschwingungen eben Aetherschwingungen und nichts weiter. Ohne Auge und Ohr gebe es somit weder Licht- noch Tonempfindungen, eben so wenig als es einen Zahnschmerz gibt ohne einen mit Empfindungsnerven versehenen Zahn. Die Ausführungen des Aquinaten sind, wenn auch selbstverständlich nicht auf Grund der jüngsten physikalischen und physiologischen Theorien, ganz dieselben, und gipfeln in dem Satze: *In hoc male dixit Democritus, quod putavit, visionem nihil aliud esse, quam apparitionem rei visae in pupilla ex corporali dispositione oculi, quia scilicet oculus sit laevis* (λεῖος), *i. e. tersus, politus. Ex isto patet, quod ipsum videre non consistit in hoc, quod est apparere talem imaginem in oculo, sed consistit in vidente, i. e. in habente virtutem visivam: non enim oculus est videns propter hoc, quod est laevis, sed propter hoc, quod est virtutis visivae: illa enim passio, scilicet quod imago rei visivae in oculo appareat, est reverberatio, i. e. causatur ex refractione et reverberatione imaginis ad corpus politum, sicut videmus in speculo accidere. (Comment. de senso et sensato. Lect. 4.)* Dieses Zurückgeworfenwerden des Bildes bewirke nicht, dass das Auge, in dem es stattfindet, sehe, wie es ja auch nicht den Spiegel sehend mache, sondern sei bloss die Bedingung dazu, dass das Bild von einem Andern gesehen werden könne, nämlich von einem mit Sehkraft Begabten, zu dem es reflectirt wird. *Reflexio consequens enim nihil facit ad hoc, quod oculus videat rem visivam per speciem in eo apparentem, sed facit ad hoc, ut alteri possit apparere.* Wäre das Sehen eines und dasselbe mit dem mechanischen Vorgang der Reverberation, so müsste der Sehende sich wie bei seinem Spiegelbild selbst sehen, *sicut contingit ex repercussione, ut aliquis in speculo videat seipsum. (Ibidem.)* Demokrit nämlich, welcher meinte, dass von den Körpern sich, ähnlich wie bei der Verdunstung, fortwährend sehr feine materielle Theilchen von der Oberfläche loslösen, die dann ihrer Leichtigkeit wegen durch die Luft flattern, bis sie von einem andern Körper aufgehalten werden, dachte sich offenbar die Sache so, dass diese zarten Abhäutungen, wenn sie auf eine sehr glatte Fläche treffen, von dieser festgehalten werden, wie denn nach seiner Theorie auch die Seele nach dem Zerfall des Leibes fortlebt, weil sie aus den feinsten und glattesten Atomen zusammengesetzt ist, zwischen denen die kräftigste Adhäsion stattfindet. Der Gedanke, dass ein solches Festhalten auch zwischen der glatten Fläche des Auges und der Seele stattfinde, und dass demzufolge das im Auge entstandene Bild ein Eigenthum der Seele selbst werde, lag ihm also auf seinem atomistischen Standpunkt nahe genug; meinte er doch, dass während

des Schlafes diese gespensterartigen Bildchen, die er zweifelsohne
in dunklen Räumen mit kleinen Oeffnungen, natürlichen Dunkel-
kammern, bemerkt hatte, sogar durch die Poren des Leibes zur
Seele dringen und Träume erzeugen. Uebrigens wird Demokrit
von Aristoteles und Thomas dafür gelobt, dass er das Organ
des Sehens aus Wasser, nämlich aus den wässerigen Bestandtheilen der Vorkammer, der Linse und des Glaskörpers, bestehen
lässt, wobei der Aquinat allerdings weniger für die strahlen-
brechende Eigenschaft dieser glas- und wasserartigen Bestandtheile sich interessirt, als vielmehr für sein *diaphanum*. Diesem
nämlich kommt nach der alten, von G o e t h e theilweise resus-
citirten Farbenlehre nicht nur die Farbenbildung, sondern die
Ermöglichung alles wirklichen, determinirten Sehens zu. »Die
Alten glaubten an ein ruhendes Licht im Auge; sie fühlten als
reine kräftige Menschen die Selbstthätigkeit dieses Organes und
dessen Gegenwirkung gegen das Aeussere, Sichtbare.« (Goethe's
Geschichte der Farbenlehre.) Der Träger des i n n e r e n Lichtes
im sonnenhaften Auge ist nach Thomas eben dieses Wässerige,
welches den Augapfel ausfüllt. Dasselbe entspricht dem äusse-
r e n Träger und Bildner der Lichterscheinungen, nämlich dem
d u r c h s i c h t i g e n, als F a r b e n b i l d n e r aber mehr nur d u r c h-
s c h e i n e n d e n Medium, dessen Bewegung das Sehen
begründet, und unter welchem nicht ausschliesslich
die Luft zu verstehen ist, sondern in erster Linie die
mit Wasserdünsten erfüllte Luft, jenes Medium, welches
vor der Sonne schwebend, je nach seiner Dichte deren an sich
weisses Licht bald purpurroth, bald orange-, bald wieder gold-
gelb zu unserem Auge sendet, und welches auf schwarzem Hinter-
grunde gesehen, wie unsere den schwarzen Weltraum uns ver-
schleiernde Atmosphäre, sobald sie vom Sonnenlicht beschienen
wird, blau, bei starker Verdünnung aber violett erscheint; denn:
»Auf Bergen in der höchsten Höhe, tief röthlichblau ist Himmels-
nähe. Du staunest über die Königspracht; sogleich ist sammet-
schwarz die Nacht.« Da hätten wir die sämmtlichen, durch das
Durchscheinende vermittelten Grundfarben der Alten und zugleich die Farbenlehre Goethe's *in nuce*. Farbe nämlich ist ihnen
nur eine Modification des einen weissen Lichtes durch das σκιερόν,

und dieses σχιρόν ist ihnen dasselbe, von dem Goethe sagt: »Du aber halte dich mit Liebe an das Durchscheinende, das Trübe.« *Sol secundum se videtur albus propter luminis claritatem; sed quando videtur a nobis mediante caligine vel fumo resoluto, fit tunc puniceus, rubicundus etc. Assignat (Aristoteles) hoc modo rationes colorum et dicit, quod eodem modo multiplicantur medii colores. (Comment. de anim. III. Lect. 2.)* Es soll nämlich eine neue, eine mittlere Farbe dadurch entstehen, dass eine stärkere, besonders hellere Farbe durch die schwächere in ähnlicher Weise hindurchscheint, wie das weisse Licht durch das Trübe. Grün zum Beispiel erweist sich als eine Mischfarbe, die auf solche Weise aus Gelb und Blau entsteht. Wenn die Maler schwimmende Fische abbilden, überstreichen sie die gemalten Fische mit einer durchsichtigen Farbe, wodurch die Fische selbst oft in einer ganz neuen Farbe erscheinen. Der angenehme und unangenehme Eindruck, den die verschiedenen Farben auf uns machen, soll hauptsächlich auf der durch diese Uebereinanderstellung der Farben sich bildende Harmonie oder Proportion beruhen, wie die musikalische Harmonie oder Disharmonie auf der verschiedenartigen Aufeinanderfolge der Töne. Es ist aber mit dieser Proportion nicht jene Farbenharmonie oder Disharmonie gemeint, wie solche aus dem Nebeneinanderstellen der Farben vermöge des Contrastes sich bildet, auch ist sie nicht wie die der Töne eine auf der Zahl beruhende. *Quidam colores supra et infra positi non sunt in proportione aliqua numerali, et ideo causantur colores ut delectabiles et indelectabiles. (Comm. de anima III. L. 7.)*

Farbe ist immer nur an der Oberfläche der Körper, dort nämlich, wo der erwähnte äussere Träger und Bildner der Farbenerscheinungen, das *diaphanum,* mit einem Körper zusammentrifft und eben dadurch »terminirt«, das heisst in unserem Falle farbig wird. Das Innere der Körper ist, wie das noch nicht terminirte Diaphanon, farblos; es wird aber in dem Momente farbig, wo der Körper geöffnet wird, also mit dem Diaphanon in Verkehr tritt, welches in Bezug auf sein Farbigwerden für ihn zu einer Art Form wird; denn das Innere des Körpers enthält die Farbe, wie die nach seiner Oeffnung sich bildende neue Oberfläche, *in potentia. — Sicut corpora intrinsecus habent superficiem in potentia, non autem actu, ita etiam intrinsecus non colorantur in actu, sed tantum in potentia, quae educitur in actum facta corporis divisione. (De anima, lect. 6.)* Das Gefärbtwerden selbst aber erklärt die peripatetische Schule damit, dass das mit der Oberfläche zusammentreffende Diaphanon an dem mehr oder weniger für dasselbe undurchdringlichen Körper einen Widerstand erfahre und damit eine nach der Verschiedenheit dieses Widerstandes verschieden geartete Termination, oder, wie wir in der Sprache unserer Optik uns diese Termination klar machen würden, dass dessen Bewegungen in mannigfacher Weise, es sei dies nun durch Beschleunigung oder Verlangsamung, Verlängerung oder Verkürzung der schwingenden Lichtmaterie in ihren die Oberfläche berührenden Wellen, modificirt werden. Daher definirt Thomas die Färbung der Oberfläche nicht als Grenze des Körpers, sondern als Grenze des durchscheinenden Mediums an einem bestimmten Körper, als *extremitas perspicui in corpore determinato.* Die Farbe ist ihm darum auch kein Quantitatives, sondern gehört, wie die Durchsichtigkeit selbst, zu den Qualitäten. *Et ideo color non est in genere quantitatis sicut superficies, quae est extremum corporis, sed est in genere qualitatis, sicut perspicuitas. (De sensu et sensato. L. 6.)*

Es würde uns zu weit von unserem Ziele abseits führen, wenn ich hier die interessanten Versuche anführen wollte, welche in der peripatetischen Schule angestellt wurden, um auf Grund dieser Theorie die Erscheinung des Regenbogens und ähnlicher Phänomene zu erklären, wie diese (in *Meteorologia III. 1., Quodlibet III.* und selbst im Commentar zu den Psalmen) von Thomas Aquinas in ausführlichster Weise dargelegt werden. Ungleich wichtiger ist für uns jedenfalls der Umstand, dass Thomas, obgleich auf dem Boden der aristotelischen Farbenlehre stehend, doch nicht gleich Goethe sich die Farbe als blosse Abschwächung des durch das Trübe scheinenden Weiss dachte, sondern sie als eine terminirte Bewegung des Diaphanon selbst zu erklären sucht, womit er eigentlich einen Gedanken ausspricht, für den die exacte Naturwissenschaft der Gegenwart täglich neue und überraschende Belege zu Tage fördert; denn dass die verschiedenen Farbenerscheinungen nichts anderes als verschieden geartete Undulationen eines und desselben Aethers sind, kann doch heutzutage nicht mehr im Ernst als blosse Hypothese erklärt werden. Sobald das an und für sich ›interminirte‹ *diaphanum* bewegt wird, setzt es als ein durch die so oder anders geartete Bewegung näher Bestimmtes *(terminatum)* Farbenerscheinungen ab; denn Leuchten und Farbenbilden sind eins, wie Sehen und Farbesehen identisch sind. *Videre non aliud est, quam sentire colorem. (Comm. de anim. III. 2.)* — *Est autem motus iste secundum alterationem: alteratio autem est motus ad formam, quae est qualitas rei visae, ad quam medium est in potentia inquantum est lucidum in actu, quod est diaphanum interminatum. Color autem est qualitas diaphani terminati. (Comm. de Sensu et sensato. Lect. 5.)* Wenn sich hier Thomas die Farbe nicht als Erscheinungsweise eines in verschiedenartigen Bewegungen befindlichen Mediums dachte, wozu brauchte er die Bewegung überhaupt? — Von da ist doch offenbar nur noch ein sehr kleiner Schritt zu der verschiedenen Länge und Geschwindigkeit der schwingenden Aetherwellen.

Thomas von Aquin und schwingende Aetherwellen! — Wer dachte vor Christian Huygens (geb. 1629) an eine Oscillation des Lichtes? — War nicht der Begründer unserer Optik, der grosse N e w t o n, noch ganz entschieden Emissionstheoretiker? — Ganz gewiss; aber noch entschiedener war Thomas ein G e g n e r der E m i s s i o n s t h e o r i e. Nicht von den leuchtenden Körpern können, wie er in gründlichster Weise durchführt, Theilchen abgeschossen werden, die das Auge treffen und zum Sehen anregen, sondern das zwischen dem Auge und dem zu sehenden Object befindliche Medium, das Diaphanon, geräth durch die Einwirkung des Objectes in eine Bewegung, die aber k e i n e Ortsbewegung, das heisst k e i n Ortverlassen, d e s s e l b e n ist, also offenbar eine solche Bewegung, wie sie im Wasser des Teiches durch einen hineingeworfenen Stein erregt wird, wo das Ganze durch diese einzige Einwirkung in Bewegung geräth. *(Totum mobile uno motu movetur a corpore illuminante* heisst es darum *De senso et sensato. 16.)* Demungeachtet bleibt das Wasser des Teiches als Ganzes an seinem Ort, wie wir uns an den im Teiche schwimmenden Blättern überzeugen können, die durch die so erregte Bewegung nicht, wie vom Laien gewöhnlich erwartet wird, von ihrem Platz auf der Wasserfläche weggeschoben werden, sondern bloss von den transversal schwingenden Wassermolecülen auf- und niedergehoben. Diese Bewegung des Mediums nun ist es, die im Auge das Sehen bewirkt. *Et ideo, sive illud medium (diaphanum), quod est inter rem visam et oculum, sit aër illuminatus, sive sit lumen, non quidem per se subsistens, cum non sit corpus, sed in quocunque alio corpore, puta aqua vel vitro, motus, qui fit per hujusmodi medium, causat visionem. (De sensu et sensato. 5.)* Wie sehr es Thomas mit dieser Ansicht Ernst war, ergibt sich aus der gleich darauf folgenden Stelle, in welcher er die dem Demokrit und Empedokles sich anschliessenden Emissionstheoretiker seiner Zeit mit den wissenschaftlichen Gründen seiner Zeit bekämpft. *Non est autem intelligendum, quod ejusmodi motus sit localis, quasi quorundam corporum defluentium a revisa ad oculum, sicut Democritus et Empedocles posuerunt, quia sequeretur, quod per ejusmodi defluxum corpora visa diminuerentur quousque totaliter consumerentur; sequeretur etiam, quod ex occursu continuo hujusmodi corporum destrueretur oculus: neque etiam esset possibile, ut totum corpus ab oculo videretur, sed tantum secundum quantitatem, quam posset pupilla capere. (De sensu et sensato. 5.)* Es fällt mir nicht ein, auf diese »wissenschaftlichen Gründe« irgendwie Gewicht legen zu wollen, und ich gestehe offen, dass ich sie mehr nur der Curiosität wegen anführe, und um darauf aufmerksam zu machen, mit welch stumpfen und ungenügenden Waffen ein Aristoteles und St. Thomas bei dem ihrer Zeit so tiefen Stand der Naturwissenschaften den Kampf gegen die Emissionstheorie aufzunehmen gezwungen waren. So viel aber geht daraus hervor, dass sie ihn überhaupt aufzunehmen wagten, trotz der stumpfen und ungenügenden Waffen, ja trotz der ihnen gegenüberstehenden und vielfach von ihnen anerkannten und geachteten Autoritäten, des scharf beobachtenden Arztes Demokrit, des Vaters der Atomistik, und des genialen Empedokles, der bereits die Fortpflanzungsgeschwindigkeit des Lichtes ahnte. Gegen diese zeigen sich Aristoteles und Thomas hauptsächlich aus dem Grunde skeptisch, weil sie ihnen mit der Emissionstheorie nothwendig zusammenzuhängen und dieselbe plausibel zu machen schien. Uebrigens erklärt Aristoteles die Ansicht des Empedokles, die unter Anderem noch von Descartes als die Annahme eines physisch Unmöglichen bezeichnet wurde, nur für einen unbewiesenen gewagten Ausspruch, ein μέγα ἐνθύμημα. Wie hätte er auch bei den ihm zu Gebote stehenden Mitteln und Vorarbeiten auf mathematischem und physikalischem Gebiete sich nur etwas träumen zu lassen vermocht von den 41.500 Meilen, die das Licht in der Secunde zurücklegt, von dem 645 milliontel Theil des Millimeters, der sich als die Länge einer Welle des rothen Lichtes ergibt, und den 768 Billionen transversaler Schwingungen, die ein Lichtmolecül in jeder Secunde auszuführen hat, um die Erscheinung des Violetten zu bewirken.*)

Demnach lautete die Entscheidung: *Melius est dicere, quod visio fiat per hoc, quod medium statim a principio moveatur a visibili, quam dicere, visionem fieri per defluxionem. (De sensu et sensato. 8.)* Da nun aber die peripatetische Schule die Emissionstheorie abwies, während sie andererseits von den im Diaphanon stattfindenden Transversalschwingungen unmöglich etwas wissen konnte, so blieb für sie als nothwendige Consequenz nichts übrig, als sich den Vorgang so zu denken, dass die ganze Masse des zwischen Auge und sichtbarem Gegenstand befindlichen Diaphanon mit einem Male und in einem und demselben Augenblicke zum Zwecke des Sehens in Bewegung gerathe. *Non per motus succedentes sibi in diversis partibus medii pervenit lumen usque ad visum, sed per unum aliquod esse, i. e. per hoc, quod totum medium sicut unum mobile movetur uno motu a corpore illuminante. (Comment. de sensu et sensato. 16.)* Aristoteles definirt darum das Licht geradezu als Bewegung des Dia-

---

*) Was konnten überhaupt Aristoteles und der Aquinat von Transversalschwingungen wissen, da noch jüngster Tage ein Commentator des Letzteren in seinem unter der theologischen Jugend stark verbreiteten Buche die Unmöglichkeit transversaler Aetherschwingungen darzuthun beflissen ist! —

phanon. Φῶς δέ ἐστιν ἡ τούτου ἐνέργεια, τοῦ διαφανοῦς ᾗ διαφανές. *(De anima II. 7.)*

Nun ist aber erforderlich, dass die Bewegung des Diaphanon im Innern des Auges selbst einen Vorgang veranlasse, und zwar einen Vorgang, welcher die Sehnerven bis zu ihrer Einmündung im Gehirn in Thätigkeit versetzt. Das geschieht mittelst des vorerwähnten, dem Diaphanon in seinen Bestandtheilen und seinem Verhalten ähnlichen Mediums, welches im Auge selbst eingeschlossen ist, und welches füglich ein Licht und Leuchten im Innern des Auges genannt werden könnte. Das äussere leuchtende Medium gelangt nur bis zur *dura pellis* (Hornhaut), nicht unmittelbar zum Nerv. Darum ist die *dura pellis* selbst, wie das von ihr abgeschlossene innere Medium, von der Natur des Wassers und Glases, so dass sie zwischen den beiden von ihr geschiedenen Medien eine Vermittelung darbietet und mittelst ihrer das innere Complement des äusseren Lichtmeeres in die von diesem ausgehende Bewegung mit einbezogen werden kann. Der dadurch geweckte oder ausgelöste psychische Act des S e h e n s selbst aber, also nicht des blossen L e u c h t e n s, beginnt erst im Gehirn. *Principium visionis est interius juxta cerebrum, ubi conjunguntur duo nervi ex oculis procedentes. Et ita oportet, quod intra oculum sit aliquod perspicuum receptivum luminis, ut sit uniformis visio a re visa usque ad principium visus.* Mit diesem *principium visus* beginnt die psychische Thätigkeit als Antwort auf die durch die Bewegung des *diaphanum* geschehene Anregung. Von einer Umsetzung der physischen Thätigkeit in psychische kann dabei nicht die Rede sein, diese wird nicht a u s der ersten, sondern nur d u r c h die erste; denn auch die Farbe, und das Licht überhaupt, hat ein zweifaches Sein, das physische in der objectiven Aussenwelt und das intentionale (auch spirituale genannt) im Gesichtssinn. *Color duplex habet esse, aliud naturale in re sensibili, aliud spirituale in sensu. (De anima. Lect. 2.)* Obwohl nun, wie gesagt, der Aquinat das Wort Bewegung im Psychischen scheut, ist er doch oft dazu gedrängt, die Thätigkeit des Sinnes als Bewegung zu betrachten, wodurch jedenfalls der psychische Vorgang dem physischen verwandter und das Wie der Hervorrufung des einen durch den

andern jedenfalls denkbarer gemacht wird, als durch die von
der Identitätsphilosophie »aus der Pistole geschossene« Procla-
mirung der Einheit von Denken und Sein. Es ist das Verdienst
Trendelenburg's, des geistvollen Wiedererweckers der Beschäftigung mit Aristoteles, auch auf dieses Moment der aristotelischen Erkenntnisslehre hingewiesen und betont zu haben,
dass »das Räthsel des Erkennens« niemals gelöst werden wird,
wenn Denken und Sein sich als zwei von einander getrennte
Welten gegenübergestellt bleiben, ohne »sich in einem Gemeinsamen zu berühren«, dass aber dieses dem Denken und Sein
Gemeinsame nur Bewegung sein könne, weil ein starr in sich
Beharrendes kein Gemeinsames und Vermittelndes, jede Thätigkeit aber Bewegung ist. In diesem Sinne fasst aber bereits der
Aquinat die aristotelische Lehre Ἡ δ'αἴσθησις ἐν τῷ κινεῖσθαι τε
καὶ πάσχειν συμβαίνει (Anim. II. 5.) auf, wenn er, und zwar wiederholt, sagt, dass der sichtbare Gegenstand den ersten Anstoss zu
einer Bewegung gebe, die in dem dadurch gleichfalls in Bewegung gerathenen Sinne fortdauere, wenn der Gegenstand selbst
nicht mehr vorhanden oder zur Ruhe gekommen sei, wie auch
die Wurfbewegung sich fortsetze, wenn der Werfende bereits
seine Bewegung eingestellt habe. *Quiescente visibili, quod est
primum movens sensum, nihilominus manet motus in sensu mediante
simulacro relicto, sicut in motu projectorum projiciente quiescente
ipsum projectum nihilominus movetur. (De somniis. III.)*

Ungleich kürzer werden, wie dies die Natur der Sache
mit sich bringt, die vier noch übrigen äusseren Sinne behandelt,
und die Ausbeute für die Psychologie ist bei ihnen eine verhältnissmässig sehr geringe. Den vier Elementen zuliebe soll,
nachdem das Wasser dem Gesichtssinn zugetheilt wurde, dem
Gehör die Luft, dem Geruch das Feuer, dem Tastsinn und dem
mit ihm verwandten Geschmack aber hauptsächlich das Erdige
entsprechen. Beim Ohr, das in seinem Innern in ähnlicher Weise
mit Luft gefüllt sein soll, wie das Auge mit Wasser, geht die
Sache noch ziemlich leicht; der Geruch aber soll dem Feuer
angehören, weil das Gerochene ein Rauchartiges, somit das
Product einer Art von Verbrennung sein müsse. *Fumalis evaporatio est causa, quod sentiatur odor. Fumalis evaporatio vero est*

ab igne vel quodam calido. (De sensu et sensato. 5.) Man sieht, dass
auch hier eine tiefere Wahrheit zu Grunde liegt, wenn man die
Verbrennung nicht im heutigen Verstande, als Verbindung mit
Sauerstoff, urgirt, sondern nach alter Anschauung als nicht auf
einem uns bekannten rein mechanischen Wege erfolgende Zer-
setzung überhaupt gelten lässt. Dem Tast- und Geschmackssinn
kommt, als den am tiefsten in die Materie versenkten, auch die
geringste Activität zu; es entspricht ihnen demnach das Materiellste,
das Erdige. *Ideo oportet, ut sit de quantitate plus de terra, quae inter
alia elementa minus habet de virtute activa. (De sensu et sensato. 5.)*
Der Geruch hat offenbar mit dem Geschmack sehr viel Verwandtes, was hauptsächlich auf der beiden gemeinsamen unmittelbaren Berührung mit der Materie des durch diese zwei Sinne
Wahrzunehmenden beruht; doch unterscheidet der Geruch sich
hauptsächlich dadurch vom Geschmack, dass dieser zu seiner
Thätigkeit ein gewisses Mass von Feuchtigkeit erfordert, da wir
das vollständig Trockene weder am Geschmack wahrnehmen,
noch ohne alle Feuchtigkeit des Mundes zu schlingen vermögen,
der Geruch aber Luft erheischt, so dass das Riechbare *(enchymus)*
ohne Einwirkung der Luft nicht wahrgenommen wird. *Manifestum est ex hac affinitate odoris ad saporem, quod sicut sapor
fit in aqua, ita odor in aëre et in aqua. (De sensu et sensato. 12.)*

Obwohl der Geruchssinn der unter den äusseren Sinnen
am meisten mit dem instinctiven Urtheile in Verbindung stehende
ist, und daher selbst beim Menschen mehr als die übrigen der
aestimativa dienend, das Nützliche und Schädliche andeutet, bei
den meisten höher organisirten Thieren aber in seinen Aeusse-
rungen oft geradezu an das Erstaunliche grenzt, spricht doch
Aristoteles und ebenso Thomas von Aquino den niedrigsten,
ihren Ort nicht verändernden Thierformen den Geruchssinn ab.
Sie haben nur Tastsinn und Geschmack, weil sie des Geruches
nicht gleich den höheren auf die Wahrnehmung des Entfernten
angewiesenen Thieren bedürfen, um ihre Existenz zu fristen.
Augenscheinlich spielt bei dieser Ansicht neben der zweifellos
angestellten Beobachtung das die ganze peripatetische Natur-
betrachtung beherrschende teleologische und physikotheologische
Moment, wie in so vielen scheinbar ganz unbedeutenden Vor-

gängen, eine Rolle. *Animalibus immobilibus sufficit gustus ad discernendum convenientiam alimenti. (De sensu et sensato. 13.)* Die Insecten aber besitzen, obwohl sie keine durch Lungen athmenden Thiere sind, den Geruchssinn bereits in sehr hohem Grade, *acute suam escam a remotis sentiunt per odorem.* Wie der Geschmack nicht allein der Ernährung, sondern zugleich der Gesundheit dient, so dient der Geruch, als welcher, der Meinung der Pythagoräer entgegen, niemals nährt, wohl ausschliesslich durch Warnung vor dem Schädlichen, der Gesundheit. *Sicut sapor ad nutritionem ita odor ad sanitatem. (De sensu et sensato. 14.)*

Im Gegensatze zum Geruchssinn, welcher bei dem auf das vernünftige Urtheil und die Erziehung angewiesenen Menschen in der Regel viel schwächer als bei den Thieren sich geltend macht, sind der Tastsinn und Geschmack beim Menschen der grössten Ausbildung fähig, weil diese zwei Sinne um so sicherer sind, je reicher, mannigfaltiger und massvoller die Zusammensetzung des Leibes ist. Das aber ist eben beim Menschen am meisten der Fall, da dessen Körper der edelsten aller Formen, der geistigen *forma subsistens* nämlich, angemessen sein muss. *Oportet, quod sensus tactus tanto sit certior, quanto complexio corporis magis est temperata, quasi ad medium reducta. Hoc autem maxime oportet esse in homine ad hoc, quod corpus ejus sit proportionatum nobilissimae formae.* Die grössere oder mannigfachere Complexion wird darum gefordert, weil der ausgebildete Tastsinn des Menschen für das verschiedenartigste Materielle empfänglich sein muss. *Cum enim tangibilia sint ea, quibus constituitur corpus animale, scilicet calidum, frigidum, humidum et siccum et alia hujusmodi, non potest esse, quod organum tactus esset denudatum ab omni tangibili, sicut pupilla caret colore: sed oportuit organum tactus esse in potentia ad qualitates tangibiles, sicut medium est in potentia ad extrema. (De sensu et sensato. 9.)* Mit dem Vorherrschen des Tastsinnes als etwas den Menschen Charakterisirendem, soll auch in Verbindung stehen, dass geistig hochbegabte Menschen sich durch ein weicheres Fleisch auszeichnen. *Tanto est aliquis aptus mente, quanto est melioris tactus quod apparet in his, qui habent molles carnes. (Ibidem.)* — *Homo inter omnia animalia melioris est tactus: et inter ipsos homines*

8*

qui melioris sunt tactus, sunt melioris intellectus: cujus signum est, quod molles carne bene aptos mente videmus, ut dicitur in II. de Anima.

Der mit dem Tastsinn so vielfach analoge Geschmack kann jedoch im Unterschiede vom blossen Tastsinn nur unter Intervention des Feuchten sich äussern, durch welches das Trockene gelöst wird und dem Wasser sich mittheilt. Hierdurch wird sowohl das Wässerige selbst verändert, als auch das mit demselben und dadurch mit den aufgelösten Stofftheilchen in Berührung kommende Geschmacksorgan in der seinem Sinne eigenthümlichen, vom rauchigen Geruch sich unterscheidenden Weise afficirt. *Sapor non est aliud, quam passio in humido aqueo facta a dicto sicco, scilicet terrestri cum additione calidi, quae gustum secundum ipsius potentiam alterando in actum reducit, quod quidem additur ad differentiam odoris. (De senso et sensato. 10.)*

X. Die inneren Sinne.

Sensus communis. — Es gibt keine unbewussten psychischen Acte ausser den vegetativen. — Gleichzeitige Empfindungen. — Das Einfache ist kein sinnlich Wahrnehmbares. — Der Gedanke der Einfachheit als Zeugniss für die geistige Wesenheit des Denkenden. — Die Thiere zählen nicht. — Der »rechnende« Hund als Instanz dafür. — Das Denken der vom Leibe getrennten Seele. — Die Imagination. — Wichtigkeit der Phantasie für das menschliche Denken. — Der νοῦς παθητικός. — Verwandtschaft mit der neueren Physiologie und Gehirngeographie. — Bienen und Ameisen. — *Ratio particularis.* — Die *aestimativa.* — Der Abscheu vor Amphibien und Spinnen. — Traum und ärztliche Diagnose. — Eigenthümlichkeiten des Gedächtnisses. — Gedächtnissmenschen und findige Köpfe. — Mnemotechnisches.

> Die Stimmführer der heutigen Naturwissenschaft thun sich nicht wenig darauf zu gut, dass sie die innere Sinnesauffassung als Gehirnfunction nachzuweisen vermögen; sie ahnen nicht, dass sie damit zur aristotelischen Naturauffassung zurückgekehrt sind.
>
> Tilmann Pesch. (Die grossen Welträthsel.)

> Wer sich zum Tadel berechtigt glaubt, weil ich auf diese um Jahrtausende von uns entfernt liegende Literatur zurückkomme, erwäge, dass es sich hier um allgemeine Fragen handelt, die von einem der grössten Genies aller Zeiten untersucht worden sind, von Ihm, dessen Name nach zwei Jahrtausenden noch mit solchem Glänze im Gedächtnisse der Besten lebt.
>
> Pflüger. (Die teleologische Mechanik der lebendigen Natur.)

Ueber die sogenannten vier inneren Sinne ist bereits in der Potenzenlehre das Wichtigste gesagt worden, und es soll, um der Vollständigkeit nicht weniger als der Kürze Rechnung zu tragen, dazu noch das Folgende der Beachtung empfohlen sein.

Das Thier hat nach St. Thomas Bilder des von den äusseren Objecten Wahrgenommenen und trägt das Sein derselben auf innerliche, intentionale Weise in sich. Da die äusseren Sinne nicht immer in Thätigkeit sind, so ergibt sich hiermit von selbst die Annahme entsprechender innerer Kräfte des sensitiven Theiles, innerer Sinne, als welche der *sensus communis,* die *imaginativa,* die *aestimativa* und *memorativa* genannt worden sind. *Recipit et conservat animal species sensibiles et intentiones quasdam, quas non percipit sensus exterior: necesse est igitur ponere quatuor vires interiores sensitivae partis dictis officiis distinctas, scil. sensum communem, imaginationem, aestimativam et memorativam.*

Dem von Aristoteles über den Sinn der Sensation Erörterten mit grosser Umsicht Rechnung tragend, lehrt St. Thomas über den *sensus communis* im Wesentlichen Folgendes: Ein äusserer Sinn kann die Unterscheidung zwischen den verschiedene Sinne afficirenden Sinneseindrücken (z. B. zwischen weiss und süss) nicht anstellen, und eben so wenig vermag er seinen eigenen Act zu erfassen. So kann das Gesicht zwar zwischen weiss und grün, nicht aber zwischen weiss und süss unterscheiden, und kann wohl die gesehene Farbe, nicht aber sein eigenes Sehen wahrnehmen. *Unde oportet ad sensum communem pertinere hoc discretionis judicium, ad quem referuntur, sicut ad communem terminum, omnes apprehensiones sensuum, a quo etiam percipiuntur actiones sensuum. sicut cum aliquis videt se videre. Hoc enim non potest fieri per sensum proprium, qui non cognoscit nisi formam sensibilis, a quo immutatur, in qua immutatione perficitur visio, et ex qua immutatione sequitur alia immutatio in sensu communi, qui visionem percipit. (Summa theol. quaest. 78. art. 4.)* Später *(quaest. 87. art. 3)* aber lesen wir: *Non est possibile, quod aliquid materiale immutet seipsum, sed unum immutatur ab alio: et ideo actus sensus proprii percipitur per sensum communem.* Da nun aber der Act des *sensus communis,* um percipirt zu werden, demzufolge wieder ein anderes Princip voraussetzen würde, so scheint es, dass wir, wollen wir nicht diese Principe ins Unendliche vervielfältigen, zugeben müssen, dieser Act des *sensus communis* falle nicht ins Bewusstsein, es gebe somit unbewusste psychische Acte, womit selbstverständlich der

»Philosophie des Unbewussten« die Thür geöffnet wäre. Selbst
Brentano meint (Psychologie vom empirischen Standpunkt.
I. Theil) in diesem Punkte eine Abweichung der thomistischen
Lehre von der aristotelischen zugeben zu müssen, da die letztere ganz entschieden das Bewusstsein für alle psychischen
Acte, mit Ausnahme der vegetativen, fordert. Doch lässt meines
Erachtens der Vereinigungspunkt zwischen Aristoteles und Thomas
auch hier sich finden, wenn wir beachten, dass es ein Anderes
ist, die eigenen Thätigkeiten überhaupt wahrnehmen, und
wieder ein Anderes, dieselben Thätigkeiten als die unserigen
wahrnehmen, d. h. sich selbst mit voller Klarheit als
deren Grund und Träger erkennen. Letzteres vermag nach
Thomas von Aquino, wie wir uns bald überzeugen werden, nur
die *forma subsistens,* ein selbstständiges und selbstthätig fortzu-
existiren befähigtes geistiges Princip, dessen substantielles Sein
im Wechsel seiner Erscheinungen oder Thätigkeiten beharrt,
und welches darum dieselben auf sich, als auf das
ihnen zu Grunde liegende reale Ich beziehen kann.
Keineswegs vermag es das blosse Sinnenwesen, dessen Form
(Seele) mit der Materie bleibend zu einer Substanz verbunden,
und darum auch mit ihren Thätigkeiten an die Materie gebunden
ist, so dass sie nicht im Stande ist, diese Thätigkeiten, in denen
ja ihr Sein und Wesen ohne Rast aufgeht, als solche, d. h. in
ihrem Unterschiede von dem zu Grunde liegenden materiellen
Substrat zu erfassen und festzuhalten. Dass aber desshalb gar
kein Erfassen, kein Innewerden der psychischen Acte im blossen
Sinnenwesen möglich sei, das anzunehmen, liegt jedenfalls kein
zwingender Grund vor, da ja wir selbst, trotz unseres geistigen
Ich, keineswegs jede unserer Sinnesthätigkeiten auf den letzten
Grund und Träger im realen Ich beziehen, sondern es beim einfachen Innewerden derselben, also bei einem blossen Bewusstsein, im Unterschiede zum vollen Selbstbewusstsein, bewenden
lassen. Auch Aristoteles liess sich durch die erwähnte, scheinbar
nothwendig werdende Vervielfältigung der Wahrnehmungsvermögen nicht dazu verleiten, »unbewusste Vorstellungen« zuzu-
geben, wie dies Franz Brentano mit rühmenswerthem Auf-
geben einer früher gehegten Anschauung (Die Psychologie des

Aristoteles) nicht nur anerkennt, sondern in überzeugender Weise darlegt. Es liesse sich allenfalls nur darüber noch discutiren, ob die Annahme des *sensus communis* für die Perception der Sinnesthätigkeiten überhaupt eine unvermeidliche Nothwendigkeit sei und nicht etwa eine eigenthümliche Verwebung des äusseren Vorganges mit der inneren Vorstellung, des Tones mit dem Hören des Tones, und die Zugehörigkeit beider zu einem und demselben psychischen Acte das Natürlichste wäre. »In demselben psychischen Phänomen, in welchem der Ton vorgestellt wird, erfassen wir zugleich das psychische Phänomen selbst, und zwar nach seiner doppelten Eigenthümlichkeit, insofern es als Inhalt den Ton in sich hat, und insofern es zugleich sich selbst als Inhalt gegenwärtig ist. Wir können den Ton das primäre, das Hören selbst das secundäre Object des Hörens nennen. Denn zeitlich treten sie zwar beide zugleich auf, aber der Natur der Sache nach ist der Ton das frühere. Eine Vorstellung des Tones ohne Vorstellung des Hörens wäre, von vorneherein wenigstens, nicht undenkbar, eine Vorstellung des Hörens ohne Vorstellung des Tones dagegen ein offenbarer Widerspruch.« (Die Psychologie vom empirischen Standpunkt. Von Franz Brentano. I. Theil.)

Der *sensus communis*, häufig auch schlechtweg als *sensus internus* bezeichnet und neben die fünf *sensus exteriores* gestellt, ist kein besonderer sechster Sinn. Seine Aufgabe ist nicht die, neue, den fünf Sinnen unzugängliche Eigenschaften der sinnlichen Objecte zu erkennen, sondern nur die, das sinnliche Wahrnehmen selbst und die zwischen den fünf äusseren Sinnen bestehenden Unterschiede zu erfassen. Mehr als fünf Sinne sind auch für uns nicht nothwendig, weil diese fünf genügen, um uns mit allen uns angehenden Eigenschaften und Veränderungen der Sinnenwelt bekannt zu machen. *Secundum diversa genera immutationum sensus a sensibili oportet esse diversos sensus. (Anim. III. Lect. 1.)* Auch ist der *sensus communis* nicht als ein den fünf äusseren Sinnen Gemeinsames oder durch das Zusammenwirken derselben Bestehendes zu denken; wohl aber hat er mit ihnen mehr Verwandtes als die drei anderen *sensus interioris* und wird sogar als Wurzel und Ursprung der äusseren Sinne bezeichnet. *Sensus interior non dicitur communis per praedicationem sicut genus, sed sicut communis radix et principium exteriorum sensuum. (Summa theol. 1. quaest. 78. art. 4.)* Auch *principium. sentiendi* und *potentia communis exteriorum sensuum* kann der *sensus communis* genannt werden, so dass er bald als ein zu den äusseren Sinnen selbst Gehöriges, bald wieder als ein von ihnen Verschiedenes erscheint, in ähnlicher Weise wie der Punkt, der als das zwei Theile der Linie Verbindende bald als Eines, bald als Zwei betrachtet wird. *Punctum, quod est inter duas partes lineae, potest accipi ut unum et duo. Ut unum quidem secundum quod continuat partes lineae ut communis terminus, ut duo autem secundum quod bis utimur puncto id est ut principio unius lineae et ut fine alterius. Sic etiam intelligendum est, quod vis sentiendi diffunditur in organa quinque sensuum ab aliqua una radice communi, a qua procedit vis sentiendi in omnia organa, ad quam etiam terminantur omnes immutationes singularium organorum, quae potest considerari dupliciter. Uno modo prout est principium et terminus unus omnium sensibilium immutationum. Alio modo prout est principium et terminus hujus et illius sensus. Et hoc est, quod dicit philosophus (Aristoteles) quod sicut punctum est unum aut duo sic divisibile est, inquantum simul bis utitur eodem signo, i. e. principio sensitivo, scilicet ut principio et termino visus et auditus. Inquantum igitur quis utitur principio sensitivo quasi uno termino pro duobus, intantum duo judicat, et separata sunt, quae accipiuntur sicut in separato i. e. divisibili principio cognoscuntur. Inquantum vero est unus in se, sicut in uno principio cognoscit differentiam utriusque et simul. Habet igitur hoc principium sensitivum commune, quod simul 'cognoscat plura, inquantum accipitur bis, ut terminus duarum immutationum sensibilium: inquantum vero est unum, judicare potest differentiam unius ad alterum. (Comment. de anima III. Lect. 3.)* Darum setzt Aristoteles *(Anim. III. cap. 2)* eingehend auseinander, dass jeder einzelne äussere Sinn nur diejenigen Unterschiede des sinnlichen Objectes wahrzunehmen vermag, die eben von ihm empfunden werden; so kann das Gesicht die Unterschiede des Weissen und Schwarzen, der Geschmack die Unterschiede des Süssen und Bittern wahrnehmen. Nun vermögen wir aber auch das Weisse vom Süssen zu unterscheiden, was offenbar weder durch einen dieser beiden Sinne geschehen kann, noch durch das Zusammenwirken beider, sondern uns nöthigt, einen andern von beiden verschiedenen und doch beiden gemeinsamen Sinn anzunehmen, der uns die Unterscheidung ermöglicht. Dass die Unterscheidung durch das gleichzeitige Wahrnehmen zweier verschiedener Sinne geschehe, ist so wenig möglich, als dass zwei Menschen, von denen der eine blind, der andere taub ist, den Unterschied zwischen Farbe und Ton erkennen, indem der eine Farben, der andere aber gleichzeitig Töne wahrnimmt. Das eigenthümliche Object des *sensus communis* sind darum nach Aristoteles *(De memoria et reminiscentia I. a. 5.)* die Sensationen, in derselben Weise, wie es für das Gesicht die Farben, für das Gehör die Töne sind, und eben darum vermag er die Unterschiede der den verschiedenen Sinnen angehörigen Sensationen zu erfassen, wie das Gesicht den Unterschied zwischen Schwarz und Weiss, das Gehör den Unterschied zwischen dem hohen und tiefen Ton, der Geschmack den Unterschied zwischen Süss und Bitter erfasst, weil die Unterschiede eben den Objecten dieser einzelnen Sinne angehören. Es ist endlich nach Aristoteles dieser von den einzelnen fünf äusseren Sinnen verschiedene Sinn auch vornehmer als sie alle, da er auch die übrigen sensitiven Operationen, nämlich die des sinnlichen Begehrens, uns erkennen lässt und überhaupt das Bewusstsein gibt, soweit dieses dem sinnlichen Theile erreichbar ist. *(Anim. III. 7. — De sensu et sensato 7.* und *Anim. II. 6.)* Wegen seiner Verschiedenheit von den fünf äusseren Sinnen kommt ihm auch ein von denselben verschiedenes leibliches Organ zu, welches Thomas von Aquino, wie bereits in der Potenzenlehre erwähnt wurde, in das Herz verlegt, ohne aber die Ansicht des Avicenna, der das Grossgehirn als Organ des *sensus communis* angibt, geradezu bestreiten zu wollen. *Oportet autem illud principium sensitivum commune habere aliud organum, quia pars sensitiva non habet aliquam operationem sine organo. (Comment. de Anim. Lect. 3.)*

Mit der Existenz eines *sensus communis* soll es auch zusammenhängen, dass mehrere Empfindungen zugleich wahrgenommen werden. Thomas von Aquino widerlegt in seinem Commentar zu *De sensu et sensato* die entgegengesetzte Ansicht, derzufolge in jedem gegebenen Zeitmomente nur e i n e Empfindung percipirt werden könne, in umständlicher Weise mit eben so · scharfsinnigen als schlagenden Gründen. Er kommt bei diesem Anlasse unter Anderem auf das Wesen der Zeit zu sprechen, deren wahre Natur er richtig angibt, wenn er sagt, die Zeit sei kein neben den Dingen existirendes äusseres Object und es gebe keine leere Zeit. *Tempus non sentitur quasi aliqua res permanens proposita sensui, sicut videtur color, magnitudo, sed propter hoc sentitur tempus, quia sentitur aliquid, quod est in tempore, et ideo sequitur, quod, si aliquod tempus non sit sensibile, quod id, quod est in tempore illo, non sit sensibile. (De sensu et sensato. 18.)* So ungefähr sagt das auch Kant, nur mit ein bischen anderen Worten. Es haben, da die Empfindungen eben so wenig als die empfundenen Dinge von einer ausser und neben ihnen schwebenden und an sich leeren Zeit eingehüllt sind, wie von einem nach der Grösse des Eingehüllten zu bemessenden Gewande, in jedem Zeittheil, auch in jedem sogenannten Augenblick, m e h r e r e Empfindungen Platz, und die psychische Thätigkeit des Sensitiven braucht, wenn sie auch Mehreres zugleich wahrnimmt, doch nur e i n e zu sein. *Ipsa enim operatio sensitiva est una numero, inquantum est simul. (De sensu et sensato. cap. 17.)* Es ist ein und dasselbe Subject, dem der *sensus communis* angehört, der ja auch die Unterschiede der durch verschiedene Sinne ihm zugeführten Empfindungen nicht merken könnte, wenn er sie nicht zugleich wahrnehmen könnte, oder mit seinen verschiedenen Wahrnehmungen an mehrere Subjecte oder wahrnehmende Wesen vertheilt wäre. *Anima, id est sensus communis, unus numero existens, sola autem ratione differens, cognoscit diversa genera sensibilium, quae tamen referuntur ad ipsum secundum diversas potentias sensuum propriorum. (De senso et sensato. cap. 19.)* Den Hauptbeweis aber für das Zugleichwahrnehmen stützt St. Thomas mit Recht auf den aristotelischen Satz: *Nihil sentitur nisi quantum.* Immer wird Mehreres zugleich empfunden; denn das nicht Zusammengesetzte, das absolut Einfache, ist den Sinnen unzugänglich, und kann darum auch nicht empfunden werden. Ich kann, obwohl es streng genommen hier noch nicht

zur Sache gehört, es nicht unterlassen, einstweilen wenigstens
anzudeuten, dass der Aquinat hier einen der genialsten Gedanken
des Meisters Derer, die da wissen, im Auge hat, der sich aber
leider in den auf uns gekommenen Schriften des Aristoteles, wie
überhaupt die grossartigsten seiner Gedanken, nur ein paarmal
(z. B. *Anima III. 6.*) kurz angedeutet findet und der erst neuester
Zeit von Hermann Lotze in seiner ganzen für die Psychologie
und Metaphysik geradezu unberechenbaren Tragweite erkannt
worden ist. Das Denken des Einfachen gehört zu dem, wo kein
Irrthum stattfindet und bildet darum ein unanfechtbares Merk-
mal für die absolute Einfachheit des die wirkliche Einheit
(Monadicität) denkenden Wesens selbst, d. h. für die geistige
Natur der menschlichen Seele. Das blosse Sinnenwesen nämlich
kann nie zur Erkenntniss des Einfachen gelangen, weil es eben
nur sinnlicher Wahrnehmungen fähig ist, und weil es als ein
Zusammengesetztes das Einfache auch dann nicht als Einfaches wahrnehmen würde, wenn dieses der sinnlichen Wahrnehmung wirklich auf irgend welche Weise geboten werden
könnte. Es müssten nämlich entweder mehrere, wo nicht alle
Theile des Zusammengesetzten wahrnehmen, oder nur ein Theil
desselben. Im ersten Falle würde das Wahrnehmende die Wahrnehmung des Einen und Einfachen nicht als solche percipiren,
sondern als die eines Vielen und Zusammengesetzten. Im zweiten
Falle jedoch wäre das wirklich Wahrnehmende selbst kein
Zusammengesetztes mehr, sondern eben ein Einfaches, da die
übrigen, nicht wahrnehmenden Theile gar nicht in Mitwirkung,
somit auch nicht in Rechnung kommen. Es ändert im ersten
Falle nichts, wenn Jemand sich hinter den einzelnen wahrnehmenden Theilen eine Art Centralmonade denkt, in welche
die vielen einzelnen Wahrnehmungen einmünden, und die das
anscheinend Viele und Zusammengesetzte als das Eine und
Einfache erkennt, da dann offenbar diese Centralmonade, also
wieder ein Einfaches, das über den Wahrnehmungsact endgiltig
Entscheidende, ihn allein richtig Percipirende sein würde. —
Nach Aristoteles und St. Thomas kann somit das Einfache
niemals an und für sich durch einen Sinn wahrgenommen werden,
sondern in seinem Zusammensein mit Anderem. *Indivisibile non*

potest sentiri, nisi forte est terminus continui, sicut et alia accidentia
continui sentiuntur. (De sensu et sensato. 19.)

In dem Umstande, dass das blosse Sinnenwesen nicht zum
Gedanken der Einheit, welcher die Grundlage der Zahl ist,
gelangen kann, liegt ein weiterer Grund, warum das Thier
weder zählen noch rechnen lernt, und ich erlaube mir bei diesem
Anlasse nochmals auf den bereits (Seite 86) erwähnten rech-
nenden Hund zurückzukommen, der mir schon zu wiederholten
Malen als unwiderlegliches Zeugniss für die rein animalische
Anlage zur höheren Mathematik entgegengehalten wurde. Die
Sache besteht in Folgendem. Es sind eine Anzahl Blätter, auf
deren jedem eine Nummer zu sehen ist, auf einem Tisch aus-
gebreitet, vor ihnen sitzt mit streng contemplativem Gesichts-
ausdruck der »gelehrte Mohr« und hinter diesem sein Herr.
Nennen wir nun eine der Zahlen, etwa Zehn, oder stellen wir
eine arithmetische Frage, z. B. wie viel zweimal fünf sei? so
erhebt sich Mohr und schreitet brummend an den vorgelegten
Blättern vorüber, bis er zur Ziffer Zehn gelangt, vor der er
mit freudigem Gebell und Wedeln Posto fasst. — Man muss
wirklich dieses artige Kunststück oft und aufmerksam angesehen
haben, um endlich dahinter zu kommen, dass der Herr des
Hundes im gleichen Tone mitbrummt, und in dem Momente,
wo Mohr an der rechten Stelle ist, das Brummen plötzlich einstellt. Solch ein Aufwand von Menschenwitz und anerkennens-
werther Abrichtungskunst ist erforderlich, um das jedenfalls
damit vielgeplagte arme Thier wenigstens scheinbar zum Rechnen
zu bringen.

Da das menschliche Denken nicht ohne bildliche Vorstellung *(phantasma)* vor sich geht, so nimmt die Imagination
oder Phantasie in demselben, jedenfalls so lange die Verbindung der Seele mit dem Leibe besteht, eine höchst wichtige
Stelle ein. Wie das Denken der von ihrem Leibe getrennten
Seele stattfinden möge, darüber wagt Aristoteles nur sehr dunkle
und im Tone der blossen Vermuthung gehaltene Andeutungen
zu geben *(Ethica Nicom. I. 11.),* während St. Thomas allerdings
für die Fortdauer der rein intellectiven oder geistigen, im Selbstbewusstsein und freien Wollen sich entfaltenden Thätigkeiten,

der *anima a corpore separata*, mit der Entschiedenheit einer wissenschaftlichen Ueberzeugung eintritt, die einzig und allein auf der Grundlage aristotelischer Principien erreichbar ist, aber das Wissen der abgeschiedenen Seelen um die Vorgänge in der Natur und der auf Erden lebenden Menschenwelt in Folge des Mangels der mit dem sinnlichen Theile von ihr geschiedenen *imaginativa* in Abrede stellt, so nämlich, dass eine derartige Kenntnissnahme für die *anima separata* nicht auf natürlichem Wege, sondern nur auf dem des Wunders oder der Inspiration denkbar ist. Sie ist eben ihrer Natur nach nicht bestimmt, als reiner Geist sich zu bethätigen, sondern als Synthese von Geist und Natur, und darum in ihren Lebensthätigkeiten auf die natürlichen Organe eines vegetativen und sinnlichen Leibes angewiesen.

Das Sinnenwesen aber hat zum Zwecke seines Daseins nicht bloss die von den sinnlichen Gegenständen ihm durch die äusseren Sinne gelieferten Bilder *(species)* aufzunehmen, sondern dieselben auch festzuhalten und nach dem Aufhören der von Aussen kommenden Einwirkung zu bewahren. *Ad vitam animalis perfecti requiritur, ut non solum apprehendat rem ad praesentiam sensibilis, sed etiam in ejus absentia; alioquin, cum animalis motus et actio sequantur apprehensionem, non moveretur animal ad inquirendum aliquid absens: cujus contrarium apparet maxime in animalibus perfectis, quae moventur motu processivo: moventur enim ad aliquid absens apprehensum. Oportet ergo, quod animal per animam sensitivam non solum recipiat species sensibilium, cum praesentialiter immutatur ab eis, sed etiam eas retineat et conservet. Recipere autem et retinere reducuntur in corporalibus ad diversa principia; nam humida bene recipiunt et male retinent; e contrario autem est de siccis. Unde, cum potentia sensitiva sit actus organi corporalis; oportet esse aliam potentiam, quae recipiat species sensibilium, et quae conservet. (Summa theol. 1. quaest. 78. art. 4.)* Diesem Aufbewahren und Wiedererwecken der wahrgenommenen Sinnenbilder dient eben die Imagination oder Phantasie, und Alles, was wir in unserem gegenwärtigen Zustande erkennen, geschieht vermittelst ihrer. *Ad harum autem formarum retentionem et conservationem ordinatur phantasia sive imaginatio, quae idem sunt: est enim phantasia seu imaginatio thesaurus quidam formarum per sensum acceptarum. (Ibidem.) — Omnia autem quae in praesenti statu intelligimus, cognoscuntur a nobis per comparationem ad res sensibiles naturales. (Ibidem, quaest. 84. art. 8.)* Gegen Diejenigen, welche annehmen, die intellective Seele trage auch die *species* der sinnlich wahrnehmbaren Dinge in sich, sie könne daher auch ohne Vermittelung der Sinne, die Phantasmen rein aus sich erzeugen, erinnert Thomas kurz und einfach, dass ja laut Erfahrung mit dem Fehlen eines Sinnes auch die entsprechenden bildlichen Vorstellungen im Intellect fehlen, wesshalb es unmöglich ist, dem Blindgebornen einen Begriff von Farbe beizubringen. Man könnte hinzusetzen, dass auch dem Blindgewordenen bei längerer Dauer die Gesichtsvorstellungen allmälig schwinden und, wahrscheinlich nach gänzlichem Absterben des Sehnervs, die Träume von sichtbaren Gegenständen nicht mehr eintreten. *Deficiente aliquo sensu deficit scientia eorum, quae apprehenduntur secundum illum sensum: sicut caecus natus non potest habere notitiam de coloribus; quod non esset, si intellectui animae essent naturaliter inditae omnium intelligibilium rationes. (Ibidem, quaest. 84. art. 3.)*

Aristoteles erklärt *(De anima III. 3.)* die Einbildungskraft als eine mit der unmittelbaren Sinnesempfindung gleichförmige Bewegung, die aber eintritt, ohne dass der die Empfindung erregende äussere Gegenstand gegenwärtig zu sein braucht, d. h. als eine im inneren Sinne stattfindende Wiederholung derselben Bewegungsvorgänge, die durch den äusseren Gegenstand in der Sinneswahrnehmung erregt wurden. Ueberdies aber kann die Einbildungskraft (φαντασία) nach Aristoteles sich auch, weil sie sowohl das jedem einzelnen Sinne Eigenthümliche als auch das den Sinnen Gemeinsame in sich fasst oder wiederholt, sich zu einem Verbinden der Wahrnehmungsbilder gestalten, zu einer Combinationskraft, die entweder die eigenthümlichen Wahrnehmungen verschiedener Sinne oder das denselben Eigenthümliche und Gemeinsame verbindet, gruppirt und trennt. Mit Recht bemerkt darum J. H. v. Kirchmann, dass nach Aristoteles die Phantasie als eine Unterart des verbindenden Denkens sich darstellt, und thatsächlich ist der νοῦς παθητικός, wie Brentano zeigt, nichts anderes als eben die Phantasie. Ich erinnere hier an das bereits Vorangeschickte, dass das Wort νοῦς bei Aristoteles nicht immer den substantiellen Geist bedeutet, sondern auch das Denken und alles dem Denken Analoge. Die einzelnen in Folge der sinnlichen Wahrnehmung in der Imagination haftenden Vorstellungsbilder bezeichnen Aristoteles und Thomas von Aquino als ἕξις und *habitus (De memoria et reminiscentia 1.)*, das heisst als ein bleibendes Verhalten, als Dispositionen im Organ des inneren Sinnes, wie denn auch unsere Physiologen die Möglichkeit der Reproduction gehabter Sinneswahrnehmungen aus einer bleibenden Gereiztheit gewisser, in der grauen Rindensubstanz sich findender Ganglien (Erinnerungszellen) zu erklären suchen, die in Folge der Erregung anderer, mit ihnen in Verbindung stehender Ganglien und Nervenpartien wieder in Action treten. Immer aber sind die Elemente dessen, was in der Phantasie erscheint, wenn auch in anderen Verbindungen, in früher gehabten Sinneswahrnehmungen nachweisbar. Ἡ φαντασία ἂν εἴη κίνησις ὑπὸ τῆς αἰσθήσεως τῆς κατ' ἐνέργειαν γιγνομένη. *(De anima III. 3.)*

Merkwürdig scheint es, dass Aristoteles, der die Phantasie, somit auch den νοῦς παθητικός, als eine rein animalische Potenz bezeichnet, dennoch *(Anim. III. 3.)* manchen Thieren, darunter den Bienen und Ameisen, die Phantasie abspricht. Brentano meint, dass bei solchen Thieren das Wahrnehmungsvermögen so unvollkommen sei, dass sie die Vorstellungsbilder nicht länger, als das Object auf sie wirkt, festhalten können. Warum aber gerade die kunstfertigen Bienen zu diesen niedrigstehenden Thierformen gezählt werden sollen, wollte mir nicht einleuchten, bis ich Gelegenheit fand, das Leben und Weben im Bienenstaate genau und geraume Zeit hindurch zu studiren und zu beobachten. Ich überzeugte mich, dass die einzelne kurzlebige Biene eben so wenig als der einzelne Polyp am Korallenstock ein eigentliches selbstständiges Individuum sei, sondern nur Glied eines höheren Ganzen, das, durch unsichtbare Fäden mit ihm verbunden, in ihm lebt und webt, wie die gemeinsame Seele in jedem einzelnen Gliede des thierischen Organismus. Der ganze Bienen-

stock mit Königin, Drohnen und Arbeitsbienen ist strenggenommen ein einziger in sich geschlossener thierischer Organismus, und nur auf diese Weise ist das vielbewunderte, plan-
mässige, überall klappende Zusammenwirken seiner zwei- bis
viertausend Insassen, deren die meisten, die Arbeitsbienen, kaum
sechs Wochen leben, verständlich. Die Lebensäusserungen solcher
zu einem Ganzen fast zusammengewachsener und von einander
nicht scharf geschiedener thierischer Individuen stehen den bloss
vegetativen noch auffallend nahe, daher manche solcher Thier-
colonien, wie beispielsweise die Spongien, bis in die jüngste
Zeit herein für Pflanzen gehalten wurden. Wir können demnach
die Bemerkung über das verschwindend geringe Vorstellungsvermögen der Bienen und Ameisen nur als eine der vielen
interessanten Belege für die oft in Erstaunen setzende Beobach-
tungsgabe des Stagiriten registriren, der mit vollem Recht als
Schöpfer der Zoologie gilt.

Um hier abermals einer leicht möglichen und leider thatsächlich nur zu häufig geschehenen Verwechslung und Verwirrung zuvorzukommen, finde ich mich veranlasst, darauf nach-
drücklichst aufmerksam zu machen, dass ausser diesem rein
sinnlichen Vermögen der Phantasie, welche mit dem νοῦς παθητικός
des Aristoteles dem Wesen nach im Menschen identisch ist.
(*Anim. III. 4.* und *De memoria et reminiscentia I. a. 12. et I. a. 22.*),
in den mittelalterlichen Schulen auch das wirklich geistige Princip
der Menschenseele, d. h. die geistige Substanz als solche und
ohne Rücksicht auf ihre Thätigkeiten genommen, das also, was
Aristoteles im Gegensatze zum νοῦς ποιητικός als νοῦς δυνάμει
bezeichnet, *intellectus passibilsi* (wahrscheinlich in Folge eines
Schreibfehlers anstatt *possibilis*) und *intellectus passivus* genannt
wird, woher eben die falschen und in ihren Folgen geradezu furchtbaren Ansichten über die Bedeutung des νοῦς ποιητικός rühren,
mit denen wir uns bald in eingehender Weise beschäftigen
werden. Thomas von Aquino hat diese Bezeichnung
(*intellectus passivus*) nicht erfunden, sondern überkom-
men und das Unpassende derselben, freilich ohne die
Folgen der ihm gewiss ganz unglaublich scheinenden
Schnellleserei und Wortklauberei voraussehen zu

können, sehr wohl gefühlt und darum diesen an das
körperliche Organ gebundenen *intellectus passivus*
einen „*sic dictus*" *intellectus* genannt. *Talis intellectus sic
dictus est actus alicujus organi corporalis. (Summa theol. I.
quaest. 79. a. 2.)*

Uebrigens ist auch der Umstand nicht zu übersehen, dass
es bei den inneren Sinnen schwer hält, das Sinnliche und
Geistige scharf auseinanderzuhalten. So wenig das Denken des
Menschen in rein geistiger Weise vor sich geht, eben so wenig
kann seine Phantasie als bloss animalische Potenz ohne allen
geistigen Einschlag sich bethätigen. Sind doch die Phantasmen
im Menschen eben dazu bestimmt, seinem geistigen Denken zur
sinnlichen Hülle zu dienen und haben nicht, gleich denen der
Thiere, ihren Zweck in sich selbst. Darum folgt der Mensch
nicht gleich den Thieren blindlings den Anregungen der Phantasie und des Instinctes, sondern beide äussern ihre Thätigkeit
nur unter der Herrschaft der vernünftigen Urtheilskraft, welche
sich in Bezug auf sie als *ratio particularis* geltend macht und
im Menschen sogar die Macht des Instinctes (die *aestimativa*)
grösstentheils ersetzt und als ein für den Menschen Ueberflüs-
siges gar nicht zur Geltung kommen lässt.

Der Instinct nämlich ist es, den St. Thomas als *potentia
aestimativa*, als sinnliche oder animalische Urtheilskraft
bezeichnet. Sie unterscheidet das der Natur des animalischen
Individuums Zusagende vom Gefahrbringenden und Schädlichen,
vermag aber das Wahrgenommene nur insofern zu beurtheilen
und dementsprechend entweder anzunehmen oder abzuweisen,
als dieses mit dem sinnlichen Thun und Leiden des Wahrnehmenden selbst in Verbindung steht, nicht aber dem inneren
Sein und Wesen nach. *Aestimativa non apprehendit individuum
aliquod secundum quod est sub natura communi, sed solum secundum
quod est terminus aut principium alicujus actionis vel passionis;
sicut ovis cognoscit agnum non inquantum est agnus, sed inquantum
est ab eo lactabilis, et hanc herbam solummodo inquantum est ipsi
cibus. Unde alia individua, in quae se non extendit ejus actio seu
passio, nullo modo apprehendit sua aestimatione naturali. (Comment.
de anima II. Lect. 13.)* Es ist in der That oft verwunderlich,

welche Gleichgiltigkeit, ja Stumpfheit auch die höchst organisirten Thiere und selbst intellectuell tief stehende Menschen
gegen Alles zur Schau tragen, was nicht mit ihrem leiblichen
Wohl und Wehe oder ihren sonstigen rein persönlichen Inter-
essen zusammenhängt. Doch geht es nicht an, den Instinct und
die Kunsttriebe der Thiere bloss aus den ihren Sinnen angenehmen oder unangenehmen Eindrücken erklären zu wollen.
*Sic ovis videns lupum venientem fugit, non propter indecentiam
coloris vel figurae, sed quasi inimicum naturae; et similiter avis
colligit paleam, non quia delectet sensum, sed quia utilis est
ad nidificandum.* Ein geradezu frappantes Beispiel thierischen
Instinctes erzählt der berühmte Ornithologe und Forstmann
Dr. Bernard Altum in seinem nicht genug zu empfehlenden
Buche (Der Vogel und sein Leben*) unter dem Titel: Erkennen des Feindes. Altum erblickte einst am Haff der
Ostsee hoch in den Lüften einen adlerartigen Vogel, den er für
einen Milan hielt, über einer Schaar im Wasser ruhig schwim-
mender Enten und erwartete, da das Raubthier näher und näher
kommend sich zum Sturz auf seine Beute anschickte, das von
ihm so oft beobachtete Schauspiel des Stürmens und Polterns,
des Tauchens und Flatterns der zahlreichen Beutevögel. Doch
nichts von all' dem geschah. Die Enten kümmerten sich nicht
im mindesten um den gerade über ihnen schwebenden Räuber.
Jetzt hält er an, rüttelt und stürzt sich senkrecht neben den
Wasservögeln in die Fluth, um einen Fisch herauszuholen. Es
ist ein Flussadler, der nie ein warmblütiges Thier
berührt. Altum bemerkt dazu: »Beschämt stand ich nach so
langer Zeit eifriger Beobachtung der Vögel in der freien Natur
diesen Wasservögeln gegenüber. Wenn je, so trat damals der
Unterschied zwischen Mensch und Thier mit so grellen Farben
vor meine Seele, dass dieser Eindruck stets unverwischbar
bleiben wird. Wir müssen lernen, sie wissen Alles, was sie
brauchen von selbst.« — Im Menschen nämlich tritt, wie erwähnt,
das instinctive Urtheil ganz in den Hintergrund, die *aestimativa*

---

*) Der Vogel und sein Leben, geschildert von Dr. Bernard Altum.
4. Auflage. 1870.

verschmilzt mit der *cogitativa*, dem eigentlichen intellectuellen Urtheil, in die *ratio particularis*, die allerdings, indem sie an den Phantasmen haftet und im animalischen Instinct ihre Unterlage hat, sogar ihr leibliches Organ besitzt, und zwar mitten im Haupte. *Ratio particularis, cui medici assignant determinatum organum, scilicet mediam partem capitis. Est enim collativa intentionum individualium, sicut ratio intellectiva est collativa intentionum universalium. (Ibidem.)* In Folge dieser innigen Verbindung der *aestimativa* und *cogitativa* und der Hegemonie dieser letzteren im Menschen zeigt sich in Wirklichkeit auch der Instinct um so weniger vorwaltend, je höher cultivirt der Mensch erscheint. Am meisten entwickelt zeigt er sich daher noch bei wilden Volksstämmen. Die ausserordentliche an die des Jagdhundes erinnernde Spürkraft der Indianer und der Neger, welch letztere zum Beispiele giftige Schlangen schon aus beträchtlicher Ferne wittern, ist bekannt. Bei den Culturvölkern äussert sich die *aestimativa* in besonders auffallender Weise nur mehr an dem uns widerlichen Geruch gesundheitsschädlicher Ausdünstungen, Speisen und Getränke, wie auch im Geschlechtsleben und in dem trotz aller vermeintlichen besseren Einsicht und Ueberlegung unüberwindlichen Abscheu vor manchen Amphibien, Insecten und vor den Spinnen, deren bis auf unsere Tage bestrittene und unter Umständen selbst dem Menschen gefährliche Giftkralle nunmehr mit voller Sicherheit constatirt ist. Ganz richtig erklärt die aristotelisch-thomistische Lehre das Zurücktreten des instinctiven Urtheilens beim Menschen damit, dass in ihm das Vegetative und Sensitive bis zu jener Höhe des Seelischen sich emporgerungen und gewissermassen vergeistigt hat, auf welcher die Natur zur hypostatischen Einigung mit dem Geiste befähigt und auf dieselbe angewiesen ist, so dass das natürliche Individuum nicht mehr als bloss Animalisches bestehen kann und, während die niederen blind wirkenden Kräfte die Macht über dasselbe verlieren, seinen Bestand und Halt am Geistigen findet. *Quia vis sensitiva in suo supremo participat aliquid de vi intellectiva in homine, in quo sensus intellectui conjungitur. (Comment. de anima II. Lect. 13.)* Wir Menschen haben darum keine eigentliche *vis aestimativa*, sondern nur eine *aestimativa et cogitativa*, und thatsächlich ereignet es sich im Menschenleben häufig genug, dass die *aestimativa* dort, wo sie sich geltend zu machen strebt, durch die *cogitativa* zum Schweigen verurtheilt wird, weil wir, gewöhnlich zu unserem Schaden, ihre Warnung aus Eitelkeit, Optimismus und Bequemlichkeit nicht vernehmen wollen. Am meisten macht sie sich im Traume geltend, als in welchem die *vis cogitativa* gefesselt ist und die *aestimativa* das Uebergewicht erlangt, daher im Traume die uns unangenehmen Andeutungen von drohenden Gefahren und uns feindlichen Gesinnungen unserer Mitmenschen mit aller Deutlichkeit und Wahrheit vor die Seele treten, die sich im wachen Zustande solcher Gedanken zu entschlagen sucht. Wenn die neuere Pathologie auf die Erfahrung, dass speciellen Krankheitszuständen auch specielle Träume entsprechen, Werth zu legen anfängt, so ist das um so mehr zu billigen, weil bekanntlich auch die ältesten Söhne Aesculaps, die mit ihrer Kunst beinahe ausschliesslich auf das richtige Gefühl angewiesen waren, auf jenen divinatorischen Blick, den der wirklich grosse Arzt immer besitzen wird und muss, die Träume der Kranken mit auffallender Vorliebe beobachteten. Man denke nur an den Tempelschlaf. *Dicit philosophus (Aristoteles), quod boni medici dicunt, quod oportet multum intendere somniis, et causa est, vel potest esse, eo quod somnia sunt signa futurarum aegritudinum vel sanitatis futurae. (Comment. de divin. per somnum. Lect. I.)*

Das Gedächtniss mit allen Vorgängen des Festgehaltenwerdens, Entschwindens, Wiederauftauchens und des absichtlichen Wachrufens empfangener Vorstellungen, mit seinen Sonderbarkeiten und Capricen, denen zufolge oft das am besten haftet und immer wieder sich in die Erinnerung drängt, was der Mensch am liebsten vergessen möchte, während gerade dasjenige, was er im Augenblicke braucht, als hielte ein neckender Kobold die unsichtbare Hand darüber, trotz aller Anstrengung und mnemotechnischen Kunst nicht in die Erinnerung zurückkehren will, das Gedächtniss, die Erinnerung oder, um Alles hierher Gehörige in einen einzigen neueren Terminus zusammenzufassen, die Reproduction, ist nach dem Geständnisse der tüchtigsten Psychologen noch immer eine unerforschte Region und damit auch ein ganz vortrefflicher Tummelplatz der Hypothesen. Es darf uns also auch nicht überraschen, die zwei grossen Psychologen der Vorzeit, Aristoteles und Thomas von Aquino, hauptsächlich zur Hypothese, oder vielmehr zum passenden Bilde greifen zu sehen, um diese noch jetzt nicht in exacter Weise erklärten Vorgänge dem Verständnisse einigermassen näher zu bringen. Es ist aber dieses Bild der von früheren Philosophen oft gebrauchte Eindruck (τύπωσις, *impressio*), den der durch die Sinne wahrgenommene Gegenstand in der Seele, zunächst in der *potentia memorativa* derselben zurücklässt, wie der Siegelring im Wachs. Diese habituell in der Seele bleibenden Eindrücke sind demnach als ein auf rein passive Weise Beharrendes in ihr vorhanden und gleich äusseren Gegenständen ihrer Apprehension zugängig. Sie unterscheiden sich eben dadurch von den Phantasmen der Imagination, die in Folge der vom äusseren Gegenstande geweckten Selbstthätigkeit der Seele Eigenbewegungen derselben, und damit auch lebendige, den äusseren Vorgang in ihrer Weise *(secundum modum cognoscentis)* wiederholende und wiedergebende Bilder *(species)* sind. Dabei unterscheiden aber Aristoteles und Thomas, wie wir sogleich uns überzeugen werden, mit gutem Grunde, zwischen dem blossen mechanischen Gedächtniss (μνήμη, *memoria*) und dem absichtlich angestellten Sicherinnern (ἀνάμνησις, *reminiscentia*).

Dem soeben Bemerkten entsprechend lautet für das Gedächtniss die Definition: *Memoria est habitus, id est habitualis quaedam conservatio phantasmatis, non quidem secundum seipsum (hoc enim pertinet ad virtutem imaginativam), sed inquantum phantasma est imago alicujus prius sensati. (De memoria et reminiscentia comment. III.)* Das Gedächtniss, im Unterschiede zur Reminiscenz, ist eine ausschliesslich körperliche, dem sensitiven Theile angehörige Kraft, daher sie auch die Thiere, die höher organisirten Säugethiere namentlich, in überraschend hohem Grade besitzen, unter Menschen aber bekanntlich oft selbst solche, deren höhere intellectuelle Begabung erfahrungsmässig durchaus nicht im entsprechenden Verhältnisse sich geltend macht. Darum auch ist das Gedächtniss, wie jede körperliche Kraft, einer bedeutenden Vervollkommnung durch zweckmässig angestellte

Uebungen fähig, und zwar in einer so auffälligen Weise, wie dies bei keiner andern Seelenkraft bemerkbar ist. Der »Eindruck« nämlich ist ein körperlicher, mechanischer, er bleibt, wie die Figur des Siegels nach Entfernung des Siegelringes im Wachs bleibt, wenn dieses nicht allzu flüssig ist. *Sensibile imprimit suam similitudinem in sensu, et hujus similitudo manet etiam sensibili abeunte. (Ibidem.)* Der Vorgang ist *ad modum, quo illi, qui sigillant, imprimunt figuram in cera, quae manet et annulo remoto.* Desshalb ist bei Kindern und Greisen das Gedächtniss weniger dauerhaft als beim Mann im kräftigen Alter, weil, um den Vergleich fortzusetzen, bei beiden der Körper zu flüssig und wandelbar ist, bei ersteren in Folge des steten Wachsthums, be letzteren aber wegen der eintretenden allgemeinen Abnahme der leiblich-psychischen Kräfte. *Corpora puerorum sunt in fluxu propter augmentum, senum vero propter decrementum; et ideo in neutris bene retinetur impressio. (Ibidem.)* Die Kinder besonders memoriren zwar auffallend schnell, weil ihnen die meisten Eindrücke neu sind und ihre Aufmerksamkeit und Bewunderung mächtig erregen; doch vergessen sie auch leicht wieder, *naturaliter iis competit, ut sint labilis memoriae.* Wohl aber haftet dasjenige, was man von Kindheit auf im Gedächtnisse hat, am besten, eben in Folge der gewaltigen Bewegung, welche die Bewunderung mit sich führt. *Contingit tamen, quod ea, quae quis a pueritia accepit, firmiter in memoria tenet propter vehementiam motus, quo contingit, ut ea, quae admiramur, magis memoriae imprimantur. (Ibidem.)* Es braucht kaum ausdrücklich gesagt zu werden, dass das Gedächtniss am meisten durch Wiederholung gekräftigt wird; denn je öfter er geschieht, desto stärker haftet der Eindruck. *Manifestum est, quod ex frequenti actu memorandi habitus memorabilium confirmatur et multiplicata causa multiplicatur effectus. (Ibidem.)*

Nicht unerwähnt lassen will ich, bevor wir uns zur Reminiscenz wenden, dass einer der ersten Psychologen unserer Tage, Prof. Ludwig Strümpell, in seinem vortrefflichen Lehrbuch der Psychologie*) die Unterscheidung zwischen *Memoria* und *Remi-*

---

*) Grundriss der Psychologie oder der Lehre von der Entwickelung des Seelenlebens im Menschen. Von Ludwig Strümpell. Leipzig 1884.

niscentia unter dem Namen der unwillkürlichen und willkürlichen
Reproduction wieder aufgenommen hat, und mit bestem Erfolg
verwendet. Von dem Mechanismus der unwillkürlichen
Reproductionen heisst es: »Es gibt sich in diesem Mechanismus
der unwillkürlichen Reproductionen ohne Zweifel ein besonderes
und sehr nützliches Mittel für die höhere Ausbildung der Seele
zu erkennen, insofern ihr dadurch Dienste geleistet werden, zu
deren Verrichtung sie nicht selbst braucht Kraft und Zeit
zu verwenden.« — Die Thatsachen der willkürlichen Reproduction hingegen fordern »die Annahme einer Macht, welche
uns befähigt, mit Bewusstsein, Absicht und Willkür in
den Anfang und Ablauf des Vorstellens einzugreifen und
ihn zu regieren«.

*Reminiscendo venamur, id est inquirimus id, quod consequentia
est ab aliquo priori, quod in memoria tenemus. (De memoria et reminiscentia V.)* Dieses Anknüpfen des vom Erinnerenden Gesuchten
an ein bereits im Bewusstsein Vorhandenes geschieht nach den
Associationsvorgängen mittelst Zeit, Aehnlichkeit, Verwandtschaft
und Gegensatz *(ratione temporis, similitudinis, propinquitatis et
contrarii).* Lebhafte Geister haben in der Regel ein gutes, aber
kein ungewöhnlich starkes Gedächtniss, sind jedoch, wie zum
Auffinden und Erfinden überhaupt, zum Wiederfinden des dem
Gedächtniss Entschwundenen geschickter, als die blossen Gedächtnissmenschen, die selten findige Köpfe sind. *Illi sunt bene
memorantes, qui sunt tardi ad inveniendum et intelligendum. Illi
autem melius reminiscuntur, qui sunt velocis ingenii ad inveniendum ex se et bene discendum ab aliis. (Ibidem. I.)* Der Grund
davon ist, dass Diejenigen, welche leicht erfassen, auch leicht
fallen lassen oder verlieren, ähnlich wie ein Gefäss mit weiter
Oeffnung das Hineingegossene leicht aufnimmt, aber auch leicht
verschüttet. *Qui de facili recipiunt, de facili plerumque amittunt;*
hingegen hält bei denen, die schwer fassen, das einmal Erfasste
wie in Stein gemeisselt als unverwischbarer Eindruck; *difficiliter
et tarde recipiunt impressionem, sed retinent eam sicut lapis. (Ibidem.)*
Ausser dem sinnlichen Eindruck gehört zum Merken und Erinnern noch dasjenige, was wir den Zeitsinn nennen könnten,
daher schon Aristoteles sagt, dass es nur bei jenen höchst organi-

sirten Lebewesen sich finde, die nicht ganz in der Gegenwart aufgehen und nicht dem eben vorhandenen sinnlichen Eindruck allein hingegeben sind. *Sola animalia, quae sentiunt tempus, memorantur,* wozu Thomas bemerkt: *Sensus quidem est praesentis, spes vero futuri, memoria autem praeteriti. Et ideo oportet, quod omnis memoria sit cum aliquo tempore intermedio inter ipsam et priorem apprehensionem. (Ibidem.)* Wir erinnern uns ferner nicht bloss der von aussen kommenden Eindrücke, sondern auch dessen, dass wir dachten; demungeachtet gehört auch diese Erinnerung nicht dem intellectiven, sondern dem sensitiven Theile, und zwar dem *sensus communis* an, weil sich zeigt, dass sie nicht ohne Phantasmen vor sich geht. *Unde concludit (Aristoteles), quod memoria sit sensitivae partis solum per accidens, per se autem primi sensitivi, i. e. sensus communis. (Ibidem. II.)* Der Sinn der Sensation nämlich ist es, der, wie wir gesehen, auch das Wahrnehmen des Wahrnehmens bewirkt.

Die *Reminiscentia,* als das absichtlich angestellte Sicherinnern im Gegensatze zur bloss mechanischen *Memoria,* gehört dem intellectiven Theil der Menschenseele an. Sie erfordert nämlich, um nochmals der Worte Strümpell's uns zu bedienen, eine Macht, mit Bewusstsein und Absicht in den Anfang und Verlauf des Vorstellens einzugreifen und ihn zu lenken, fordert selbstständiges, vom augenblicklichen Sinneseindruck unabhängiges und von ihm abstrahirendes Ueberlegen und Erwägen, eine nach St. Thomas dem Syllogismus verwandte Thätigkeit, welche den ganz und gar den Sinneseindrücken hingegebenen Thieren unmöglich ist. In diesen können die im Gedächtnisse schlummernden Vorstellungen nicht durch spontane Thätigkeit, sondern nur durch Wiederholung der sinnlichen Einwirkung oder durch den Eintritt mit ihnen irgendwie zusammenhängender Vorstellungen wieder geweckt und, insofern sie ohne alle nachweisbare Vermittelung sich einzustellen scheinen, nach Strümpell's treffendem Ausdruck als frei steigende Vorstellungen bezeichnet werden. *Deliberatio fit per modum cujusdam syllogismi, et solis hominibus competit: cetera vero animalia non ex deliberatione, sed ex quodam naturali instinctu operantur. (Ibidem. III.)* Demungeachtet aber ist auch die Reminiscenz beim

Menschen ein mehr passiver Vorgang. Wir können allerdings mit activer Willensthätigkeit uns zu ihm entschliessen, sobald er aber in Gang gekommen ist, zeigt sich, dass wir nicht wenig Mühe haben, oft sogar ausser Stande sind, seinem Ablauf wieder Einhalt zu thun, und dass er ohne Rücksicht auf unser Belieben von selbst sich weiter spinnt, wie jede andere, nicht in unserer Willensmacht stehende leibliche Thätigkeit. So innig sind allenthalben im Menschen Geistiges und bloss Natürliches ineinander geschlungen und verwachsen; immer macht sich die eine *forma substantialis* geltend, welche die einzelnen Thätigkeiten, wenn auch mit entschiedenem Vorwalten des einen oder des andern Factors, als *actus compositi* erkennen lässt. *Signum hoc, quod et reminiscentia sit quaedam corporea passio, sive existens inquisitio phantasmatis in tali, id est in quodam organo corporali, est, quod cum quidam non possunt reminisci, turbantur et quadam inquietudine sollicitantur, et valde apponunt mentem ad reminiscendum. Et si contingat, quod jam de cetero non conentur ad reminiscendum, tamen cessantibus quasi a proposito reminiscendi nihilominus inquietudo illa cogitationis remanet. (Ibidem. VIII.)* Bekanntlich tritt die hier so richtig geschilderte Unruhe am häufigsten beim Nichteinfallen eines uns doch ganz bekannten Namens hervor, wie das selbst Menschen von starker Gedächtnisskraft oft genug passirt. Der Grund davon ist, dass wir nur jene Bewegungen vollständig in unserer Gewalt haben, die ausschliesslich dem intellectiven Theil der Seele, also *in subjecto*, und nicht bloss *ceu principio* angehören, keineswegs aber diejenigen, die an körperliche Organe gebunden sind. *Operationes, quae sunt partis intellectivae, et quidem absque organo corporali, sunt in suo arbitrio, ut possit ab iis desistere, cum voluerit. Sed non ita est de operationibus, quae per organum corporale exercentur. (Ibidem. VIII.)* Es ergeht uns hier, wie beim Laufen oder Werfen eines Gegenstandes. Wir geben dem Wurf den ersten Anstoss; doch haben wir, sobald der Gegenstand geworfen ist, auf diesen selbst mit unserem Willen keinen Einfluss mehr, daher es auch im Gegensatze zu dem eben erwähnten Beispiel geschieht, dass der mit solcher Mühe wiedergefundene Name dann, wenn wir ihn auch nicht mehr brauchen, nicht aus dem Gedächtnisse will, und gleich einer zur ungelegenen Zeit in den Ohren summenden Melodie sich störend in alle Gedanken drängt. *Sicut accidit projicientibus, ut postquam moverint corpus projectum, non est amplius in eorum potestate, ut sistant, sic etiam reminiscens et investigans per organum corporale movet corpus organicum, in quo est passio. Unde non statim cessat, cum homo voluerit. (Ibidem.)* So begegnet eigentlich dem Sicherinnernden nur dasselbe, was wir beim Sicherzürnenden und, so meint wenigstens St. Thomas, selbst beim Singenden sehen, der oft nicht im Stande ist, im Gesange einzuhalten, sondern gegen seine Absicht weitersingt, was aber, wie ich mir beizusetzen erlaube, nicht vom gründlich geschulten Sänger gilt. *Quando volunt desistere, adhuc praeter eorum intentionem accidit, ut cantent aut aliquid proferant propter hoc, quod motus pristinae imaginationis adhuc manet in organo corporali. (Ibidem.)*

Jedenfalls aber rührt bei der Reminiscenz der Anfang der Bewegung von der Seele her. *Anima est principium motus, quando scilicet motus operationis initiatus est ab anima, ut est in reminiscentia, a qua intentiones et phantasmata rerum occultata et recondita educuntur ad intelligendum res sensibiles. (Comm. de anima. Lect. 10.)*

Als Hilfsmittel, gut zu memoriren und zu erinnern, werden dem Gesagten entsprechend angegeben: Man suche die Dinge, welche im Gedächtnisse aufbewahrt werden sollen, in eine bestimmte Ordnung zu bringen, beobachte sie gründlich und aufmerksam, denke über sie in der einzuhaltenden Ordnung öfter nach, und beginne das Erinnern mit der ersten in der Reihe der zurückzurufenden Vorstellungen, wie man, um einen Vers ins Gedächtniss zu rufen, mit dem Anfang des Gedichtes beginnt. *Ad bene memorandum ex praemissis quatuor documenta utilia addiscere possumus: Primum est, ut studeat, quae vult retinere, in aliquem ordinem reducere. Secundo profunde et attente iis mentem apponat. Tertio frequenter meditetur secundum ordinem. Quarto incipiat reminisci a principio, sicut quando quaerimus versum aliquem, prius incipimus a capite poëmatis. (Comment. De memoria et reminiscentia V.)*

XI. Schlaf und Traum.

Auffallende Nüchternheit der peripatetischen Theorie im Gegensatze zu neuesten psychologischen Phantastereien. — Uebereinstimmung mit den Resultaten der Physiologie. — Ein Blick in die Anatomie des Mittelalters. — Einschlafen und Erwachen. — Thätigkeit der Phantasie bei gefesselter Urtheilskraft. — Traumbilder während des Wachens. — Traum und Stereoskop. — Der plötzliche Wechsel des psychischen Schauplatzes im Moment des Einschlafens. — Warum erschrecken wir darüber nicht? — Verbleiben eines Traumbildes nach erfolgtem Aufwachen. — Albdrücken, Gespensterscherei, Ahnungen, Fernsehen u. dgl. — Die Kunst des Traumdeutens. — Gibt es einen traumlosen Schlaf? — Das Denken während des Traumes.

> Alle Träume haben mit einander das gemein, dass sie Vorstellungen sind. Die Frage ist also die, wie werden diese Vorstellungen hervorgerufen.
>
> H. Spitta. (Die Schlaf- und Traumzustände der menschlichen Seele.)

> Ein Theil der unvernünftigen Seele ist auch den Pflanzen gemein, nämlich die Ursache der Ernährung und des Wachsthums . . . . . Dieser Theil nun und diese Kraft erscheinen im Schlafe als vorwiegend wirksam.
>
> Aristoteles. (Eth. Nicom. I. 14.)

Der Schlaf ist nach Aristoteles und Thomas von Aquino ein rein animalischer Vorgang, der jedoch die intellective oder geistige Seele im Menschen insofern berührt, als diese während ihrer Verbindung mit dem Leibe in ihrem Denken und Wollen auf die leiblichen Sinne als ihre Organe angewiesen ist. Das geistige Denken und Wollen kann darum überall, wo diese Organe ihr den Dienst versagen, entweder gar nicht oder nur in sehr unvollkommener Weise vor sich gehen. Das geschieht aber im normalen Zustande eben im Schlafe, der nichts anderes ist, als eine *impotentia sentiendi*, wie ihn Thomas im Commentar zu der aristotelischen Schrift Περὶ ὕπνου καὶ ἐγρηγόρσεως *(De somno et vigilia)* definirt. Der Erklärungsversuch über die Phänomene des Schlafens und Wachens gewährt einen tiefen Einblick in die Eigenthümlichkeiten der aristotelisch-thomistischen Physiologie und Psychologie. Ganz richtig erkennt dieselbe als das Wesen des Schlafes das Ueberwiegen der vegetativen, plastisch bildenden Lebensthätigkeiten über die sensitiven. Es ist somit die Seele des Schlafenden keineswegs in einem freieren, vergeistigten, wo nicht geradezu mit dem Göttlichen in näherem Verkehre befindlichen Zustande, wie solches noch in jüngster Zeit in philosophischen Werken mit ernsthafter Miene versichert wurde. (Man denke beispielsweise an Ennemoser's Geschichte der Magie, Schubert's Geschichte der Seele oder an H. J. Fichte's 1864 erschienene Psychologie.) Nur im Wachen kann die Seele ihre höheren Kräfte voll und ganz zur Geltung bringen, ἡ δ'ἐγρήγορσις τέλος· τὸ γὰρ αἰσθάνεσθαι καὶ τὸ φρονεῖν πᾶσι τέλος οἷς ὑπάρχει θάτερον αὐτῶν· βέλτιστα γὰρ ταῦτα, τὸ δὲ τέλος βέλτιστον meint Aristoteles im Gegensatze zu solchen Phantasiephilosophen, deren einer, Fortlage, ohne aber dabei eine Ironie im Sinne zu haben, die letzte Consequenz mit den Worten zieht: »Nur wenn wir schlafen, leben wir, sobald wir erwachen, fangen wir an zu sterben.« — Nach Aristoteles ist der Schlaf eine Fesselung der Seele, das Erwachen aber die Lösung derselben; δεσμὸν τὸν ὕπνον εἶναί φαμεν, τὴν δὲ λύσιν καὶ τὴν ἄνεσιν ἐγρήγορσιν, wozu St. Thomas bemerkt: *Somnus est passio sensitivae particulae: est enim immobilitas sensus et quasi vinculum: ergo necesse est omnem dormientem habere particulam sensitivam: sed omne habens particulam sensitivam potest sentire secundum actum. (Comm. de somno et vigilia. Lectio 2.)* Der Schlaf ist somit nicht einfach Abwesenheit der Sinnenthätigkeiten, sondern Sistirung derselben. Darum kann die Pflanze nicht als schlafend bezeichnet werden, denn sie hat die Sinnenthätigkeit auch nicht *in potentia*, sie kann darum auch nicht gleich einem Schlafenden geweckt werden. Allerdings aber wird das animalische Leben im Schlafe nicht bloss zum pflanzlichen degradirt, sondern dieses bethätigt sich selbst in verstärktem Masse. *Licet somnus sit quies virtutum animalium, est tamen magis labor virtutum naturalium. Sunt enim virtutes naturales, quae operantur digestiones, virtutes animales vero, quae operantur*

sensum et motum. (Ibidem. Lect. 4.) Dass im Schlafe die Verdauung
am besten von statten gehe, sonach die seiner Zeit übliche Ge-
sundheitsregel *Post mensam stabis vel passus mille meabis* falsch
sei, hat der Aquinat gewusst. Der Schlaf ist ganz zweifellos dem
animalischen Wesen zur Restitution der im Wachen sich ab-
nützenden Körpertheile nothwendig; diese Abnützung aber geschieht am allermeisten durch die Anstrengung der Sinnesthätigkeit, mag dieses nun für die Zwecke des animalischen
Individuums allein oder im Dienste der intellectiven Potenzen
geschehen. Aus diesem Grunde haben die Pflanzen gar keine
Sinne, weil diese für die vegetativen Processe nur störend sind.
*Complexio plantarum in nutrimento et augmento melius fit sine
sensu quam cum sensu: ergo plantae non habent sensum, cum natura
faciat semper quod melius est, ... quare et anima vegetativa
sive nutritiva melius facit opus suum in animalibus in dormiendo
quam in vigilando. (Ibidem. Lect. 2.)* Aus ganz demselben Grunde
ist auch der Schlaf nach körperlicher oder geistiger Arbeit, durch
die eben die leiblichen Organe in hohem Grade abgenützt wurden,
besonders erquickend und kräftig. *Est quod homines multum
dormiunt post labores corporales vel etiam spirituales. Nam talis
labor dissolvit partes corporis et facit multos vapores ascendere a
partibus corporis dissolutis. (Ibidem. Lect. 5.)* Es würde selbstverständlich der Körper des Thieres in Bälde zu Grunde gehen,
wenn nicht zeitweilig eine Sistirung der sensitiven mit gleich-
zeitiger Potenzirung der vegetativen Lebensthätigkeiten, das
heisst eben der Schlaf, einträte. Ich denke, dass unsere
gegenwärtige strengwissenschaftliche Physiologie an
dieser Erklärung absolut nichts auszusetzen hätte. Auch
sie erkennt in der Sistirung der Sinnesfunctionen das Wesen
des Schlafes, und jüngster Zeit angestellte Versuche haben jedweden Zweifel an der Richtigkeit dieser Theorie behoben. Nicht
nur zeigt das Gehirn bei Trepanirten sich im Schlafe als merklich
eingesunken und demzufolge die Thätigkeit des Cerebrospinal-
systems vermindert, sondern es gelingt ohne besonders schwierige
Veranstaltungen, gesunde Individuen, sowohl Thiere als Menschen,
durch Abhaltung aller sensiblen Erregungen in kürzester Zeit
in normalen Schlaf zu versetzen. Die Versuche von Strümpell,

Preyer, Heidenhain, Goschler und anderen hervorragenden Aerzten und Physiologen, besonders aber die vor wenigen Jahren auf der Klinik zu Leipzig mit einem Knaben angestellten, dessen Haut-, Muskel-, Geschmacks- und Geruchsempfindung vollständig gelähmt war, so dass ihm nur zwei Sinne zur Wahrnehmung der Aussenwelt übrig geblieben, sind vom höchsten Interesse. So oft man ihm die Augen und Ohren schloss, lag er nach ein paar Minuten im tiefen Schlaf. Kein Rütteln vermochte ihn aus demselben zu bringen, aber ein einziger Lichtstrahl im Auge, ein einziger Ruf ins Ohr genügte, um ihn zu wecken. Uebrigens gestehen die Forscher auf diesem Gebiete gern und aufrichtig, dass sie mit allen Hilfsmitteln der gegenwärtigen Anatomie und Physiologie über die Constatirung des bereits von Aristoteles Angedeuteten hinaus wenig mit Sicherheit anzugeben wüssten, und dass die Zustände des Schlafens und Träumens im Einzelnen noch eine Unzahl von ungelösten Räthseln vorlegen.

Die von Thomas versuchte eingehende Begründung dieser an sich richtigen Theorie ist allerdings im Nebensächlichen ein und das andere Mal eine das naturwissenschaftliche Wissen und Können seiner Zeit getreulich abspiegelnde, so dass jetzt, am Schlusse des neunzehnten Jahrhunderts, der allfällige indiscrete Spott über sie spottwohlfeil wäre; indessen finden sich noch im fünften Jahrhunderte nach Thomas von Aquino in Descartes' berühmtem *Traité des passions* noch ungleich ergötzlichere Beispiele der kühnsten anatomischen und physiologischen Hypothesen, und wir werden uns sattsam überzeugen, dass Thomas auch bei seinen Hypothesen, die er als solche wohl erkennt, von einem an sich wahren Gedanken geleitet ist, zu dessen richtiger Darlegung ihm nur die Anschauung und mit dieser das Wort fehlte, besonders weil ihm nach der damals allgemein herrschenden Ansicht*) der Centralsitz der Sinnesthätigkeiten das Herz ist.

---

*) Man sehe hierzu Barach's für die Kenntniss der mittelalterlichen Philosophie und Naturwissenschaft besonders wichtige Abhandlung *Excerpta e libro Alfredi Anglici De Motu Cordis* in der bei Wagner in Innsbruck seit 1876 erscheinenden *Bibliotheca philosophorum mediae aetatis.* Herausgegeben von Prof. Dr. Karl Barach und Prof. Dr. Johann Wrobel.

Der Schlaf trifft nicht bloss die äusseren fünf Sinne, sondern auch den inneren sogenannten gemeinsamen Sinn, den *sensus communis*, durch welchen wir nicht nur wahrnehmen, was wir sehen, hören etc., sondern auch dass wir sehen, hören und überhaupt Sinneswahrnehmungen haben. *Aliquo sensu sentimus, nos videre: sed non sensu proprio: est ergo aliquis sensus communis. — Somnus et vigilia omnibus partibus animalium insunt simul: sed sensus communis sequitur ad omnes sensus particulares, et est communis eis: ergo somnus et vigilia sunt passiones sensus communis. (Comm. de somno et vigilia. Lectio 3.)* Der Mittelpunkt, die Wurzel und das Princip alles sinnlichen Wahrnehmens ist im Herzen oder jenem Körpertheile, welcher bei den niederen Thierformen die Stelle des Herzens vertritt. Dasselbe ist aber zugleich in den warmes Blut führenden Lebewesen das Organ, welches die Abkühlung des Blutes durch die mittelst der Lungen eingeathmete feuchte Luft besorgt, da das im Herzen angesammelte Blut in Folge der durch diese Ansammlung sich entwickelnden grossen Hitze, so wie jedes in irgend einem andern Theile des Körpers sich ansammelnde Blut, sich sonst entzünden und das Herz zerstören möchte. *Cor, vel aliud simile cordi, est principium sensus. — Cor est principium refrigerationis, quae fit per attractionem spiritus in habentibus sanguinem. Natura dedit animali respirationem, ut per aërem humidum inspiratum infrigidetur calor naturalis cordis propter salutem ejus: aliter enim sanguis in corde inflammaretur et combureretur cor. (Ibidem. Lect. 4.)* Wird nun das vom Herzen zu dem bedeutend kälteren Gehirn aufsteigende und die Empfindung und willkürliche Bewegung vermöge der in ihm enthaltenen Lebensgeister *(spiritus)* vermittelnde Blut auf irgend welche Weise gehindert, so erfolgt dementsprechend auch eine Herabminderung oder gänzliche Aufhebung des sinnlichen Wahrnehmens. Beim Schlafe soll dies nun in folgender Weise geschehen: Von den im Zustande der Verdauung befindlichen Speisen steigen aus dem Magen die warmen Ausdünstungen empor, die aber in der das Gehirn umgebenden kalten Region sich alsbald verdichten, und dann gleich dem vom Meere aufgestiegenen und zu Tropfen verdichteten Wasserdünsten wieder nach unten sinken. *Circa cerebrum est locus frigi-*

dissimus in animalibus habentibus cerebrum, et in non habentibus cerebrum illud, quod est proportionabile cerebro est frigidissimum. (Ibidem. Lect. 6.) Einige dieser zu Feuchtigkeiten condensirten Dünste nun dringen durch Ohr und Nase heraus, und bewirken die als Katarrhe bezeichneten krankhaften Zustände; die grösste Menge aber begegnet beim Abwärtssinken dem in den Arterien mit den Lebensgeistern emporsteigenden Blute, wodurch eben jene Stauung und Abkühlung desselben entsteht, in Folge deren es nicht mehr die Sinne ernährt und belebt, und der Schlaf eintritt. *Non omnis impotentia sensus est somnus* (Fallsucht, Ohnmacht, Fieberdelirium), *sed illa tantum, quae fit ex evaporatione nutrimenti. Sicut enim principium, quod est fervor maris, per incorporationem caloris ascendentis usque ad medium interstitium aëris congelatur et descendit, ita etiam circa evaporationes nutrimenti, quibus calor incorporatur, necesse est ascendere ad superiorem partem animalis, scilicet cerebrum: et dum ibi fuerint, inspissantur in nubem per frigiditatem cerebri: et consequenter nubes propter suam gravitatem per venas, in quibus defertur calor naturalis et etiam spiritus ad sensus exteriores ministrantes sensum et motum animalis: et ita obturant venas et repellunt calorem naturalem et spiritus ad interius corporis: et ita vacat officium sensus et fit somnus. (Ibidem. Lectio 5.)* Da auf solche Weise das Blut und die Lebenswärme nach dem Herzen gedrängt werden, zeigt sich bei Schlafenden an den äusseren Körpertheilen, zumeist an den unteren, eine sehr bedeutende Abkühlung, daher eine wärmere Bedeckung während der Zeit des Schlafes erforderlich ist. *Minuitur calor naturalis et fugatur a partibus exterioribus. (Ibidem. Lect. 6.)* Der Druck, welcher zumeist und allererst in den zarten Aederchen des Gehirnes sich zeigt, veranlasst das den Schläfrigen eigenthümliche Sinken des Hauptes und das Einnicken. Kinder endlich haben in Folge der schnelleren Verdauung und des dadurch erzeugten grösseren Andranges der Dünste gegen den Kopf nicht nur ein grösseres Bedürfniss des Schlafes, sondern es ist ihnen, und überhaupt jüngeren Leuten das für die Aelteren oft so wohlthätige Weintrinken wegen der dadurch beförderten Congestionen gegen den Kopf unbedingt schädlich. Der Zweck des Schlafes ist die Restauration der durch die

146

Wachthätigkeit abgenützten Körpertheile: denn *continua fit de-*
perditio partium animalis per mutuam actionem qualitatum elemen-
tarium in toto tempore vitae suae, et ideo continua indiget restau-
ratione, quae fit per nutrimentum; sed augmento non indiget nisi
ad perfectam quantitatem suae speciei. (Ibidem. 5.) Ist darum diese
Restauration vollzogen, so tritt das naturgemässe Erwachen von
selbst ein. *Quando completa est digestio, cessat evaporatio, quae*
causa est somni. (Ibidem. Lect. 6.) Im Gegensatze zu diesem
Selbsterwachen tritt das Gewecktwerden dadurch ein, dass die
Träger und Vermittler der animalischen Lebensthätigkeiten, die
mit dem Blute nach Innen gedrängt sind, abermals, vielleicht
durch Rütteln des Körpers, nach Oben und Aussen gedrängt
werden und das Uebergewicht über die auf sie drückenden
Dünste gewinnen. *Quando calor naturalis, qui expulsus est ad*
interius, et angustia venarum a frigiditate ipsius vaporis circumstantis
obtinuerit contra frigus illud, tunc dissolvit vaporem illum congestum
in renis, et facit descendere deorsum, et ascendit sursum ad sensus.
Et hoc forsan est causa vigiliae, quando aliquis excitatur e somno.
(Ibidem.) Nach einer andern, bereits von Aristoteles versuchten
Hypothese soll das durch die vom Magen in das Blut gelan-
genden Nährstoffe verunreinigte und schwer gewordene Blut,
welches durch die Leber dem Herzen zugeführt wird, dieses
und mit ihm auch den *sensus communis* beschweren und dadurch
das Unthätigwerden der Sinne, den Schlaf herbeiführen. Nachdem
während des Schlafes die Absonderung und Verwendung der
besagten Nährstoffe vollzogen worden, tritt von selbst das Erwachen ein. *Adaptat (Aristoteles) ad propositum dicens, quod quia*
sanguis cum offertur cordi et recipitur in medio thalamo, est indis-
cretus; ideo fit somnus, quia gravatur cor ex sanguine, donec fiat
discretio sanguinis puri ab impuro, et purus mittatur ad membra
superiora et turbidus ad inferiora. Cum autem facta fuerit digestio
ista, vel divisio sanguinis, tunc animal solvitur a gravitate nutri-
menti et vigilat. (Ibidem.)

In Folge des Vernommenen bleibt uns nichts übrig, als
anzuerkennen, dass Thomas von Aquino auf aristotelischen
Grundlagen, trotz der ungenügenden und vielfach irreführenden
Hilfsmittel, welche die Naturwissenschaft seiner Zeit ihm bot,

in Betreff des Schlafes in allen wesentlichen Punkten das Richtige getroffen. Noch deutlicher und überraschender gestaltet die Sache sich bei seiner Theorie des Traumes.

Der Traum gehört ebenfalls dem sensitiven Theile der Seele an, aber nicht der die körperliche Aussenwelt wahrnehmenden Sinnlichkeit, der eigentlichen Sinnenthätigkeit, die ja eben während des Schlafes sistirt ist *(quia actus in somno ligatur)*, sondern der inneren und mehr passiv sich verhaltenden Sinnlichkeit, in welcher die Phantasmen haften, also vorzugsweise der Imagination. *Eadem virtus secundum substantiam est sensus et phantasmatum, differunt vero secundum esse. Sed somnium est quoddam phantasma, ergo omnino est passio sensitivae secundum quod phantasma est. (Comment. ad De somniis. Lect. 1.)* Die Sinnlichkeit als blosse Potenz genommen, und nur als solche ist sie im Schlafenden vorhanden, ist eben das Substrat, welches die Fähigkeit enthält, alle möglichen Sinnenbilder aus sich hervorzubringen, sobald sie auf irgend eine Art *e potentia in actum* erhoben wird. Im wachen Zustande geht diese Veranlassung von der Thätigkeit der äusseren Sinne aus. Das Auge sieht, und in der Seele entsteht dadurch das Bild des Gesehenen. Wie aber entsteht ein solches Bild in der des Schlafenden? — Zunächst ist hervorzuheben, dass auch im wachen Zustande in Abwesenheit des die Sinnesthätigkeit hervorrufenden äusseren Gegenstandes Phantasmen entstehen können. Es wird dabei an die Nachbilder des Gesehenen erinnert, z. B. an das sogenannte Abklingen des geschauten Sonnenbildes im geschlossenen Auge nach den verschiedenen, immer dunkler werdenden Farben, bis zum Erlöschen desselben in völliger Finsterniss. *Primo apparebit color rei splendidae, dein mutabitur in medios colores successive, donec veniat ad nigrum et omnino evanescat. (Ibidem. Lect. 2.)* Es beruht diese Fortdauer und dieses Sichändern der Phantasmen auf der von aussen erregten Bewegung des inneren Sinnes, denn jede Veränderung ist ein Bewegungsvorgang. *Simulacra sensitiva non solum agunt in sensum et movent ipsum in praesentia sensibilium, sed etiam in horum absentia. . . . . . Movens movet aërem sibi continuum, et sic successive quaelibet pars aëris movet aliam, donec cesset totus motus. Et eo modo quiescente jam sensibili*

10*

sive absente, quod erat primum movens in sensu, nihilominus manet motus in sensu. (Ibidem.) Aber nicht nur der gesehene Gegenstand, sondern das Sehen selbst kann als ein Bewegungsvorgang, der abermals Bewegungen anregt, solche Veränderungen oder passive Bewegungen im inneren sensitiven Organe, ja unter Umständen selbst an äusseren Gegenständen, besonders an gut polirten Spiegeln hervorrufen, da' durch die vom Auge sich nach aussen fortpflanzende, durch den Act des Sehens erregte Bewegung, in dem zwischen dem Auge und der polirten Platte liegenden Medium, gewissermassen Strahlen aus dem Auge schiessen, *quia videns quodammodo radios emittit.* Thomas stimmt dabei einer allerdings in das Reich der Curiositäten gehörigen, aber nichtsdestoweniger von Aristoteles selbst herrührenden und darum sicher nicht völlig aus der Luft gegriffenen Bemerkung zu, indem er schreibt: *Si mulier patiens menstruum inspiciat speculum, apparebit nubes sanguinea in superficie speculi, et si novum sit speculum, non potest illa macula faciliter abstergi: hoc autem est, quoniam visus non solum patitur ab aëre deferente speciem visibilem, sed agit in aërem et movet ipsum sicut alia splendida movent. (Ibidem. 3. lect.)* Er meint, dass die Augen solcher Frauen ein Uebermass von Blut in den feinen Aederchen enthalten, und daraus erkläre sich, warum die aus den Augen kommenden Strahlen die Wolke hervorbringen, die bei noch neuen Spiegeln sogar tief unter die Oberfläche dringe, da das Glatte mit Allem, wovon es berührt wird, sich dauernd zu verbinden strebt. Durch passive Sinneswahrnehmungen nun, die in Abwesenheit des sie erregenden Gegenstandes vor sich gehen kann, besonders wenn sie eine von diesem äusseren Gegenstande abweichende Gestalt annehmen, selbst der Wachende getäuscht werden. Die Unähnlichkeit zwischen dem Gegenstande und ihnen gestaltet sich um so auffallender, je grösser das bloss passive Verhalten des Sinnes ist, daher die Fieberkranken allerlei Thiere zu sehen glauben. *Quanto vehementior fuerit passio, tanto minor est similitudo. Unde febrizantes credunt, se videre animalia.* Dass aber unsere vernünftige Seele derartigen Täuschungen im wachen Zustande nicht so bald unterliegt, beruht nach Aristoteles darauf, dass die in unserem Innern lebende Geisteskraft, die uns zum

Urtheilen über die sinnlichen Phänomene befähigt, etwas ganz anderes ist, als der Sinn, der die Phantasmen aufnimmt, daher unser vernünftiges Urtheil dem, was die Sinne uns bieten, geradezu widersprechen kann, ohne dass wir übrigens den trügerischen Sinnenschein dabei loswerden. So erscheint die Sonne dem Auge als Scheibe mit einem Durchmesser von etwa zwei Schuh Länge, während wir durch unser Urtheil wissen, dass sie eine Kugel von ungeheurer Grösse ist. *Dat causam (Aristoteles), quare anima non decipitur, et dicit tandem, quod non est eadem virtus judicandi intra et apprehendens phantasmata extra. Et ideo judicium est contrarium illi, quod apparet in sensu: sicut sol apparet visui bipedalis, tamen ratio judicat, ipsum esse multo majorem. (Ibidem.)* Viel leichter können demnach die in der *imaginativa* auftauchenden Phantasmen den Schlafenden täuschen, bei dem die geistige Urtheilskraft, deren recht eigentliches Amt es ist, als wahr anzunehmen und als falsch abzuweisen, somit auch über die Wahrheit oder Falschheit der sinnlichen Eindrücke zu richten, gelähmt erscheint. Die geistige Thätigkeit der menschlichen Seele nämlich ist, und das kann nicht oft genug wiederholt und betont werden, keine rein geistige, weil die Menschenseele, obwohl geistiger Natur und Wesenheit, nicht bestimmt ist, als purer Geist zu existiren. Die Urtheilskraft ist, wie jede Geistesthätigkeit im Menschen, auf das Mitwirken der activen Kraft der Sinne als ihrer Organe angewiesen. Diese active Kraft der Sinne aber ist es eben, die während des Schlafes ruht. Dem Schlafenden ist sonach, in der Regel wenigstens, ein Urtheil über die seiner Seele vorschwebenden Phantasmen, besonders aber über den wahren Entstehungsgrund derselben, unmöglich. *Quando virtus superior, sive ratio, non detinetur a phantasmate, sed movetur motu proprio, tunc contradicit motui simulacri, et judicat, aliter esse, quam apparet. Tamen nisi virtus illa contradicat, semper judicat, anima, esse sicut apparet. (Ibidem. Lect. 4.)* Ich erlaube mir zu der hiermit der Hauptsache nach dargelegten Traumtheorie einen mir nicht unwichtig scheinenden kleinen Beitrag aus der Selbstbeobachtung zu geben, die im vorliegenden Falle leicht Jeder an sich anstellen

kann. Es begegnet mir und, soweit ich mich überzeugt habe,
den Meisten, dass kurz vor dem Einschlafen den Augen, wahrscheinlich als den am meisten ermüdeten Sinnesorganen, bereits
Traumbilder vorschweben, während die übrigen Sinne und mit
ihnen das geistige Urtheil, noch wachen. Diese Traumbilder, die
oft, wenn der Gesichtssinn tagsüber durch häufige und noch neue
Eindrücke besonders in Anspruch genommen worden war, eine
ganz überraschende Helle und Deutlichkeit erreichen, sind jedoch
ausnahmslos Flächenbilder. Sobald sie plastisch erscheinen,
ist bereits der Schlaf und mit ihm der wirkliche Traum eingetreten. In derselben Weise würden uns auch die Perspectiven
eines Oelgemäldes als wirkliche Nähen und Entfernungen erscheinen, wenn wir dasselbe mit offenen Augen träumend
vor uns hätten. Die Dichter, diese Philosophen ohne es zu ahnen,
wissen das recht gut, und machen oft in der sinnreichsten
Weise Gebrauch davon. Auch gelingt uns das stereoskopische
Sehen nur dann bis zur vollendeten Sinnestäuschung, wenn wir
uns mit möglichster Unterlassung alles activen Sehens in den
Zustand eines bloss passiven Schauens zu versetzen wissen und,
während wir den sinnlichen Eindruck allein auf uns wirken
lassen, den Gedanken, dass wir es mit zwei Photographien zu
thun haben, zum Schweigen bringen, uns denselben in der
eigentlichen Bedeutung des Wortes »aus dem Sinne schlagen«.
Auch macht bekanntlich das Stereoskop, wie jede Taschen-
spielerei, auf Solche den mächtigsten Eindruck, welche den
Hergang der Sache nicht kennen, also das blosse Phantasma
ohne Urtheil darüber vor sich haben, gerade wie im
Traum.

Zumeist erweisen die Traumbilder sich als Nachklänge
der im Wachen aufgenommenen Sinneswahrnehmungen, die aber
auf ihrem Wege vom Sinnesorgane zum *sensus communis* und
zur *imaginativa* mehrfach verändert wurden, so dass in ähnlicher
Art, wie dies im fliessenden oder sonstwie bewegten Wasser
der Fall ist, nur selten sich der Seele ein vollkommen reines
und ruhiges Abbild zeigt. Denn es herrscht vielerlei Unruhe
in dem geheimnissvollen, scheinbar so stillen inneren Heilig-
thume während des Schlafes. Es sinkt, während die von den

äusseren Sinnen nach dem Innersten gelangten Nachbilder dort aufzutauchen streben, das von den verdichteten Dünsten zurückgedrängte Blut mit seinen Lebensgeistern zum Herzen, dem Herd und Urquell des sinnlichen Lebens, zurück und bewirkt fortwährend Bewegungen im *primum sensitivum* selbst. *Descendit in dormiendo multus sanguis ad primum sensitivum, et simulacra ipsa similiter in propriis organis descendunt ad primum sensitivum, quod et movetur ipsum. (Ibidem. Lect. 4.)* Das innere Sensorium zeigt sich daher als ein sehr unruhiger, die Bilder stets ändernder, ja verzerrender Spiegel, der nur selten, wenn das Getümmel und Gewoge auf kurze Zeit sich beruhigt, ein reines, deutlich gestaltetes Traumbild erscheinen lässt. *Sicut in fluminibus fiunt quaedam imagines, quae, si non impediantur, rectae sunt, si autem repercutiantur ad aliquod obstaculum, sive ad alium fortiorem motum, dissolvuntur et transmutantur in alias figuras, eodem modo simulacra feruntur in somniis a propriis organis sentiendi ad sensum communem vel integra manentia et sub eisdem figuris, vel aliquando impediuntur et dissolvuntur in alias figuras, si ad motus majores repercutiuntur. (Ibidem. Lect. 4.)* Ich wüsste wirklich nach so vielem über diesen Gegenstand Gelesenen nicht, wie das eigenthümliche, schwer sagbare Gebahren der Traumwelt sich mit einem besseren Vergleiche so treu und naturwahr schildern liesse.

Wie also Jemand im wachen Zustande zuweilen dadurch getäuscht wird, dass er die Dinge urtheilslos so nimmt, wie sie den Sinnen erscheinen, so geschieht es noch ungleich öfter im Traum. *Sicut vigilando quis percipiens sensu judicat sicut sensui apparet, et tunc decipitur, eodem modo in dormiendo anima percipit esse secundum quod apparet. (Ibidem.)* Doch kann allerdings der Fall eintreten, dass selbst im Traume das rationale Urtheil, jedenfalls unter Umständen, die demselben sein sensitives Organ zu Gebote stellen, sich geltend macht, und die Seele sich dessen bewusst wird, dass sie vom Schlafe umfangen sei und träume, und dann hält sie die Traumbilder nicht für Wahrheit. *Quando anima simul in apprehensione simulacrorum perpendit, se dormire, tunc non judicat, esse verum, quod apparet, sed dicit, esse somnium et simulacrum rei, non vero rem.* Thomas erinnert hier nach dem

Vorgange Aristoteles' an ähnliche Vorkommnisse im wachen Zustande, dass wir zum Beispiel zwei Gegenstände statt eines sehen, und dennoch mit Sicherheit wissen, dass es nur einer ist, obwohl wir das Doppeltsehen nicht loswerden. *Quando digitus supponitur oculo, unum apparet esse duo: et si lateret animam digitum supponi oculo, judicaret, esse, quod apparet, si autem non lateat, tunc apparet, unum esse. (Ibidem. 4.)* Ich bemerke hierzu, dass es zum Gelingen des Experimentes nöthig ist, den Finger etwa fünf Zoll vom Gesichte entfernt aufrecht zwischen beiden Augen zu halten, ihn aber nicht scharf anzublicken, sondern, ohne ihn ganz aus den Augen zu lassen, an ihm vorüber nach einem entfernten Gegenstande zu blicken. Der Finger erscheint da gedoppelt. Blicken wir sodann, ohne aber den entfernten Gegenstand aus den Augen zu verlieren, den Finger selbst scharf an, so zeigt sich jener Gegenstand doppelt. Auch will ich nicht unerwähnt lassen, dass bei Träumen, in denen sich das Wissen um den Traum einstellt, gewöhnlich bald das Erwachen folgt. Die Ursache aber ist darin zu suchen, dass mit der erregten geistigen Thätigkeit auch das Selbstbewusstsein geweckt wird, vor dessen Helle die Nebelbilder der Traumwelt verblassen, wie Mond und Sterne vor dem Lichte der aufgehenden Sonne. Auch ein kräftiger Willensact verscheucht das Traumbild, daher man den vom Albdrücken Geplagten den Rath gibt, einen solchen zu fassen, z. B. beim Erscheinen des Unholdes sich schnell umzuwenden. Den Gespensterschern räth man mit gleich gutem Erfolge, die Geister anzureden; daher das Bekannte: Wer den Teufel erschrecken will, der muss laut schreien. Der hl. Philippus Neri aber befahl einigen Visionären und Visionärinnen gar, ihren Visionen, und wären es auch die ehrwürdigsten Gestalten, ohne viel Federlesens ins Gesicht zu spucken.

Traumbilder sind ohne Zweifel auch während des Wachens im Sensorium vorhanden, sie kommen uns aber nicht zum klaren Bewusstsein, und zwar aus demselben Grunde, wesshalb wir im hellen Sonnenlichte die Sterne nicht sehen, die demungeachtet auch während des Tages am Himmel stehen. *In die repellitur motus simulacrorum propter motus majores et excellentiores, dum operantur sensus tam, exteriores quam interiores nec non*

operatur intellectus, sicut minor lux non apparet juxta magnam.
(Ibidem. Lect. 4.) Wir könnten daher sagen, dass wir beständig
träumen und uns die unsere Seele wie leichte Nebelstreifen
umflatternden Traumbilder bei wachen Sinnen nur nicht zum
vollen Bewusstsein bringen. Und hier wage ich es schon wieder,
si licet parva componere magnis, dem Gedanken des *Doctor
angelicus* einen meinigen anzuschliessen. Ich meine nämlich, dass
es damit zusammenstimme und sich nicht anders als daraus erklären lasse, dass wir beim Einschlafen über die durch den
Eintritt des Traumes wie mit einem Zauberschlage entstandene
Veränderung der Scene und all' der Dinge um uns herum
weder staunen noch erschrecken. Es überrascht uns gar nicht,
uns von unserem Lager urplötzlich auf den Marcusplatz in
Venedig versetzt zu sehen und dort mit Menschen, die uns vor
einem Augenblicke noch wildfremd waren, wie mit alten Bekannten zu verkehren. Sie sind eben schon Bekannte; sie conver-
sirten bereits mit uns vor dem Einschlafen, aber freilich in
einer so schüchternen und zurückgezogenen Weise, dass sie
nur als sogenannte Seelenstimmungen sich dem Bewusstsein
einigermassen bemerkbar machten. Sie setzen nach dem Erlöschen des Selbstbewusstseins und der Freithätigkeit nur ihr
altes Spiel fort; sie waren schon zuvor, ähnlich wie Mond und
Sterne schon leuchteten, als noch die Sonne hoch am Himmel
stand. Indessen braucht man keine aussergewöhnlich contem-
plative oder auf hypochondrische Beachtung der eigenen Zustände angelegte Natur zu sein, um sich sogar im wachen
Zustande auf solchen mitlaufenden Traumvorstellungen zu
ertappen.*)

Andererseits kann es auch geschehen, dass beim Erwachen,
besonders aber beim Gewecktwerden die Traumbilder noch
kurze Zeit dem bereits Wachenden bleiben, da, so meint Thomas,
dieses Wachen kein vollständiges ist, sondern *sicut in languedine,*
da der Tumult im Centralorgane noch fortdauert. *Et ideo pueri*

---

*) Näheres hierüber in der Schrift: Ueber den Unterschied von
Traum und Wachen. Eine erkenntnisstheoretische Studie von Vincenz
van Erk. Prag 1874, Tempsky.

aliquando expergefacti a somno, si tenebrae sunt, videntes eadem simulacra, quae videbant in dormiendo, ita quod dormiendo timebant, timent, quod sit verum, quod apparet. (Ibidem. Lect. 5.) Thatsächlich entsprechen die meisten von Gespensterschen hartnäckig als wahr festgehaltenen Geistererscheinungen, zumal das Alb- und Drudenpack, vollständig dem Zustande des Halbaufwachens und vermeintlich vollem Erwachtseins. In diesem Zustande decken sich die Traumbilder oft mit Ausnahme eines einzigen mit der wirklichen Lage und Umgebung des Schläfers; denn er träumt, in seinem Gemache und im Bette zu liegen, wie solches wirklich der Fall ist. Beim wirklichen Erwachen nun, welches im vorliegenden Falle ganz unbemerkt vor sich gehen kann, schwindet langsam und wie zerfliessend aus dem in allem Uebrigen gleichbleibenden Vorstellungskreise das eine ungehörige Traumbild, und wird sodann als verschwundener Geist genommen. »Man lasse sich nur von Geistersehern ihre gehabten Erscheinungen berichten, oder lese in den reichhaltigen Sammlungen von Perty und Daumer. Die Analogie in diesem Punkte ist frappant, so zwar, dass selbst nicht Abergläubische durch das Uebereinstimmende in den Berichten aus allen Zonen und Zeiten zum Glauben an die Realität des Spukwesens sich verführen lassen.«*)

Weissagende Träume, Ahnungen, Fernsehen u. dgl. m. sollen nach Aristoteles (Περὶ μαντικῆς τῆς ἐν τοῖς ὕπνοις) hauptsächlich dadurch entstehen, dass durch die Bewegung irgend eines entfernten Gegenstandes ähnliche Bewegungen in der ihn umgebenden Luft (Atmosphäre) entstehen, die sich unter gegebenen Umständen bis zum Schlafenden fortsetzen, und in diesem ein entsprechendes Traumbild, näher bestimmt eine Bewegung im inneren Sinne erzeugen, welche richtig zu deuten, das heisst mit der von aussen kommenden Bewegung und deren Entstehungsursache in Uebereinstimmung zu bringen, jedenfalls die Kunst des Traumdeuters wäre. Die sehr schwachen Eindrücke, welche

---

*) Diese Aeusserung hat dem Vincenz van Erk von Seite Daumer's den Vorwurf des Atheismus eingetragen, was hiermit im Interesse des Spiritismus nicht verschwiegen sein soll.

von der ankommenden Bewegung hervorgebracht wurden, können vom Schlafenden, da dieser die noch schwächeren Regungen der inneren Sinne im Traumleben percipirt, viel leichter als vom Wachenden erfasst werden, besonders nächtlicher Weile, wo keine anderweitige Erschütterung der Luft durch den Lärm des Tages ihr Ankommen beeinträchtigt. Auch erscheint dem Schlafenden jede derartige Perception, wie so häufig der im unruhigen Wasser sich spiegelnde Gegenstand, nicht nur verzerrt, sondern auch im vergrösserten Massstabe, ein ganz geringes Geräusch als Donner, eine entstehende unbedeutende Hitze als verzehrende Flamme. St. Thomas bemerkt dazu: *Sensibile movet aërem medium generando sui speciem in ipso, ita quod nil egrediatur a sensibili ipso, et talis motus procedit successive usque ad sensum in medio. — Phantasmata delata de die per medium propter motus majores dissolvuntur; sed in nocte est medium minus turbulentum propter silentium noctis, et propter hoc manent mota phantasmata integra. — Dormientes minores motus intrinsecus simulacrorum percipiunt quam vigilantes propter quietem extrinsecorum. Unde motus hujusmodi phantasmatum fiunt in somno virtute phantasmatis: et faciunt somnia, per quae somniantes praevident futura de his, quorum sunt phantasmata. (Comment. de divinatione in somniis. Lect. 2.)* Es mag also immerhin zuweilen geschehen, dass ein derartiges Schauen des Entfernten und, insofern das in der Ferne Wirkende Ursache anderer Ereignisse ist, die uns ohne dasselbe unbekannt bleiben würden, auch ein Schauen des Zukünftigen im Schlafe eintritt. Aber sowohl Aristoteles als Thomas legen ihm keinen Werth bei, am allerwenigsten aber den einer höheren Offenbarung, und Aristoteles lässt deutlich merken, dass er weder die Träumer noch die Traumdeuter für geeignet halte, mit Gott in einen innigeren Verkehr zu treten. Wenn ein Mensch immer auf Träume achte, alle späteren Vorkommnisse auf sie beziehe, so könne es ja bisweilen geschehen, dass ein Ereigniss mit früher Geträumtem eine gewisse Uebereinstimmung zeigt; es gehe da eben wie bei dem Gleich- und Ungleichspiele, wo das Sprichwort gilt: Wenn du öfter wirfst, so wirst du auch bald so, bald anders werfen.

Die bekannte Frage, ob es einen traumlosen Schlaf gebe, entscheiden Aristoteles und St. Thomas dahin, dass bei grosser Unruhe im inneren Sinne sich kein bestimmtes Traumbild einstellen könne. Diese Unruhe aber ist besonders dann vorhanden, wenn Jemand sich nach reichlichem Genusse von Speise und Trank dem Schlafe hingibt. Nicht nur die äusseren Sinne sind da unthätig, sondern selbst die Einbildungskraft erscheint geraume Zeit hindurch gefesselt, und wenn sie wieder zu wirken beginnt, zeigen ihre Phantasmen, wie Bilder im wildwogenden Wasser, sich verzerrt und verworren, gleich Fieberträumen. Erst später, wenn der Sturm sich legt, kommen deutliche Bilder zum Vorscheine. Die reinsten Traumbilder entstehen bei nüchtern lebenden Menschen von lebhafter Einbildungskraft kurz vor dem Aufwachen, und da geschieht es auch zumeist, dass der Schlafende den Traum als blossen Traum erkennt, ja selbst vernünftig denkt (syllogizat). Immer aber zeigen sich hier noch Fehler im Schliessen, deren wir uns nach dem Aufwachen bewusst werden. Treffend drückt das St. Thomas mit den Worten aus: *Quando multus fuerit motus vaporum, ligatur non solum sensus, sed etiam imaginatio, ita ut nulla appareant phantasmata, sicut praecipue accidit, cum aliquis incipit dormire post multum cibum et potum. Si vero motus vaporum aliquantulum fuerit remissior, apparent phantasmata, sed distorta et inordinata, sicut accidit in febrizantibus. Si vero adhuc magis motus sedetur, apparent phantasmata ordinata, sicut maxime solet contingere in fine dormitionis et in hominibus sobriis et habentibus fortem imaginationem. Si autem motus vaporum fuerit modicus, non solum imaginatio remanet libera, sed etiam sensus communis ex parte solvitur, ita quod homo judicat interdum in dormiendo, ea, quae videt somnia esse, quasi dijudicans inter res et rerum similitudines. Sed tamen ex aliqua parte manet sensus communis ligatus. Et ideo, licet aliquas similitudines discernat a rebus, tamen semper in aliquibus decipitur. Sic ergo per modum, quo sensus solvitur, et imaginatio solvitur in dormiente et liberatur judicium intellectus, non tamen ex toto. Unde illi, qui dormiendo syllogizant, cum excitantur, semper recognoscunt, se in aliquo defecisse. (Summa theol. I. quaest. 84. art. 8.)* Sehr richtig bemerkt in Uebereinstimmung damit Heinr. Spitta*) in seinem vortrefflichen, so ziemlich alles vor ihm über Schlaf und Traum Gesagte, mit grösster Objectivität prüfenden Buche: »Das Träumen in abstracten Gedanken ist äusserst selten, und findet sich, wenn es gelegentlich eintritt, hauptsächlich in dem dem Erwachen unmittelbar vorhergehenden Morgenschlummer; übrigens drehen sich diese Art Träume meist um höchst mittelmässige Vorstellungs- und Ideenkreise. Je mehr im Verlaufe des Schlafes das Selbstbewusstsein im Erwachen begriffen ist, desto mehr gewinnt das ganze Geistesleben an Fluss, der Gedankengang wird lebhafter, die Vorstellungen zusammenhängender, deutlicher, die rein sinnliche Anschauung mehr und mehr zurückgedrängt, der Schlaf leiser, bis er endlich bei voller Nerventhätigkeit und bei vollendetem Erwachen des Selbstbewusstseins gänzlich schwindet. Jetzt nun kehrt sich das ganze vorige Verhältniss um. Die sinnliche Anschauung, diese nothwendige Vorbedingung des Denkens, tritt jetzt weiter zurück, während die übersinnliche Gedankenwelt sich nunmehr ganz und voll zu entfalten bestrebt ist.«

*) Die Schlaf- und Traumzustände der menschlichen Seele mit besonderer Berücksichtigung ihres Verhältnisses zu den psychischen Alienationen. Von Dr. Heinrich Spitta. Tübingen 1878.

XII. Das geistige Denken des Menschen.

Unterschied zwischen dem menschlichen Intellect und dem des reinen Geistes. — *Intellectus* und *νοῦς*. — *Intellectus possibilis* (*νοῦς δυνάμει*) und *intellectus passivus* (*νοῦς παθητικός*). — Abhängigkeit des menschlichen Denkens von der leiblichen Entwickelung. — Was ist Abstraction? — Unterschied der thomistischen Abstraction von den heute als solche benannten Denkoperationen. — Der Gedanke des Eins, des Seins, des Realgrundes. — Die thomistische Theorie des Selbstbewusstseins. — Die Priorität des *Cogito ergo sum* bei Aristoteles und Thomas Aquinas. — Vollendung des intellectiven Erkennens und Ausprägung desselben im Worte. — Das Thier bringt es weder zum Begriff noch zum Wort. — Zeugnisse Herder's, W. v. Humboldt's und Steinthal's. — *Verbum memoriae, verbum cordis* und *verbum oris*. — Das Sprechen der Thiere nach Thomas Aquinas. — Worte und Wörter. — Das *Verbum divinum* ist wesensgleich mit Gott. — Das Erkennen der materiellen Aussenwelt. — Sicherheit desselben und Abweisung des Zweifels an ihrer Realität. — Keine angeborenen Ideen. — Erkenntniss der Dinge in Gott. — Echte und falsche Mystik.

> *Eadem forma potest simul habere diversas cognitiones ejusdem objecti: sensitivam scilicet et intellectivam, intuitivam et abstractivam.*
>
> Gabriel Biel, der letzte Scholastiker.
> (*Collectorium in Occami sent. lib. II. dist. 16.*)

> Richtig sprechen die, welche sagen, die Seele sei der Ort der Ideen; doch sollten sie es nicht von der ganzen Seele behaupten, sondern bloss von der intellectiven, auch sollten sie nicht sagen, dass die Ideen in Wirklichkeit, sondern nur in Möglichkeit in ihr seien.
>
> Aristoteles. (*De anima III. 4.*)

Die meisten und folgenschwersten Fehler in der Behandlung der thomistischen Potenzenlehre, und dadurch der ganzen Psychologie, entspringen daraus, dass die *anima intellectiva* im Unterschiede zur *vegetativa* und *sensitiva* als reiner Geist

betrachtet und dementsprechend der ganze Complex ihrer Lebensthätigkeiten als mit denen des Engelgeistes identisch angesetzt wird. Nun bemerkt aber schon Aristoteles *(Metaph. I.*
7. cap. 1.), dass in einem rein intellectuellen Erkennen das
Wissen um die Substanz dem um die Accidenzen vorhergehen
müsste, was doch ganz offenbar im menschlichen Intellecte nicht
der Fall ist. Dieser nämlich ist seiner Natur nach an die Sinne
angewiesen, und geht erst nach entsprechender Entwickelung
der sinnlichen Erkenntniss aus seinem potentiellen Sein in Thätigkeit über. Der Sinn aber erfasst nie die Substanzen, sondern
nur deren Accidenzen, auch die inneren Sinne bringen es über
blosse Bilder von den wahrgenommenen Gegenständen nicht
hinaus; das Ding an sich, das wesentliche Was bleibt ihnen
verschlossen. *Sensus non apprehendit essentias rerum, sed exteriora*
accidentia tantum, similiter nec imaginatio, sed apprehendit solas
similitudines corporum. Intellectus autem apprehendit essentias rerum.
(Summa theol. I. quaest. 57. art. 1.) Die menschliche Erkenntniss also beginnt, eben weil sie darauf angewiesen ist, das Uebersinnliche im Sinnlichen und durch das Sinnliche zu erkennen
und so vom Sinnlichen zum Geistigen emporzusteigen, mit den
Accidenzen, und Thomas leitet das Wort *Intellectus* von »*intus*
legere«, vom Eindringen des geistigen Denkens in jenes Innere
ab, welches von der sinnlich bildlichen Hülle der Accidenzen
verhüllt und umschlossen ist, gleich einem uns Menschen zur
Lösung vorgelegten Räthsel. *Est inter alias lata differentia sensuum*
et intellectuum, quod illi in cognitione externorum accidentium sen-
sibilium sistant; intellectus vero ex accedentium cognitione ad con-
templanda ea, quae sub accedentibus latent, ingreditur: unde intel-
lectus vocatur, quasi intus legens. (Comm. de anima. Lect. 1. 4.) Die
menschliche Erkenntniss kann nicht anders als mit den Sinnen
beginnen, und St. Thomas betont das *Nihil est in intellectu, quod*
non fuerit in sensu in einer Weise, dass ihm noch zur Stunde
dafür der Vorwurf des Sensualismus gemacht wird, obwohl er
ausdrücklich genug sagt, dass er die Sache nicht dahin verstanden wissen wolle, als ob die Sinnenthätigkeit das geistige
Denken *potentia* in sich enthielte und demnach es bloss aus sich
zu entwickeln brauchte, sich zur Geistesthätigkeit potenziren

könnte, sondern dass vielmehr ein vom Leiblichsinnlichen substantiell, dem Wesen und der Herkunft nach verschiedenes
geistiges Princip hinzukommen müsse, um die intellective, geistige
Erkenntniss zu bewirken, und zwar nicht etwa bloss aus dem
Sinnlichen zu educiren oder hervorzubringen, sondern *ab extrinseco* hinzuzubringen. *Pro tanto dicitur cognitio mentis a sensu
originem habere, non quod omne illud, quod mens cognoscit, sensus
apprehendat, sed quia ex his, quae sensus apprehendit, mens in
aliqua ultiora (altiora) ducitur. (De verit., quaest. 10. a. 6.)* Doch
sagt Thomas ebenda *(art. 8.)* auch, dass diese Erkenntniss, die
mit den Accidenzen anhebt, nur für den Anfang gilt, *in principio tantum habet locum, quando via inquisitionis proceditur.* Eine
vollkommen wissenschaftliche Erkenntniss aber kann nach ihm
erst dadurch erreicht werden, dass von der erreichten *cognitio
quidditatis substantialis* aus der Weg zum Sinnlichgegebenen wieder
zurückgelegt wird, *ex qua rursus a priori procedendo perfectius
cognoscuntur passiones ipsae ac de essentia ipsa demonstratur.*
Ich will nur ganz kurz dazu bemerken, das wir da abermals
eine nennenswerthe Anticipation der neuesten empirischen Psychologie und Logik vor uns haben, deren allgemein einzuhaltende
Methode nach Stuart Mill lautet: 1. Induction, allgemeiner
Gesetze auf Grund der beobachteten einzelnen Thatsachen,
2. Deduction der besonderen aus den allgemeinen, 3. Verifica-
tion derselben durch die Thatsachen.

Der Mensch also ist auch in seinem über die blosse
Sinnesthätigkeit erhabenen geistigen Denken Mensch, d. h. ein
sinnlich-vernünftiges Wesen; der Engelgeist aber im Unterschiede zur menschlichen Seele hat eben nur geistige Thätigkeiten und ist in der Bethätigung derselben auf keine Mithilfe
irgendwelcher materieller Organe angewiesen; er denkt ohne sie
und darum immer. *In quibusdam libris de arabico translatis
substantiae separatae, quas nos angelos dicimus »intelligentiae«
vocantur, forte propter hoc, quod ejusmodi substantiae semper
intelligunt. In libris tamen de Graeco translatis dicuntur »intellectus seu mentes«. (Summa theol. I. quaest. 79. art. 11.)* Es geht aus
dieser Stelle zugleich hervor, dass die Scholastik unter dem Worte
intellectus nicht bloss die höhere Denkthätigkeit versteht,

sondern das denkende Wesen selbst, die Substanz des Geistes, ganz in derselben Weise, wie auch das Wort νοῦς bei Aristoteles sowohl die Vernunft als auch den substantiellen, in Vernunft· und Freiheit sich entfaltenden Geist bedeutet, denn die geistige Thätigkeit des Denkens ist zwar mit dem Sein und Wesen des Geistes selbst nicht identisch, aber doch von demselben untrennbar, so zwar, dass der Engelgeist ohne Denken und Erkennen, auch ohne Selbstbewusstsein, gar nicht existirt; denn wie keine Materie ohne Form, so ist auch keine geistige Substanz ohne die ihr als solcher eigenthümlichen Thätigkeiten möglich. Nur im Gedanken kann die geistige Substanz als getrennt von ihren geistigen Thätigkeiten festgehalten werden, in ähnlicher (aber nicht gleicher) Weise, wie auch eine Materie ohne alle Form (*materia prima*) nur im Gedanken existirt. Oft hat es darum den Anschein, als ob Thomas auch im Geiste zwischen einer Materie und Form unterscheiden wollte, welch erstere das noch unentfaltete geistige Wesen wäre, die zweite aber dieses geistige Wesen in seiner entfalteten Thätigkeit, und bei der geistigen Wesenheit des Menschen hat diese Unterscheidung sogar eine nicht bloss logische Bedeutung, weil das geistige Wesen thatsächlich vor der Vollendung der seinem Denken als Organ dienenden Sinnlichkeit zwar vorhanden, aber nicht erschlossen ist und dieses unaufgeschlossene Wesen des menschlichen Geistes, die geistige Substanz als gesondert von ihren Thätigkeiten gedacht, ist dasjenige, was die Scholastik mit dem Ausdrucke *intellectus possibilis* (νοῦς δυνάμει) bezeichnet, was aber allgemein mit dem *intellectus passivus* (νοῦς παθητικός) confundirt zu werden pflegt.

Wie der Menschengeist, und zwar im beachtenswerthen Gegensatze zum reinen oder Engelgeist, nicht vom Augenblicke seines Entstehens an das Selbstbewusstsein besitzt, sondern zu diesem erst gelangt, nachdem die sinnliche Erkenntniss die Entwickelung und Vollendung erreicht hat, durch welche sie zum Organ des geistigen Erkennens im Menschen befähigt ist, so vermag der Mensch auch nur vermittelst der Abstraction vom sinnlichen zum geistigen Erkennen emporzusteigen. Zwischen dem aber, was die thomistische Psychologie als »Abstraction« bezeichnet, und demjenigen, was unsere Schullogik mit diesem Worte gewöhnlich meint, ist ein gewaltiger Unterschied, mit dem wir uns vertraut machen müssen, wenn wir nicht in die Meinung eines Theiles der Günther'schen Schule verfallen wollen, die Thomistik kenne kein höheres als das verallgemeinernde, sogenannte »begriffliche« Denken. Die Sache hat allerdings grosse Schwierigkeiten, und ich bin wahrscheinlich der Letzte, der umwillen eines Missverständnisses in diesem Punkte auf Jemanden einen Stein zu werfen Lust hätte. Doch hoffe ich, dass das Folgende zu dem uns gesteckten Ziele klar genug sein und ausreichen werde.

Der Mensch steht nach seiner geistigen Seite auf der untersten Stufe des Geisterreiches, und sein Intellect ist dementsprechend im Verhältnisse zu dem der vorgezogenen Geister ein noch sehr geringer und von der Sinnlichkeit gefesselter. *Impossibile est, intellectum nostrum secundum praesentis vitae statum, quo corpori passibili conjungitur, aliquid intelligere in actu, nisi convertendo se ad phantasmata.* Auch das Unkörperliche kann der menschliche Geist in seinem dermaligen Zustande nicht anders erkennen, als durch das Körperliche. *Incorporeas substantias in praesentis vitae statu cognoscere non possumus, nisi per remotionem vel aliquam comparationem ad corporalia. Ed ideo, cum de hujusmodi aliquid intelligimus, necesse habemus, converti ad phantasmata corporum. (Summa theol. I. quaest. 84. art. 7.)* Ebendaselbst *(art. 8.)* heisst es: *Omnia autem, quae in praesenti statu intelligimus, cognoscuntur a nobis per comparationem ad res sensibiles. Unde impossibile est, quod sit in nobis judicium intellectus perfectum cum ligamento sensus, per quem res sensibiles cognoscimus.* Das Mehr oder Weniger dieser Hinderung macht sich in auffälligster Weise, wie wir uns überzeugten, bei den Zuständen des Schlafens, Träumens und Erwachens geltend, verschwindet aber auch im Wachen nie gänzlich, wie Jeder, der um dieser Lehre willen die peripatetische Schule des Sensualismus verdächtig findet, sich leicht überzeugen kann, wenn er es versucht, aus seiner Haut zu fahren, oder was dasselbe heisst, rein geistig und ohne jedwede sinnlich bildliche Hülse zu denken, z. B. den Begriff einer mathematischen Linie festzuhalten, ohne dabei das Bild eines sehr dünnen Streifens oder Fadens mit in den Kauf nehmen zu müssen; und doch ist dieser sehr dünne Streifen

keineswegs dasjenige, was der Begriff, d. h. der nur dem Intellect
zugängige geistige Gedanke von der mathematischen Linie
besagt, denn der Streifen bleibt, wenn er auch noch so dünn
vorgestellt wird, doch ein Ausgedehntes, Räumliches, während
der mathematische Punkt, die mathematische Linie ein raumlos
Gedachtes sind. Trotz dieses Gefesseltseins an das Sinnliche
aber hat unser Intellect die Macht, im Erkennen dieses Sinnliche und Intellective, welches in Wirklichkeit stets in ihm vereinigt ist, im Denken wenigstens zu trennen, Vorstellung und
Begriff im Gedanken auseinanderzuhalten, sich des »ligamentum
sensus«, obgleich es ihm nie gelingt, dasselbe gänzlich abzu-
streifen, doch klar bewusst zu werden. Das aber ist die Macht
der Abstraction. Josef Kleutgen, der hochverdiente Restau-
rator der Philosophie der Vorzeit, definirt mit St. Thomas
kurz und richtig: »Etwas, das in dem materiellen Einzeldinge ist, nicht so erkennen, wie es in ihm ist, heisst
abstrahiren.« Es geschieht, wenn wir z. B. das, was im Gegenstande mit Anderem ist, ohne dieses Andere denken; so ist
die *materia prima* eine Abstraction, weil bei ihr die Form hinweggedacht wird, ohne die es, wie wir wissen, eine Materie in
Wirklichkeit nicht geben kann; und so ist auch hinwiederum
die Form in den Naturdingen eine Abstraction, weil sie nicht
in der Wirklichkeit, sondern nur im Denken von ihrer Materie
trennbar ist. Diese Beispiele zeigen zugleich, dass der Gegenstand der Abstraction oder das Abstractum nicht identisch ist
mit dem bloss Erdachten; es ist vielmehr ein Wirkliches, welches
aber in dieser seiner Abgesondertheit oder in der Weise, wie
es von unserem Intellect denkend erfasst wird, nicht in der
Wirklichkeit vorkommt, kein blosser *flatus vocis.* Am deutlichsten scheint mir Thomas von Aquino selbst die Sache darzu-
legen, wenn er *(De potentiis animae, cap. 6.)* schreibt: *Visus
apprehendit colorem pomi, qui tamen saporem pomi colori conjunctum non apprehendit; sic multo fortius potest esse in
potentia intellectiva: quia scilicet principia speciei vel generis
nunquam sunt nisi in individuis, tamen potest apprehendi unum
non apprehenso altero: unde potest apprehendi animal sine homine,
asino et aliis speciebus, et potest apprehendi homo non apprehenso*

Socrate vel Platone. Thatsächlich existirt eine Farbe ohne far-
bigen Gegenstand so gewiss als eine Gattung ohne Individuum
nur in der Abstraction, ohne aber darum überhaupt nicht zu
existiren. Ein *flatus vocis,* eine Chimäre, ein bloss Erdachtes ist
die im Individuum sich darlebende Gattung eben so wenig, als
es die Farbe ist. Unser Intellect denkt darum, wenn er Begriffe
bildet, in denen er dasjenige, was in den materiellen Einzeldingen ist, nicht so denkt, wie es in ihnen ist, weder etwas
nicht Wirkliches, noch etwas Falsches; denn er urtheilt
nicht, dass das Gedachte in den Dingen so vorhanden
sei, wie er es denkt, sondern ist sich dessen bewusst,
dass er abstrahirt. Darum fährt der Aquinat fort: *Nec tamen
falso intelligit intellectus, quia non judicat, hoc esse sine hoc, sed
apprehendit et judicat de uno, non judicando de altero. (Ibidem.)*

Indem ich dieses einzelne Naturgebilde, welches als sinnlich
Gegebenes und Einzelnes, als τόδε τι, vor mir liegt, als Mineral
betrachte, sondere ich im Denken zunächst dasjenige von dem
Einzeldinge ab *(abstraho),* was ihm als Einzelding eigenthümlich ist, und gewinne schliesslich den Artbegriff, den geistigen
Ausdruck für die im Einzeldinge wirklich vorhandene (wenn
auch nicht in dieser gedachten Sonderung vorhandene) οὐσία
δευτέρα oder Art, also in unserem gegenwärtigen Falle den
Begriff eines Minerals. Diese Auffassung des Einzelnen durch
den abstracten Begriff ist, jedenfalls bei Naturgegenständen,
nicht unwahr, wohl aber unvollständig, und hier begegnen
wir dem folgenschweren Unterschiede zwischen dem, was die
alte peripatetische und dem, was gewöhnlich die neuere Logik
(die engländische ausgenommen) Abstraction nennt.

Nach unserer gewöhnlichen Schullogik sind die abstractesten
Begriffe aus der Zusammenfassung der an den verschiedenen
Einzeldingen wahrgenommenen gemeinsamen Merkmale entstanden, das Denken derselben ist demnach nicht bloss ein
Denken blosser, in Wirklichkeit leerer Allgemeinheiten, denen
nichts Wirkliches entspricht, sondern die Allgemeinbegriffe sind
auch die weitesten Kreise auf dem *globus intellectualis,* die erst
über das mannigfaltige Einzelne, welches derselbe enthält, der
Uebersichtlichkeit wegen gezogen werden. Die abstracten Begriffe

wären demzufolge auch die obersten und der Zeit nach zuletzt entstandenen.

Damit stimmt die Philosophie der Vorzeit nicht überein. Sie lehrt im Gegensatze hierzu: **Weil alle Erkenntniss vom Unvollständigen zum Vollständigen fortschreitet, so sind die höchsten Begriffe gerade die ersten, die wir gewinnen.** Ich sehe einen entfernten oder schwach beleuchteten Gegenstand zuerst nur als überhaupt etwas, und erst allmälig werden mir seine näheren Bestimmungen im Einzelnen klar. Indem ich ihm näher rücke oder die Beleuchtung zunimmt, wird er für meine Erkenntniss ein Bewegtes, ein Lebendes, ein Thier, ein Pferd, bis er schliesslich als ein τόδε τι, als dieses braune, meinem Bruder oder mir selbst gehörige Pferd, vor mir steht. Das Kind nennt, wie man oft beobachten kann, jeden ins Zimmer tretenden Mann Vater, es redet andererseits nur von der Blume und nicht von der Rose, Nelke, Lilie u. s. w., oder auch es nennt, wenn die erste von ihm gesehene Blume als Rose bezeichnet worden war, eine Zeit lang alle Blumen, deren es ansichtig wird, Rose, weil es eben noch kein anderes Wort für seine noch sehr unvollkommene Vorstellung von der Blumenwelt hat. Je mehr darum die Wissenschaft in das Detail ihres Gegenstandes eindringt, um so mehr schreitet sie fort. Erst durch die Erkenntniss des Allerkleinsten unter dem Mikroskop wurde der hohe Standpunkt, auf welchem die heutige Naturwissenschaft sich befindet, ermöglicht, und je mehr wir das Einzelne durchforschen, desto mehr abstracte Begriffe werden wir hinwiederum aus ihm erheben.

Freilich aber ist zu beachten, dass es zweierlei ist, etwas Allgemeines erkennen, und etwas als Allgemeines erkennen, was der Aquinat mit den Worten ausdrückt: *Cognitio singularium est prior quoad nos, quam cognitio universalium, sicut cognitio sensitiva quam cognitio intellectiva. Sed tam secundum sensum quam secundum intellectum cognitio magis communis est prior quam cognitio minus communis. (Summa theol. I. quaest. 85. art. 3.)* Der Weg, auf welchem die Vernunft das aus der Vergleichung mehrerer Einzelvorstellungen erhobene Gemeinsame festhält und zum Begriff gestaltet, ist darum jedenfalls nicht der einzige und nicht der gewöhnliche, auf dem wir zu allgemeinen Begriffen, am allerwenigsten aber der, auf welchem wir zu jenen Begriffen unserer Abstraction gelangen, die uns als geistige Naturen am meisten interessiren, und das geistige Sein offenbaren. Schon Aristoteles definirt darum das Allgemeine nicht als das Eine, welches in Vielen ist, sondern als das Eine, welches in Vielen zu sein geeignet ist. Der Begriff Sonne zum Beispiel würde ein allgemeiner sein, wenn es auch nur eine einzige Sonne gäbe. Auch wer nur die unser Planetensystem beherrschende Sonne kennt, hat eine intellectuelle Vorstellung von Sonne; aber er kennt nicht die Allgemeinheit derselben, er meint vielleicht, es gebe nur diese einzige Sonne.

Das Substrat, an welchem die Abstraction vorgenommen werden kann, ist ein zweifaches, und wird von Thomas als *materia communis* und *materia individualis* (auch *materia signata*) bezeichnet. Erstere wieder ist entweder *sensibilis communis* oder *intelligibilis communis*, letztere aber *sensibilis individualis* oder *intelligibilis individualis*. Unser Intellect abstrahirt nun von der *materia sensibilis individualis* die *species naturales*, z. B. die *species naturalis* Holz von diesen bestimmten Baumstämmen und Aesten. Die *species mathematicae* aber werden von der *materia sensibilis communis* abstrahirt, von Farbig, Warm, Kalt, Hart, Weich, welche den einzelnen Sinnen zugängigen Bestimmungen hinweggedacht werden müssen, so dass nur die von dem Materiellen überhaupt nicht wegzudenkenden Bestimmungen der Ausdehnung bleiben, die quantitativen Bestimmungen, deren Trägerin die *materia intelligibilis communis* ist. *Materia intelligibilis dicitur substantia secundum quod subjacet quantitati. Manifestum est autem, quod quantitas prius inest substantiae, quam qualitates sensibiles. Unde quantitates, ut numeri, dimensiones et figurae, quae sunt terminationes quantitatum, possunt considerari absque qualitatibus sensibilibus, quod est eas abstrahi a materia sensibili; non vero possunt considerari sine intellectu substantiae quantitati subjectae, quod esset eas abstrahi a materia intelligibili communi; possunt tamen considerari sine hac vel illa substantia, quod est eas abstrahi a materia intelligibili individuali. (Summa theol. quaest. 85. art. 1. Vergl. Summa contra gentiles. II. cap. 16.)*

Doch gibt es schliesslich für uns geistige Wesen selbst eine Abstraction von den allem Materiellen anhaftenden Bestimmungen der Ausdehnung, also von der *materia intelligibilis communis*. Wir gelangen dadurch zu jenen Begriffen, die durch keinen materiellen Sinn gegeben werden können, sondern, obgleich immer noch von bildlichen Vorstellungen begleitet, nur dem Intellect erreichbar sind, den Begriffen von Sein, Eins, Einfach, Potenz, Act, Substanz, Accidens, Ursache, Wirkung, Materie, Form, Seele, Freiheit, Denken, Geist, Gott. *Quaedam vero sunt, quae possunt abstrahi etiam a materia intelligibili communi, sicut ens, unum, potentia, actus et alia hujusmodi, quae etiam esse possunt absque omni materia, ut patet in substantiis immaterialibus. (Ibidem.)* Dass auch der Begriff der Materie zu jenen Abstractionen gezählt wird, deren einzig und allein der Intellect fähig ist, kann Niemanden befremden, der sich nach dem in den früheren Abhandlungen über Form und Materie Gesagten darüber klar geworden ist, dass die Materie als solche nirgends in der Sinnenwelt vorkommt, daher auch durch keinen Sinn gegeben werden, sondern nur mittelst des Denkens im strengsten Sinne dieses Wortes erschlossen werden kann. Wenn ich das scheinbar Materiellste, das Tastbare betrachte, so sagen mir die Sinne darüber nichts weiter, als dass der Druck, den meine Hand auf dasselbe ausübt, einem Hindernisse begegnet, das heisst, dass meiner in das Tastbare einzudringenden Kraft sich eine andere Kraft entgegenstellt und sie ganz oder theilweise paralysirt. Das ist aber auch thatsächlich Alles. Noch weiter zu gehen und hinter dieser entgegenwirkenden Kraft ein Etwas anzunehmen, an dem sie haftet, oder von dem sie ausgeht, dazu geben die Sinne allein mir kein Recht. Ausserdem ist dabei noch der unserer neueren Philosophie ganz abhanden gekommene und unverständlich gewordene Unterschied zwischen *Esse* und *Essentia* von Wichtigkeit. Das *Esse* nämlich bedeutet Dasjenige, was wir zum Unterschiede vom Nichtsein gewöhnlich mit den Ausdrücken »es existirt«, »es ist wirklich« bezeichnen, also das Sein, welches allen Seienden ohne Unterschied zukommt und macht, dass sie sind; die *Essentia* aber drückt nicht bloss von einem Dinge aus, dass es ist, sondern zugleich was es ist.

*Essentia dicitur secundum quod (per eam et in ea) res habet esse.
(De ente et essentia. Cap. I. Opusc. 30.)* In den Naturdingen hat
nun die Materie, die ohne Form nur die Potentialität zum künftigen Wirklichsein oder zur Realität hat und darum als ϻὴ ὂ
bezeichnet wird, nicht bloss ihre Essenz, sondern sogar das *Esse*
nur durch die Form. *Talis invenitur habitudo materiae et formae,
quod forma dat esse materiae; et ideo impossibile est, esse
aliquam materiam sine forma. (Ibidem, cap. 5.)* Nur das Geistige
vermag somit den Gedanken der Materie zu fassen und in sich
eine Art Bild *(species)* der Materie selbst hervorzubringen, und
zwar um so reiner, der Wahrheit entsprechender, je höher es
selbst über der Materie steht, *quo est remotius a materialitate,*
wie auch der geistig Hochbegabte, der Menschenkenner, mit
dem innersten Wesen des tief unter ihm Stehenden viel besser
vertraut ist, als dieser selbst, obwohl jener nur dessen Aeusseres,
den zumeist täuschenden Schein, vor sich hat und aus ihm das
innere Sein und Wesen erschliesst und abstrahirt.

Von den übrigen Abstractionen will ich zu unserem Zwecke
nur noch die des eigentlichen Eins, d. h. der Einfachheit oder
Monadicität hervorheben. Dass der Gedanke der Einheit durch
keinen der äusseren oder inneren Sinne vermittelt werden kann,
und somit als ein dem blossen Sinnenwesen Unerreichbares,
ein unwiderlegliches Zeugniss ist für die höhere Herkunft und
Wesenheit unserer intellectiven Seele, wurde bereits (X. Die
inneren Sinne) nachgewiesen. Nicht weniger einleuchtend und
selbstverständlich aber ist es, dass er auch nicht auf dem Wege
der Verallgemeinerung entstehen, somit kein allgemeiner oder
discursiver Begriff sein könne. Die Einheit, welche wir durch
das Zusammenfassen gemeinsamer Merkmale gewinnen, ist folgerichtig nur die uneigentliche, die Collectiveinheit, und wir
könnten in ihr das zusammengefasste Viele nicht als Eines
denken, wenn wir den Begriff des Eins nicht bereits (also von
anderswo) hätten. Es ist demnach unwahr, dass die Abstractionen nur auf dem Wege des Verallgemeinerns entstehen,
und selbstverständlich beruht darum auch die noch immer
viel herumgetragene Ansicht *(Vide* J. Justus. Das Christenthum etc.), dass die aristotelisch-thomistische Philosophie kein

anderes Denken als das verallgemeinernde (auch das begriffliche im Gegensatze zum ideellen genannt) kenne, auf einem
Irrthum, der nur in einer Zeit des gänzlichen Darnieder-
liegens der peripatetischen Philosophie Männern wie Anton
Günther verzeihlich war, die darauf angewiesen waren, ihre
Kenntniss der aristotelischen und mittelalterlichen Philosophie aus
den höchst unzulänglichen Berichten eines Brucker, Tennemann,
Tiedemann, Reinhold und Ritter zu schöpfen. Seit Kleutgen's,
des genialen Güntherianers, epochemachendes Werk (Die Philosophie der Vorzeit) erschienen ist, stehen die Dinge ganz anders.

Auf den Zusammenhang des Eins mit dem Sein wurde
bereits (IV. Die Bewegung) unter Anführung höchst interessanter
Aussprüche aus Aristoteles' Metaphysik hingewiesen. In Uebereinstimmung damit schreibt Thomas: *Unum nihil aliud significat,
quam ens indivisum. Et ex hoc apparet, quod unum convertitur
cum ente.* (*Summa theol. I. quaest. 11. art. 1.*) So wenig das blosse
Naturwesen den Gedanken des Eins erfasst, eben so wenig
erfasst es den des Seins. Unzertrennlich aber vom Begriffe des
Seins erweisen sich auch die Begriffe von Wirklichkeit und
blosser Möglichkeit, von Substanz und Accidens, von
Ursache und Wirkung. Es wurde oft genug, aber mit einem
eigenthümlichen Nichtsehenwollen der unvermeidlichen Consequenz, in der neueren Philosophie betont, dass der Causalitäts-
gedanke nicht aus der sinnlichen Erfahrung entspringen könne,
weil diese immer nur ein *Post hoc* liefere, niemals aber ein
Propter hoc. Hume's Lehre, dass sich, wenn wir von zwei Erscheinungen regelmässig die eine auf die andere folgen sehen,
die Gewohnheit herausbilde, sie als Ursache und Wirkung zu
denken, hat nicht nur Kant mit dem schwerfälligen Apparate
seiner transscendentalen Logik als eines jener »Blendwerke,
welche die logische Möglichkeit des Begriffs der transscendentalen
Möglichkeit der Dinge unterschieben und nur Unversuchte hinter-
gehen und zufriedenstellen«, dargethan, sondern auch Schopenhauer in seiner schlagfertigen Weise dem Gelächter preisgegeben
mit der scheinbar so naheliegenden Bemerkung, dass schon so
manches Jahrtausend der Tag auf die Nacht, und die Nacht
auf den Tag folge, und es dennoch Keinem noch eingefallen

sei, den Tag für die Ursache der Nacht zu halten und *vice versa*.
Dass mit dem Causalitätsgedanken auch der Begriff der Freiheit
steht und fällt, mit diesem wieder der Begriff einer in Selbstbewusstsein und freiem Wollen sich bethätigenden Natur, eines
Geistes und Gottes, liegt auf der Hand. Die Bethätigungen
des Intellectes stehen demnach, wie sich leicht genug zeigen
lässt, in unzertrennlicher Einheit, und haben ihren Halt und
Mittelpunkt im Gedanken der Einheit, weil das geistig denkende
und wollende Wesen selbst die lebendige und unzertrennliche
Einheit ist, somit das Einssein, dessen Verständniss nie
und nimmer von aussen vermittelt werden kann, in sich
selbst erlebt; denn was der Geist nicht erlebt hat, das ist er
auch zu denken nicht fähig. Die blosse Thatsache, dass
der Mensch Gedanken in sich trägt, die mittelst bloss sinnlicher Erkenntniss nie und nimmermehr erreichbar, die nur
einem in sich einfachen, sich als den Grund und Träger seiner
eigenen Thätigkeiten klar erfassenden Wesen möglich sind, ist
der sicherste Beweis für des Menschen hoch über die ganze
Sinnenwelt hinausragende geistige Natur und Wesenheit. *Hoc
ipsum, quod intellectus est altior sensu, rationabiliter
ostendit, esse aliquas res incorporeas a solo intellectu
comprehensibiles. (Summa theol. I. quaest. 50. art. 1.)*

Die eigenthümliche, ihn vor allen blossen Naturwesen aus-
zeichnende Lebensthätigkeit des Menschen, von der alle übrigen
intellectuellen Thätigkeiten, vor allen aber die des freien Wollens,
bedingt sind, liegt somit im klaren und deutlichen Erfassen
seiner selbst, im Selbstbewusstsein (Ichgedanken), wie man
es mit Recht genannt, im Unterschiede vom Bewusstsein überhaupt, d. h. von jenem einfachen, mehr dem Gefühl entsprechenden Innewerden des eigenen Thuns. Dieses nämlich kommt
ganz unbestreitbar selbst den Thieren zu, dringt aber nicht bis
zum Erfassen des Selbst (des »Ich« der modernen Philosophie)
als Grund und Träger der eigenen Thätigkeiten, aus dem sehr
simplen Grunde, weil im Thiere dieser reale Grund und Träger,
die selbstständige geistige Monas nämlich, nicht zugegen ist. Die
anima sensitiva des Thieres ist zwar *forma substantialis*, aber
nicht Substanz und noch weniger *forma subsistens*, wie es die

anima intellectiva des Menschen ist; sie ist eben nichts Anderes, als ein von äusseren Ursachen, in letzter Instanz von den durch göttliche Mensuration der Natur eingeschaffenen Urformen bewirkter *actus materiae.* Die Sache lässt sich weder besser noch schöner ausdrücken, als mit des hl. Thomas eigenen Worten: *Virtutes cognoscitivae, quae non sunt subsistentes, sed actus aliquo-rum organorum, non cognoscunt seipsas, sicut patet in singulis sensibus; sed virtutes per se subsistentes cognoscunt seipsas. (Summa theol. 1. quaest. 14. art. 2.)* — *Sensus enim et imaginatio sola exteriora et accidentia cognoscunt; solus autem intellectus ad essentiam rei pertingit. (De verit. quaest. 1. art. 12.)* Doch bekennt der Aquinat sich selbst in diesem Punkte als Schüler des unvergleichbaren Meisters Derer, die da wissen, wenn er des weiteren auseinandersetzt, wie diese Erfassung des eigenen Seins und Wesens uns zur Erfassung des Seinsgedankens über-haupt und durch ihn zum Verständnisse jeder ausser uns vor-handenen Wesenheit führt, aller *quidditates rerum,* die unserem Intellect in seinem dermaligen Zustande überhaupt zugängig sind, indem er schliesst: *Quidditas rei est proprium objectum intellectus, unde, sicut sensus sensibilium propriorum semper est verus, ita et intellectus in cognoscendo quod quid est, ut dicit philo-sophus (Aristoteles) in libro III. de anima. Per accidens tantum potest ibi falsitas accidere, inquantum videlicet intellectus false componit et dividit. (De verit. quaest. 1. art. 12.)*

Es ist nur eines der vielen traurigen Zeichen für die gänzliche Vergessenheit, in welche, jedenfalls in Deutschland, die mittelalterliche Philosophie gleich der kirchlichen Kunst gerathen war, dass Männer von dem bewunderswerthen philo-sophischen Talente eines Günther in allem Ernste glauben und lehren konnten, erst Descartes habe mit seinem berühmten *Cogito ergo sum* der Welt die Natur des Selbstbewusstseins erschlossen, die alte Schule hingegen habe von dessen Bedeu-tung für die Philosophie noch keine Ahnung gehabt, sie habe sich, unter gänzlicher Ignorirung des mit dem Selbstbewusstsein anhebenden »metalogischen«, den Grund und die Realität der Erscheinungen erfassenden Denkens, mit dem bloss »logischen oder begrifflichen« Denken begnügt, welches anstatt von den

Erscheinungen der Dinge zum wesenhaften Grund hinabzusteigen, aus ihnen nur formale Allgemeinheiten erhebe, also beiläufig die *universalia post rem* und *flatus vocis* der Nominalisten. Hören wir demnach die diesbezügliche Lehre des hl. Thomas mit dessen eigenen Worten. Ich will es keinem der vielen noch lebenden Schüler des ehrwürdigen Günther verübeln, wenn er vielleicht die Gedanken seines guten Meisters in lateinischer Uebersetzung zu lesen glaubt.

Essentia proprie et vere est in substantiis; sed in accidentibus est quodammodo secundum quid. (De ente et essentia. Cap. 2.) Nur der Substanz, als dem den Accidenzen zum Grund und Träger Dienenden, kann das Sein und Wesen im eigentlichen Sinne zugesprochen werden, den Accidenzen (Inhärenzen) höchstens im übertragenen. Die geschöpfliche Substanz hat das Sein zwar nicht durch sich selbst, wohl aber in sich selbst; sie ist, wie schon der Name sagt, in ihrem Sein subsistirend und keinem anderen Sein inhärirend *(in suo esse subsistens)*. — *Unde solae substantiae proprie et vere dicuntur entia; accidens vero non habet esse, sed eo aliquid est, et hac ratione ens dicitur: sicut albedo dicitur ens, quia ea aliquid est album. Et propter hoc dicitur in Metaph. I. 7. cap. 1. quod accidens dicitur magis entis quam ens. (Summa theol. I. quaest. 90. art. 2.)* Nach Aristoteles müsste in einem rein intellectuellen Erkennen unmittelbar die Substanz des zu Erkennenden erfasst werden, und demnach die Erkenntniss der Substanz jener der Accidenzen vorhergehen; im menschlichen Erkennen aber, dessen Intellect an das sinnlich Wahrgenommene, somit an die Accidenzen gebunden ist, kann die Erkenntniss der Aussendinge selbstverständlich nur mit den in die Sinne fallenden Accidenzen derselben beginnen, um mit dem intentionalen Sein derselben im Erkennenden selbst, d. h. einer Erkenntniss *per species* zu schliessen. Im Selbstbewusstsein jedoch tritt der Unterschied ein, dass das zu erkennende Sein kein Aeusseres ist, somit auch die Nothwendigkeit der Wiedergabe desselben in einem intentionalen Sein hinwegfällt, daher das Wissen um das eigene Sein, welches wir nicht intentional, sondern real in uns tragen, nicht wie das Wissen um die Aussendinge ein Wissen *per species* ist. Doch gelangt die Seele zur Erkenntniss dieses ihres realen Seins ebenfalls nicht auf unmittelbare Weise durch einen Act der Selbstschauung, sondern nur auf der ihr von Natur aus eigenthümlichen *via inquisitionis*, nämlich von den Accidenzen zur Substanz, in unserem Falle von den eigenen Thätigkeiten zum selbstthätigen geistigen Princip. *Anima cognoscitur per actus suos. In hoc enim aliquis percipit, se animam habere et vivere et esse, quod percipit, se sentire et intelligere et alia hujusmodi vitae opera exercere, unde dicit philosophus (Eth. I. c. 9.): Sentimus autem, quod sentimus et intelligimus, quod intelligimus: et quia hoc sentimus et intelligimus, etiam intelligimus, quod sumus. (De verit. quaest. 10. art. 8.)* Da hätten wir denn eine förmliche Darlegung des cartesianischen *Cogito ergo sum*, zumal wenn wir beachten, dass Descartes unter *Cogitare* nicht das blosse Denken, sondern jedweden unserer psychischen Acte verstanden wissen will. *Nomine cogitare intelligo omne id, quod sic in nobis est, ut ejus immediate conscii simus. (Medit. de prima philosophia.)* Um aber auch das letzte Bedenken zu heben, lesen wir bei Thomas von Aquino, nicht bei Descartes: *Nullus potest cogitare, se non esse cum assensu: in hoc enim, quod cogitat, percipit se esse. — (De verit. quaest. 10. art. 12. ad 7.)* Doch sind das nicht etwa vereinzelte, zufällig mit dem Gedanken eines späteren Philosophen zusammenstimmende Aussprüche, sondern durch die gesammte Erkenntnisslehre des Aquinaten schlingt sich als leitendes Princip der Gedanke hindurch, dass der Menschengeist im Gegensatze zum Engelgeist sich nicht durch unmittelbare Erfassung seines Wesens, sondern nur durch einen Rückschluss von seinen Thätigkeiten auf dasselbe erkenne. *Non per essentiam suam, sed per actus suos se cognoscit intellectus noster. (Summa theol. I. quaest. 87. art. 1.)* Der Menschengeist gelangt zum Wissen um das eigene Sein nach St. Thomas dadurch, dass er seine Thätigkeit in einem geistigen Acte *(Cogito)* sich gegenüberstellt, und ihn durch einen zweiten geistigen Act (ausgedrückt im *Ergo*), also durch ein Denken des Denkens (die aristotelische νοήσεως νόησις) auf sich selbst als den realen Grund und Träger (das *Sum*) bezieht. *Si igitur intellectus cognoscit actum suum, aliquo modo cognoscit illum, et iterum illum actum alio actu. (Summa theol. I. quaest. 87. art. 3.)*

Die Schüler des verewigten Günther können demzufolge auch in der Selbstbewusstseinstheorie des hl. Thomas die beiden Momente des sogenannten Gegensatzes und Gleichsatzes finden. Ich sage das auf die sehr nahe liegende Gefahr hin, dass Einer komme und mir etwa nachsage, ich hätte die Absicht, die Lehre des hl. Thomas von Aquino mit der Cartesischen und Günther'schen Philosophie entnommenen Elementen zu verquicken. Es müsste doch wirklich schon mit sonderbaren Dingen zugehen, wenn die grössten christlichen Denker in ihrem unabhängigen Forschen nicht mit dem Engel der Schule in jenen Grundfragen aller Philosophie sich begegnen könnten, in denen dieser selbst mit dem anderthalb Jahrtausende vor ihm lebenden heidnischen Weltweisen zusammenstimmt. — Darin eben liegt nach Aristoteles und St. Thomas die unübersteigliche Schranke zwischen der bloss natürlichen Thätigkeit und der geistigen, dass jene in der Formirung des äusseren Stoffes aufgeht, diese aber, als welche das Sein in sich selbst trägt, auch wenn sie nach aussen geht, doch immer wieder in sich zurückkehrt. *Forma inquantum perficit materiam dando ei esse, quodammodo super ipsam effunditur, in quanto vero in se ipsa habet esse, in seipsam redit. (Summa theol. I. quaest. 14. art. 2.) — Nullus enim sensus cognoscit seipsum: oculus non videt seipsum nec videt, se videre, sed hoc superioris potentiae est. Intellectus autem cognoscit seipsum et cognoscit, se intelligere. (Summa contra Gentiles II. cap. 66.)*

Auch darin stimmt Thomas mit Descartes, oder vielmehr umgekehrt Descartes mit ihm, dass die Erkenntniss, welche im Selbstbewusstsein aufleuchtet, die sicherste ist, die wir besitzen und der Gradmesser die Sicherheit jeglichen Wissens; denn die Ursache des Irrthums liegt nach Thomas darin, dass unser Intellect *componendo et dividendo et ratiocinando* erkennt, nicht also wie der der reinen Geister, welcher frei vom *ligamentum sensus* und an keine sinnlich räumlichen *species* gebunden, unmittelbar an die einfachen, dem bildlichen Schein zu Grunde liegenden Wesenheiten herantritt, *qui statim in prima apprehensione habent perfectam rei cognitionem.* Darum aber irrt auch unser Intellect nicht da, wo er es mit seinem eigenen einfachen und untheilbaren Sein und Wesen zu thun hat, welches er in einer dem Denken der Engelgeister sich annähernden Weise nicht *per species* apprehendirt; er irrt nur »*circa quod quid est in rebus compositis*«, nicht aber »*circa quidditatem rei*«: denn: *Objectum proprium intellectus est quidditas rei: unde circa quidditatem rei per se loquendo intellectus non fallitur, sed circa ea, quae circumstant rei essentiam vel quidditatem, intellectus potest falli componendo vel dividendo vel ratiocinando, dum unum ordinat ad aliud. Propter hoc circa illas propositiones errare non potest, quae statim cognoscuntur cognita terminorum quidditate, sicut accidit circa prima principia. (Summa theol. I. quaest. 85. art. 6.)* — »Das Denken des Einfachen gehört (Aristoteles Περὶ ψυχῆς) zu dem, wo kein Irrthum stattfindet. . . . Der Irrthum liegt immer in der Verbindung; denn selbst wenn man das Weisse für nicht weiss hält, hat man im Gedanken das Nichtweisse hinzugefügt. *(I. cap. 6.) In rebus simplicibus, in quarum definitionibus compositio intervenire non potest, non possumus decipi, sed deficimus totaliter non attingendo, ut philosophus probavit in Metaph. 9. (Ibidem.)* Wenn es also gelingen sollte, was Descartes, freilich bald genug vom sicheren Wege abirrend, angestrebt hat, nämlich ein philosophisches System zu gründen, in welchem jeder Satz mit jener Irrthumslosigkeit, die im Selbstbewusstsein liegt, in unzertrennlicher Verbindung steht, und darum theilnimmt an dessen Deutlichkeit und Klarheit, die das Siegel der Wahrheit ist, so wäre der hl. Thomas Aquinas, soweit ich ihn zu kennen glaube, bereit, ein neues *Pange lingua gloriosi* durch die Himmel zu jubeln.

Das Wesen des *Intellectus* besteht nach Allem, was wir vernommen, hauptsächlich darin, dass er das Sein und Wesen der Dinge vermittelst der Abstraction in ihrer Sonderung von den materiellen Bedingungen apprehendirt, und auf solche Art auch im Sinnlichen das Uebersinnliche erkennt und auf die ihm eigenthümliche geistige Weise sich selbst zum Bilde des Erkannten gestaltet; denn *cognitum est in cognoscente secundum modum cognoscentis.* — *Est duplex immutatio, una naturalis, alia spiritualis. Naturalis quidem secundum quod forma immutantis recipitur secundum esse naturale (physicum), sicut calor in calefacto: spiritualis autem secundum quod forma immutantis recipitur in immutato*

secundum esse spirituale. (Summa theol. I. quaest. 78. art. 3.) Das
im Intellect gebildete geistige Erkenntnissproduct aber, das intentionale Sein des äusseren Gegenstandes, wird fixirt durch
die Definition und erlangt seinen bleibenden Ausdruck im
Wort. *Intellectus per speciem rei formatus intelligendo format in
seipso quamdam intentionem rei intellectae, quae est ratio ipsius,
et quam significat definitio. Et hoc quidem necessarium est, eo
quod intellectus intelligit indifferenter rem absentem et praesentem, in
quo cum intellectu imaginatio convenit. (Summa c. Gent. I.
cap. 53.)* Allerdings gestaltet nämlich auch die Imagination ein
inneres Bild des äusseren Gegenstandes, daher sie gleichfalls ein
Erkennen *per species* ist; doch bringt sie es selbst in ihren
höchsten Verallgemeinerungen nicht bis zum gänzlichen Los-
reissen von allem sinnlich Bildlichen, sie erreicht nie den Begriff,
der mit Fallenlassen des letzten sinnlichen Restes das den
sinnlichen Erscheinungen zu Grunde liegende Sein und Wesen
erfasst, und zum Ausdruck des hierdurch entstandenen inneren
Vorganges kein von der Sinnenwelt gebotenes Bild gebraucht,
sondern ein vom freien Geiste frei gewähltes Zeichen, das
Wort. Mit Recht schreibt darum Steinthal: »Die Seele wird
Geist, wenn sie Sprache schafft, im Momente des Durchbruches
des im Menschen lebenden Geistigen durch das bloss Natürliche.«*) Ganz im gleichen Sinne betonen der philosophisch so
tief angelegte Herder und Wilhelm v. Humboldt, der eben
so wenig bloss Naturforscher ist, als Aristoteles ausschliesslich
Metaphysiker, dass die Sprache nichts von aussen Kommendes,
sondern eine im Geiste liegende Eigenthümlichkeit des Menschen
sei. »Die Sprache ist keine Erfindung von aussen her, sondern
sie gehört zum Charakter des Menschen als solchem: sie ist
Naturgabe, Charakter seines Geschlechtes, gehört zur ganzen
Einrichtung seiner Kräfte.« Die Saite würde, wie Herder erinnert, nicht erklingen, trotz aller von aussen geschehenen Einwirkung, läge nicht die Fähigkeit zu klingen in ihr selbst, und
das Wort, das geflügelte Werkzeug des Geistes, nicht erstehen

---

*) Der Ursprung der Sprache im Zusammenhange mit den letzten
Fragen alles Wissens. Von Dr. G. Steinthal.

ohne Geist. »Wie die geschlagene Saite klingt, so tönt in
Schmerz und Freude die empfindende Maschine; denn es ist
Naturgesetz, nicht nur zu empfinden, sondern das Gefühl auch
tönen zu lassen.«

Die Lehre des hl. Thomas über das Wort ist von solcher
Bedeutung und Tragweite, nicht bloss für die Psychologie, sondern für das gesammte Gebiet der Metaphysik und der specu-
lativen Theologie, dass es mir geboten scheint, dem eben Gesagten noch einige nähere Ausführungen folgen zu lassen.

Ihren vollendeten Ausdruck findet die geistige Erkenntniss
im Worte, wobei jedoch zwischen dem *verbum memoriae, verbum
cordis* und *verbum oris* zu unterscheiden ist. Das Wort, als der
adäquate Ausdruck der Erkenntniss, beruht auf der Verähnlichung mit dem Erkannten, und wird darum zuweilen mit
dieser selbst identisch genommen, obwohl es nicht diese selbst,
sondern eben nur der Ausdruck für sie ist. *Verbum quandoque
dicitur similitudo rei, quandoque vero verbum rei. Similitudo autem
rei est principium, quo verbum rei efficitur, quae etiam in verbo
requiritur. (De natura verbi intellectus.)* Es ist somit hier keineswegs nur das Wort im gewöhnlichen Sinne, das *verbum oris,*
gemeint, welches oft nicht einmal der Ausdruck des Gedankens
ist, sondern auch dazu dienen kann, den Gedanken zu verbergen; daher die Dreitheilung in das *verbum memoriae, cordis
et oris.*

Schon in der Imagination hat das dem wahrgenommenen
Aussending entsprechende Phantasma einige Aehnlichkeit mit
dem inneren Worte, und wird auch zuweilen, obwohl nur gleichniss-
weise und im uneigentlichen Sinne als Wort bezeichnet, *sicut
phantasma Carthaginis est verbum Carthaginis.* Der Unterschied
zwischen diesem bloss sinnlichen Bilde und Zeichen und dem
wirklich geistigen Worte ist ein sehr grosser; denn die der
Wortbildung zu Grunde liegende geistige Thätigkeit kommt
darin nicht zur Erscheinung, da das Phantasma nicht ein durch
eigene freie Thätigkeit Erzeugtes ist, sondern nur ein von
aussen herrührender und mit Nothwendigkeit erfolgter Natur-
abdruck vom Sinnlichgegebenen, kein dessen Wesen bezeich-
nender Ausdruck für dasselbe. *In verbis, quae in imaginativa*

fiunt, non est ratio verbi expressa. Aliud enim in ea est, unde similitudo exprimitur, et aliud, in quo terminatur. Exprimitur enim a sensu et terminatur in ipsa phantasia, cum phantasia sit motus factus a sensu secundum actum. Anders ist es mit dem vom Geist zustandegebrachten Ausdruck. Dieser ist sein eigen und bleibt in ihm. *Sed supra intellectum nihil est, in quo ab ipso aliquid exprimatur, et non est aliud, quod exprimit, ab eo, in quo exprimitur, sicut in Deo non aliud est Pater exprimens et Illud, in quo recipitur expressum. Sed adhuc in intellectu nostro est defectus, quia aliud est, quod exprimit, aliud ipsum verbum expressum, quod in Deo non invenitur; et ideo Verbum Dei est Deus, intellectus autem noster verbum nostrum est. (Ibidem.)* Das heisst: Der vollendete Ausdruck für das Erkannte, mithin das vollkommene Wort, wäre nicht die blosse Aehnlichkeit, sondern die Gleichheit, eine Vollkommenheit, welche nur im vollkommensten Erkennen, in Gott, vorhanden ist. Nicht so im Menschengeiste. In ihm ist das *verbum* zwar ein ihm selbst Angehöriges, aber nicht als eigene Wesenheit, sondern als blosser *habitus* oder, wenn es hoch kommt, als *actus.* Das erstere ist beim *verbum memoriae* der Fall, das letztere beim *verbum cordis.*

Das *verbum memoriae,* welches der Intellect, und zwar als aufnehmender, sich activ und passiv verhaltender Geist (νοῦς δυνάμει, *intellectus possibilis*), vom Gedächtniss empfängt, ist als solches keine eigentliche Thätigkeit, sondern zugleich passives Verhalten, ein *habitus* des geistigen Seins, ein potentielles Bewahren des aufgenommenen Eindruckes. Näher schildern lässt sich das *verbum memoriae* eben so wenig als die *materia prima,* und zwar aus ganz demselben Grunde. *Nihil aliud enim est, quam ipsa receptibilitas animae. — Primus ergo processus in cognitione verbi est, cum intellectus accipit a memoria, quod ab ipso sibi offertur, non eam spolians quasi nihil in eo relinquens, sed similitudinem habitus in se assumens; et hoc est simile illi, quod in memoria habetur: et ideo aliquando vocatur illud, quod ab intellectu accipitur, verbum memoriae: sed adhuc non habet perfectam rationem verbi. (Ibidem.)* Mit anderen Worten: Das vom Gedächtniss Ueberlieferte ist zwar im Geiste, aber einstweilen mehr als Anlage zur Verähnlichung, nicht als schon fertiges

Geistesproduct. Zu diesem wird es erst dadurch, dass diese Anlage, das noch todte Capital, lebendig, flüssig und fruchtbar gemacht wird durch den *intellectus agens* (νοῦς ποιητικός), über den wir uns in der folgenden Abhandlung in besonders eingehender Weise verständigen werden.

Das geistig Erkennende nimmt den äusseren Eindruck aber nie als ein bloss Gegebenes in rein passivem Verhalten auf, sondern formt ihn zum geistigen Act. Der *intellectus agens* ist es nämlich, der in den sinnlichen Erscheinungen das hinter diesen liegende Uebersinnliche erfasst, aus dem Sinnlichen die durch keinen Sinn zu gewinnenden Gedanken von Substanz und Accidens, Ursache und Wirkung, Sein und Thätigkeit abstrahirt, und eben dadurch das Erkennende befähigt, auch die eigene geistige Thätigkeit von sich, der geistigen Substanz, zu unterscheiden, somit dieses sein Thätigsein auch in der durch die Wortbildung sich vollziehenden Verähnlichung sich als Object gegenüberzustellen. Er hat damit nicht den Gegenstand selbst, wohl aber eine Art Reflex, eine Abspiegelung desselben vor sich, und damit zugleich das Letzte und Höchste, dessen er in der Verinnerung des ihm zur Erkenntniss Dargebotenen fähig ist, erreicht, das *verbum cordis*. — *Est enim tamquam speculum, in quo res cernitur, sed non excedens id, quod in eo cernitur. Verbum cordis est ultimum, quod potest intellectus in se operare. (Ibidem.)*

Handelt es sich endlich darum, diese Verinnerung nicht für das Erkennende allein zu vollziehen, sondern um die Vermittelung der Erkenntniss nach aussen, so bedarf es hierzu wieder des äusseren sinnfälligen Zeichens, da der Menschengeist eben nur vermittelst des Sinnlichen mit der Aussenwelt in Verkehr steht, und das *Nihil est in intellectu, quod non fuerit in sensu* auch für Diejenigen gilt, mit denen wir durch die Sprache in Verkehr treten. Dieses sinnfällige Zeichen, die Incarnation des inneren geistigen Wortes, ist das *verbum oris*. Doch zeigt sich an diesem sinnfälligen Zeichen für Jeden, der Sinn und Verständniss hat für die unerschöpflichen Feinheiten der Sprache und der Sprachen, in so bewundernswerther Weise die Obmacht des Geistes, dass ein Dichter und Denker wie unser Friedrich Rückert mit allem Recht sprechen kann:

12*

Sprachwissenschaft, die ist der Grund von allem Wissen,
Derselben sei du früh und bleibe spät beflissen.

Unsere Worte sind weder simple Naturlaute und Onomatopoietika,
noch ist es wahr, dass die Sprachen aus diesen sich entwickelt
haben; die Worte sind vielmehr frei gewählte Zeichen, wie
schon die Mannigfaltigkeit der Wortbildung und die Eignung
der Wortwurzeln zum Ausdrucke aller Nuancen des Gedankens
in der Flexion zur Genüge bezeugen würden. Bei den Thieren
ist, selbst wenn sie die zum Sprechen nothwendigen körperlichen Organe besitzen, eine Wortbildung und ein Sprechen in
allem Ernst eben so wenig möglich, als ein Zählen und Rechnen.
Sie haben nicht Worte, sondern nur Wörter, d. h. nur den
menschlichen Worten nachgeahmte Naturlaute, oder
Nachahmungen der im menschlichen Worte vorfind-
lichen Laute, ohne den geistigen Inhalt, weil das innere
Wort bei ihnen nicht vorhanden ist, sie haben *aliquid in sensu,
quod non erat in intellectu.* Daher schreibt St. Thomas: *Etsi
bruta animalia aliquid manifestent, non tamen manifestationem
intendunt, sed naturali instinctu aliquid agunt, ad quod manifestatio
sequitur.* (*Summa theol. II. quaest. 110. art. 1.*) Wir können
darum sogenannte sprechende Vögel wohl dazu bringen, auf
irgendwelche äussere Anregungen hin solche Wörter auszustossen,
in derselben Weise, wie wir durch das bekannte »Wie spricht
der Hund?« den Hund zum Bellen bewegen, nie aber dazu,
grammatikalische Flexionen an ihnen vorzunehmen, selbstständig
einen Satz zu bilden und sprachlich unter sich zu conversiren,
erreichten sie auch das Alter Methusalem's. Zum Nachahmen
sprachlicher Laute hat man es auch mit der Sprechmaschine
gebracht. *Ex his ergo possumus de verbo accipere, quod verbum
semper est aliquid procedens ab intellectu et in intellectu existens,
et quod verbum est ratio et similitudo rei intellectae. (De differentia
Verbi divini et humani.)* — *Si volumus scire, quid sit interius
verbum in anima nostra, videamus, quid significet verbum, quod
exteriori voce profertur. (Ibidem.)* An einer andern Stelle stimmt
der Aquinat dem hl. Augustinus bei, wenn dieser sagt, dass
strenggenommen nur jenem geistigen Zeichen im Innern der

Seele der Name Wort gebühre, während dasjenige, was leiblich durch den Mund in Erscheinung tritt, eigentlich nur eine Kundgebung, Verlautbarung des Wortes, eine *vox verbi* sei, und fügt noch bei, dass selbst dem inneren geistigen Worte nur im übertragenen Sinne der Name *verbum* zukomme, im wahren Sinne nur Gott allein; denn *Filius ex hoc, quod est Filius perfecte repraesentat Patrem secundum hoc, quod est Ei intrinsecum. (De Verit. quaest. 4. art. 5.)* — Der Gedanke, in einem vollkommenen Selbstbewusstsein könne das Erkannte kein blosses Spiegelbild des Erkennenden, sondern nur das erkennende Sein und Wesen selbst, nur *Lumen de Lumine* und *Deum de Deo* sein, liegt ja so nahe, dass es in Wahrheit verwunderlich wäre, ihm bei einem Augustinus und Thomas von Aquino nicht ein und das andere Mal zu begegnen. *Augustinus (15. De Trinitate, cap. 11.) in principio dicit:* »*Verbum, quod foras sonat, signum est verbi, quod intus latet, cui magis verbi competit nomen: nam illud, quod profertur carnis ore, vox verbi est, verbum vero et ipsum dicitur propter illud, a quo, ut foras appareat, assumptum est.*« *Ex quo patet, quod nomen Verbi magis proprie dicitur de verbo spirituali, quam corporali. Sed omne illud, quod magis proprie in spiritualibus, quam corporalibus, propriissime Deo competit. Ergo Verbum propriissime de Deo dicitur. (De verit. quaest. 4. art. 1.)*

Mit derselben Sicherheit, mit welcher der Geist des Menschen sein eigenes Sein und Wesen erfasst, weiss er auch um das der materiellen Aussenwelt, indem er in ähnlicher Weise, wie die eigenen Thätigkeiten auf sich selbst, als deren realen Grund und Träger bezieht, diejenigen, welche nicht von ihm selbst ausgehen, sondern von aussen an ihn herankommen, mit gleicher, keinen ernstlichen Zweifel zulassender Gewissheit einem von seinem Selbst verschiedenen äusseren Sein vindicirt. Die Sinnestäuschungen, Sinnesvorspiegelungen und der Traum sind durchaus keine Instanz dagegen, da sie nur das Wie, nicht aber das Was der Aussenwelt zweifelhaft machen können. Diese unsere intellectuelle Kenntniss der materiellen Welt ist sogar reiner und richtiger, als die durch die Sinne allein vermittelte, als welche nur das vom äusseren Sein bewirkte Phänomen, nicht aber das Sein und Wesen selbst erfasst, daher thatsächlich auch die Erkenntniss des Materiellen um so richtiger ist, je höher das Erkennende über der Materie steht, *quo est remotius a materialitate*. Es sind das nicht zufällige vereinzelte Aussprüche, sondern recht eigentliche, oftmals wiederkehrende und mit anderen wichtigen Lehren innigst verknüpfte Grundsätze der aristotelischen und der thomistischen Erkenntnisslehre, mit denen dieselbe steht und fällt. *Cognoscimus etiam ea, quae extra nos sunt. Per materiam autem determinatur forma rei ad aliquid unum. Unde manifestum est, quod ratio cognitionis ex opposito se habet ad rationem materialitatis. Et ideo quae non recipiunt formas nisi materialiter, nullo modo sunt cognoscitiva, sicut plantae, ut dicitur in 2. libro de Anima (Aristotelis). Quanto autem quid immaterialius habet formam rei cognitae, tanto perfectius cognoscit. Unde et intellectus, qui abstrahit speciem non solum a materia, sed etiam a materialibus conditionibus, individuantibus, perfectius cognoscit, quam sensus, qui accipit formam rei cognitae sine materia quidem, sed cum materialibus conditionibus. Et inter ipsos sensus visus est magis cognoscitivus, quia est minus materialis. Et inter ipsos intellectus tanto quilibet est perfectior, quanto immaterialior. (Summa theol. 1. quaest. 84. art. 2.)*

Die aristotelisch-thomistische Erkenntnisslehre fühlt sich darum auch nicht, wie die meisten übrigen Erkenntnisstheorien alter und neuer Zeit, gedrängt, zu den angeborenen Ideen ihre Zuflucht zu nehmen, sondern fertigt sogar den *divus Plato* mit der ganz populären Bemerkung ab, dass beim thatsächlichen Vorhandensein angeborener Ideen oder einer Anamnesis, derzufolge all' unser Wissen nur Erinnerung an das in einem vorweltlichen Leben Geschaute sein soll, der Blinde nothwendig zur Kenntniss der Farben gebracht werden könnte. *Aristoteles recte posuit, quod intellectus, quo anima intelligit, non habet aliquas species naturaliter inditas, sed est in principio in potentia ad hujusmodi species omnes. — Caecus natus non potest habere notitiam de coloribus, quod non esset, si intellectui animae essent naturaliter inditae omnium intelligibilium rationes. Et ideo dicendum, quod anima corporalia non cognoscit per species naturaliter inditas. (Ibidem, art. 3.)*

Wohl aber darf mit Einschränkung und mit Ausschliessung einer in der Pseudomystik nur allzubeliebten und bequemen pantheistischen Vorstellungsweise gesagt werden, dass die Seele *in rationibus aeternis* erkenne, weil die Formen der Dinge zwar nicht ausserhalb der Dinge selbst als substantielle, vorzeitliche und schöpferische Urbilder derselben, im Sinne der platonischen Idee, existiren, wohl aber als vorweltliche Schöpfungsgedanken, somit als Daseinsgründe und Ideen alles Geschaffenen (*rationes omnium creaturarum*) in Gott ihr intentionales Sein haben. *Quia videtur esse alienum a fide, quod formae rerum extra res per se subsistant absque materia, sicut Platonici posuerunt, dicentes, per se vitam aut per se sapientiam esse quasdam substantias creatrices, posuit loco harum idearum rationes omnium creaturarum in mente divina existere, secundum quas omnia formantur et secundum quas etiam anima humana omnia cognoscit. (Ibidem, art. 5.)* Die Seele erkennt unter der Erleuchtung derselben in ähnlicher Weise, wie das Auge im Licht der Sonne sieht, ohne dass darum der Act des Sehens selbst eine Thätigkeit der Sonne ist. *Ipsum enim lumen intellectuale, quod est in nobis, nihil est aliud, quam quaedam participata similitudo luminis increati, in quo continentur rationes aeternae. (Ibidem, art. 5.)* –– Aber wir haben im natürlichen Zustande unsere Erkenntniss nicht unmittelbar und ausschliesslich durch diese Theilnahme am göttlichen Erkennen, wie dies die falsche neuplatonische Mystik will, sondern wir sind darauf angewiesen, in unserem Erkennen mit den äusseren sinnfälligen Dingen selbst den Anfang zu machen, wie gezeigt worden ist. *Quia tamen praeter lumen intellectuale in nobis exiguntur species intelligibiles a rebus acceptae ad scientiam de rebus materialibus habendam, ideo non per solam participationem de rebus materialibus notitiam habemus.* Alles im Lichte Gottes zu schauen, komme nach Augustinus nicht allen Menschenseelen zu, sondern nur denen, die reinen Herzens sind wie die Seelen der Verklärten. *Ipse dicit, quod rationalis anima non omnis et quaecunque, sed quae sancta et pura fuerit, asseritur illi visioni, scilicet rationum aeternarum esse idonea, sicut sunt animae beatorum. (Ibidem, art. 5.)* Für uns gewöhnliche Menschenkinder jedoch gilt: *Oportet dicere, quod in ipsa anima sit aliqua virtus, per quam possit phantasmata illustrare. Et hoc experimento cognoscimus, dum percipimus, nos abstrahere formas universales a conditionibus particularibus, quod est facere actu intelligibilia.* (Summa theol. I. quaest. 79. art. 4.) Welche ist nun aber diese der intellectiven Seele selbst angehörige, d. h. nicht von aussen herrührende Kraft, welche, die Phantasmen erleuchtend, das Uebersinnliche im Sinnlichen erkennbar macht? Wir stehen hier vor der Lehre vom *intellectus agens,* dem bis auf unsere Tage herab so vielfach missverstandenen νοῦς ποιητικός des Aristoteles.

XIII. Vom intellectus agens

(νοῦς ποιητικός).

Die falschen Auffassungen bei Alexander von Aphrodisias und Averroës. — Die richtige Auffassung bei Theophrast von Lesbos. — Ursache des Missverständnisses. — Uebereinstimmung zwischen Thomas von Aquino und Theophrast von Lesbos. — Der *intellectus practicus* ist nicht der *intellectus agens*. — Was ist *ratio inferior et superior*, was *intellectus* und *intelligentia*. — Etwas vom unmittelbaren Gottesbewusstsein. — *Synderesis (συντήρεσις)* und *conscientia*. — Erleuchtung.

Nostrae cognitionis origo in sensu est, etiam de his quae sensum excedunt.

St. Thomas Aquinas. *(Summa contra gentiles. Lib. I. cap. 12.)*

Zum Abschlusse des über den Intellect zu Sagenden haben wir uns noch über einige Begriffe zu verständigen, ohne deren richtige Fassung die peripatetische Philosophie ein fernes Fabelland bleibt, von welchem sich mit wenig Witz und viel Behagen in herkömmlicher Weise alles Mögliche und Unmögliche berichten lässt. Der erste und vornehmste dieser Begriffe ist der des *intellectus agens,* des in den verschiedenartigsten phantasiereichen Gestalten erschienenen, zum wahren Proteus verzerrten und verschwommenen νοῦς ποιητικός.

Was sich in den auf uns gekommenen aristotelischen Schriften, besonders aber in den drei Büchern Περὶ ψυχῆς *(Lib. III. cap. 4. und 5.)* über unseren Gegenstand findet, ist so gedrängt und lückenhaft, dass es mehr nur als blosser Entwurf des zu Sagenden oder auch als von der flüchtigen Hand eines Zuhörers herrührende, die Hauptpunkte des Vortrages kaum vollständig markirende Skizze betrachtet werden muss, nicht aber als die vom Philosophen selbst beabsichtigte ausführliche Darlegung des Gedankens. Nach dem einstimmigen Urtheile der sachverständigen Philosophen und Philologen wird daraus allein die Sache sich niemals entscheiden lassen, besonders aber dort nicht, wo man die Stirne hat, überall, wo die Aussprüche des Stagiriten nicht gleich zusammenzustimmen scheinen, den Widerspruch, der hinter der Stirne des gelehrten Herrn Commentators sich einstellt, einfach in den hellen Kopf eines Aristoteles zu übertragen. Lichtenberg aber meint: »Philosophische Köpfe sind Spiegel des Geistes«, und ich weiss augenblicklich nicht, wer in meinen Lichtenberg die Randglosse zu schreiben sich erlaubt hat: »Aus dem Spiegel aber müssen die Züge Desjenigen herausschauen, der hineinschaut.«

Zwei grundfalsche, mit der gesammten Denkweise und Weltanschauung des Weisen von Stageiros unverträgliche Auslegungen haben sich seit dem Wiederaufleben der classischen Studien bei leider gleichzeitigem Verfall der mittelalterlichen Kunst und Wissenschaft geltend gemacht und in der Geschichte der Philosophie eine Art despotischer Herrschaft errungen, die des Alexander von Aphrodisias und die des Averroës. Beide kommen darin überein, dass der νοῦς ποιητικός kein zur Natur der menschlichen Seele selbst Gehöriges, sondern bloss ein von einem hoch über ihr schwebenden Allgeist ihr Mitgetheiltes sei, welches von aussen (θύραθεν) in sie hineingelange, und nach dem Tode wieder zurückkehre, von wannen es gekommen, dass darum die persönliche Unsterblichkeit der Menschenseele nach Aristoteles ein Wort ohne Sinn, und wo er von einer solchen zu reden »scheine«, wie so manches ἔοικε, wieder nur eine Anbequemung an die Vorstellungsweise des süssen Pöbels von Athen sein müsse, der unserem Philosophen ganz besonders am Herzen gelegen zu sein »scheint«. Der vegetativ-sensitive Theil der Seele nämlich sei ja von der Materie des Leibes untrennbar, müsse folglich mit diesem selbst vergehen, während der allein trennbare νοῦς als selbstständiger zu existiren aufhöre und zurückwandere in seinen Urquell, ein Tröpflein, das ins unermessliche Meer zerfliesst und nimmer wiederkehrt. Die beiden Schulen unterscheiden sich nur in dem ziemlich unwesentlichen Stücke, dass die Averroisten als dieses unseren fleischlichen Augen unzugängliche Reservoir der Geister eine Art von Weltseele oder Erdengeist betrachtet wissen wollen, beiläufig dem ähnlich, der dem Dr. Faust erscheint und sich selbst ganz schulgerecht definirt mit den Worten: »Webe hin, webe her, Geburt und Grab, ein ewiges Meer.« Nach den Alexandrinern aber ist, wie bereits hinlänglich bekannt, dieser Allgeist einfach der liebe Gott. Diese alexandrinische Auslegung ist es, die in Deutschland während der Herrschaft der nachkantischen Identitätsphilosophie aus naheliegenden Gründen wieder zu Ehren gekommen ist und, da sie von einem übrigens vielfach sehr achtenswerthen Geschichtsschreiber der griechischen Philosophie acceptirt wurde, noch immer in voller Blüthe steht, trotzdem Forscher wie Trendelenburg, Prantl, Bonitz, Brandis, Brentano, Ueberweg dieselbe als noch sehr fraglich befunden, grösstentheils aber sich dahin ausgesprochen haben, dass der νοῦς ποιητικός ein zur Natur und Individualität des Menschen Gehöriges sei. Anstatt den Leser mit einer weitläufigen Auseinandersetzung der vielen hierher gehörigen Erörterungen zu ermüden, will ich nur das Eine erwähnen, dass zu den Vertretern der zuletzt genannten Anschauungsweise, derzufolge der νοῦς ποιητικός ganz entschieden zum Wesen der einzelnen Menschenseele gehört, Einer zählt, dessen Votum schwerer als das aller Uebrigen in die Wagschale fällt, weil er Aristoteles am nächsten steht. Es ist kein Geringerer als Theophrast von Lesbos, der persönliche Schüler und Freund des Stagiriten, den dieser selbst sowohl seiner gründlichen Kenntniss der peripatetischen Lehre als seines liebenswürdigen Charakters wegen zu seinem unmittelbaren Nachfolger auf dem Katheder im Lykeion bestimmte. Aus dem als Bruchstück geretteten fünften Buche der Physik Theophrast's geht, wie Brentano nachgewiesen,[*] seine diesbezügliche Lehre klar und keinen Zweifel zulassend, hervor, und von ihm gilt Heraklit's Εἷς ἐμοὶ ἀντὶ πολλῶν.

---

[*] Die Psychologie des Aristoteles, insbesondere seine Lehre vom νοῦς ποιητικός. Von Dr. Franz Brentano.

Wir müssen uns einstweilen mit dem blossen Resultate dieser in jüngster Zeit gepflogenen gründlichen Untersuchungen begnügen, nach welchen die in Rede stehende Lehre des Aristoteles in Folgendem sich zusammenfassen lässt: Der wirkliche Gegensatz zum νοῦς ποιητικός ist nicht, wie man gewöhnlich annahm, der νοῦς παθητικός, sondern der νοῦς δυνάμει, das heisst der Menschengeist als bloss potentielles Sein, als passiv aufnehmendes, nicht aber als thätiges Princip betrachtet, während der νοῦς ποιητικός dem erschlossenen geistigen Wesen, dem ἐνεργείᾳ ὄν im Gegensatze zum blossen δυνάμει ὄν angehört. Er ist also kein dem Sein und Wesen nach, sondern nur dem Thätigsein nach vom νοῦς δυνάμει Verschiedenes, während er vom νοῦς παθητικός, der eine leibliche Kraft (Phantasie und Combinationskraft) ist, dem Sein und Wesen nach sich unterscheidet. Er ist kein von aussen (θύραθεν) zum νοῦς δυνάμει Hinzukommendes, sondern eine Energie des zum sinnlichen Theile der Seele von aussen hinzukommenden Geistes im Menschen. (*Themistius. De anima fol. 91.*) Diese Energie des Geistigen im Menschen aber ist es, die uns befähigt, das Uebersinnliche im Sinnlichen zu erkennen, indem sie, zunächst dem sensitiven Theile zugewandt, diesem den nöthigen Impuls zur Rückwirkung auf das Geistige verleiht. Das Sinnliche nämlich ist aus sich selbst nicht im Stande, auf das Geistige zu wirken, um dieses zur Abstraction übersinnlicher Gedanken aus den Phantasmen zu veranlassen, die eben die höchste Leistung des αἰσθητικόν bilden. Ihm fehlt der Weg zu diesem Ziele, unter so vielem Anderen schon aus dem einfachen Grunde, weil es das Ziel nicht kennt. Es ist ja, wie wir uns genugsam überzeugten, keines Einheits-, keines Seins-, keines Causalitäts- und Freiheitsgedankens, somit auch keiner Ahnung von dem Dasein eines geistigen Wesens fähig. Der Impuls also, der die Phantasmen mit dem Geistigen in Verbindung setzt, das Licht, das die Phantasmen erleuchtet und dadurch das Geistige für uns Menschen, die wir eben mit unserem Denken an die Phantasmen gebunden sind, erkennbar macht, kann darum nur vom Geiste selbst ausgehen, und diese das Denken erst ermöglichende, daher vor allem Denken schon wirk-

same Kraft des Menschengeistes, vergleichbar einem
Strahlen aussendenden Auge, das zugleich leuchtet
und sicht, ist der νοῦς ποιητικός.

Wie aber mag Alexander von Aphrodisias, wie mögen so
viele Erklärer alter, neuer und neuester Zeit dazu gekommen
sein, den νοῦς ποιητικός für einen Ausfluss des göttlichen Geistes
zu nehmen, und damit Aristoteles, und Thomas mit ihm, zum
Pantheisten oder Semipantheisten zu stempeln? — Das lässt
sich, da nunmehr der Urtext der hierher gehörigen Stellen, zunächst das fünfte Hauptstück aus dem dritten Buche Περὶ ψυχῆς
sichergestellt ist, sehr wohl erklären und auch einigermassen
entschuldigen. Wir kennen bereits zur Genüge das nach Aristoteles
allenthalben waltende, Alles nach Plan und Ziel gestaltende und
leitende göttliche Denken. Wie sollte uns dieses nicht gerade
an diesem entscheidenden, den grossen, wundervollen Bau des
Makrokosmus vollendenden Punkt entgegenleuchten, wo alle
Mächte des Daseins, Anorganisches und Organisches, Natur und
Geist, im Mikrokosmos, im Menschen, dem »Lieblinge Gottes«
(θεοφιλέστατος), zum harmonischen Accord ausklingen? — Eine
nicht bloss unconsequente und ungereimte, sondern, wie Brentano
in seiner Psychologie des Aristoteles mit Recht sagt, lächer-
liche Annahme wäre es, dass im Menschen, dessen beide wesentlichen Bestandtheile nur durch göttliche Schöpfermacht zur einen
menschlichen Substanz geeinigt sind und sein können, der höchste
und lebendigste Ausdruck dieser Einigung, der dem Menschen
allein eigenthümliche, seine zweifache Herkunft am klarsten
bekundende Vorgang des sinnlich-geistigen Denkens ein Werk
des blinden Zufalls sei, und »Aristoteles lag sie so ferne, dass
er vielmehr immer und auf das nachdrücklichste hervorhebt,
dass das Denken mehr als alles Andere der Zweck des
Menschen sei. Darum musste er gerade hier zu jenem
höheren Principe empordeuten, welches Alles nach
vernünftigen Zwecken ordnend, auch den wirkenden
Verstand in jene Stellung zum sensitiven Theile
brachte, in der er, die Phantasmen erleuchtend, durch
sie den aufnehmenden Verstand zum wirklichen Denken
zu führen fähig ist. ..... Viele Erklärer nun haben einge-

sehen, dass hier vom göttlichen Verstand die Rede sein müsse:
allein den Zusammenhang verkennend, wurden sie
dazu verleitet, den νοῦς ποιητικός selbst für die Gottheit
zu halten.« —

Wenden wir uns nunmehr zu Thomas von Aquino. Welche
Stellung nimmt er zur diesbezüglichen Lehre seines unvergleichlichen Meisters, dessen Fussspuren zu finden und ihnen nach-
zuwandeln er gerade hier wieder mit solcher Vorurtheilslosigkeit,
mit so heiliger Scheu und Ehrfurcht, darum aber auch mit
solchem Erfolge bemüht ist, dass sich in augenscheinlichster
Weise die schöne Bemerkung des Francis Baco v. Verulam an
ihm bewahrheitet, welcher meint, das Wort des Heilands: »Wenn
ihr nicht werdet wie Kinder, könnt ihr nicht eintreten ins
Himmelreich«, gelte auch für das Reich der Wissenschaft. Wir
werden uns überzeugen, dass Thomas von Aquino im Verlaufe
von zwei Jahrtausenden der Einzige war, der trotz der unzu-
reichenden und geradezu zum Irrthume drängenden Hilfsmittel,
die ihm zu Gebote standen, auch hier das Richtige mit vollster
Sicherheit erkannte, es mit aller Entschiedenheit aussprach, und
so abermals den schlagenden Beleg bildet für das Xenophaneische
Σοφὸν εἶναι δεῖ τὸν ἐπιγνωσόμενον τὸν σοφόν (Ein Weiser muss sein,
wer den Weisen erkennt), und des Averroës *Si sermo Aristotelis
non inveniretur in eo, tunc valde esset difficile impingere super
ipsum, nisi inveniretur talis ut Aristoteles.*

Allerdings weiss Brentano selbst bei Thomas noch Ab-
weichungen von der genuinen Lehre des Aristoteles hervorzuheben; doch sind dieselben so nebensächlicher Natur, dass sie
in diesem Buche, welches sich die Aufgabe gestellt hat, die
aristotelisch-thomistische Psychologie (also die vom Aquinaten
immerhin in unwesentlichen Dingen umgebildete und theilweise
ausgebildete Seelenlehre des Stagiriten) wiederzugeben, füglich
unerwähnt bleiben können. Das Wesentliche betreffend, lautet
das Resultat der eben so scharfsinnigen als scharfen Kritik
Brentano's: »Welche Auslegung hat nun aber er, der grösste
Denker des Mittelalters, der mit seinem congenialen Geiste die
schwierigst verständlichen Lehren des Aristoteles aus dem vielfach corrumpirten Texte oft mehr herausgefühlt als herausgelesen

hat, den Worten des Philosophen gegeben? — Er gibt eine Erklärung, die mit jenem Fragmente des Theophrast, welches uns in der Paraphrase des Themistius erhalten ist, in beachtenswerther Weise in allen angegebenen Punkten übereinstimmt.«

In der Schrift *De spiritualibus creaturis (Quaest. disp. unica)* begegnen wir im zehnten Artikel unter dem Titel *Utrum intellectus agens sit unus omnium hominum* einem tiefgedachten Commentar über die so vielfach ausgebeutete und ausgedeutete Stelle Περί ψυχής *Lib. III. cap. 5.*, in welchem Thomas klar erkennt, dass Aristoteles allerdings hier von einem hoch über der Menschenseele stehenden Geiste rede, der aber kein anderer als der göttliche Geist selbst, der erste Beweger sei, dass hingegen das geistige Licht des *intellectus agens* zur Natur der Menschenseele selbst gehöre, und mit diesem göttlichen Geiste darum nicht verwechselt werden dürfe, obwohl es von diesem und nicht, wie die Neuplatoniker und Averroisten lehren, von einem tiefer stehenden Geiste verursacht wird. *Quis autem sit iste intellectus separatus, a quo intelligere animae humanae dependet, considerandum est. Quidam enim dixerunt, hunc intellectum esse infimam substantiarum separatarum, quae suo lumine continuantur cum animabus nostris. Sed hoc multipliciter repugnat veritati. Primo quidem quia, cum istud lumen intellectuale ad naturam animae pertineat, ab illo solo est, a quo animae natura creatur. Solus autem Deus est creator animae, non autem aliqua substantia separata, quam Angelum dicimus: unde significanter dicitur, quod ipse Deus in faciem hominis spiravit spiraculum vitae. Unde relinquitur, quod lumen intellectus agentis non causatur in anima ab aliqua alia substantia separata, sed immediate a Deo.* Der *intellectus agens* hat nun die Aufgabe, von der Materie vermittelst der Phantasmen die *quidditates rerum sensibilium*, d. h. das Wesentliche, welches den sinnlichen Erscheinungen zu Grunde liegt, zu abstrahiren und so das bleibende Sein vom wechselnden und vergehenden Schein zu unterscheiden. Aristoteles wurde nach Thomas zur Annahme des *intellectus agens* geführt, weil es ihm nicht möglich war, seinem Lehrer Plato beizustimmen, nach welchem diese *quidditates rerum* nicht blosse intentionale

Existenz ausserhalb der physischen Dinge haben, also nicht nur in der Abstraction, sondern in aller Wirklichkeit von ihnen trennbar sein sollen. *Inducitur Aristoteles ad ponendum intellectum agentem ad excludendum opinionem Platonis, qui posuit, quidditates rerum sensibilium esse a materia separatas et intelligibiles actu, unde non erat ei necessarium, ponere intellectum agentem. Sed quia Aristoteles ponit, quod quidditates rerum sensibilium sunt in materia, et non intelligibiles actu, oportuit, quod poneret aliquem intellectum, qui abstraheret a materia, et sic faceret eas intelligibiles actu. (De Verit. quaest. 6.)* - - *Phantasmata et illuminantur ab intellectu agente, et iterum ab eis per virtutem intellectus agentis species intelligibiles abstrahuntur. (Summa theol. quaest. 85. art. 1.)* Weit entfernt davon, dass der *intellectus agens* ein das Geistige im Menschen überragender Geist oder auch nur ein solch einem höheren Geiste Angehöriges wäre, unterscheidet sich vielmehr das geistige Denken des Menschen gerade durch ihn von dem der reinen Geister. *Intellectus noster intelligit materialia abstrahendo a phantasmatibus; et per materialia sic considerata in immaterialium quamdam cognitionem devenimus, sicut econtra Angeli per immaterialia materialia cognoscunt. (Ibidem.)* Dazu kommt noch der Unterschied, dass der menschliche Intellect nicht wie der des Engelgeistes immer *in actu* ist, noch weniger aber identisch gesetzt werden darf mit dem geistigen Sein; denn nur in Gott, dem *actus purus,* sind Sein und Denken Eins. *In solo Deo intellectus Ejus est Ejus essentia; in omnibus autem creaturis intelligentibus intellectus est quaedam potentia intelligentis. (Summa theol. I. quaest. 79. art. 1.)* Im Engelgeiste ist zwar das Denken nicht mit dem Sein identisch, wohl aber untrennbar von ihm, so zwar, dass der reine Geist nach Thomas vom ersten Momente seines Daseins an selbstbewusst und denkend ist. Im Menschen endlich, dessen Seele die unterste Stufe der geistigen Wesen einnimmt, ist ebenso, wie das Selbstbewusstsein wegen der Abhängigkeit der Seele von der leiblichen Entwicklung nicht schon vom Anfange an in Thätigkeit ist, alles Intellective zunächst nur der Möglichkeit nach vorhanden, daher der menschliche Intellect zu Anfang einer leeren Tafel gleicht, die aber die Möglichkeit oder Fähigkeit in sich trägt, alle erdenklichen Schriftzüge aufzunehmen. *Intellectus humanus, qui est infimus in ordine intellectuum et maxime remotus a perfectione divini intellectus, est in potentia respectu intelligibilium, et in principio est sicut tabula rasa, in qua nihil est scriptum, ut dicit philosophus (in III. de anima). Quod manifeste apparet ex hoc, quod in principio sumus intelligentes solum in potentia, postmodum autem efficimur intelligentes in actu. (Ibidem.)* Das nur *in potentia* Vorhandene kann aber nur durch ein *actu* Vorhandenes aus der Potentialität geweckt werden, und vor dieser Weckung selbstverständlich die ihm eigenthümlichen Lebenserscheinungen nicht bethätigen, daher auch der Menschengeist als bloss *in potentia* existirender und als bloss aufnehmender Verstand *(intellectus possibilis)* die Abstraction der *species* nicht vollziehen kann. *Oportet igitur ponere aliquam virtutem ex parte intellectus, quae faciat intelligibilia in actu per abstractionem specierum a conditionibus materialibus; et haec est necessitas ponendi intellectum agentem. (Ibidem, art. 3.)* Eines *sensus agens* bedarf es nicht, weil das sinnlich Wahrnehmbare schon ausserhalb der Seele und ohne deren Mitwirkung *in actu*, das heisst eben sinnlich wahrnehmbar ist, *quod sensibilia inveniuntur actu extra animam, et ideo non oportet ponere sensum agentem.* Nicht so das Uebersinnliche, welches nicht schon als solches für uns vorhanden ist, sondern erst *per abstractionem specierum* von uns gewonnen werden muss. Um dieses zu gewinnen, bedarf unser Intellect eines Agens in derselben Weise, wie das Auge des Lichtes bedarf, um die Farben zu sehen, die gleichfalls ohne Licht für uns nicht vorhanden sind und nur als Lichtschwingungen zu unserer sinnlichen Wahrnehmung gelangen, wie auch die durch den *intellectus agens* gewonnenen *species* nicht materielle, sondern geistige Bewegungen sind. Daher auch der Vergleich des *intellectus agens* mit einem Auge, welches Licht aussendet und die erleuchteten Objecte in diesem seinem eigenen Lichte sieht. Die Geistigkeit des Receptiven *(intellectus possibilis)* allein hilft nicht dazu, das Sinnliche auf geistige Weise zu fassen; denn da die Naturdinge, von denen die Phantasmen eben herrühren, nie ohne Materie vorhanden sind, so ist auch das im menschlichen Intellect entstandene Intelligible *in actu* kein in Wirklichkeit selbstständig Existirendes. *Si agens non praeexistit, nihil ad hoc faciet dispositio recipientis. Intelligibile autem in actu non est aliquid existens in rerum natura, quantum ad naturam rerum sensibilium, quae non subsistunt praeter materiam. Et ideo ad intelligendum non sufficeret immaterialitas intellectus possibilis, nisi adesset intellectus agens, qui faceret intelligibilia in actu per modum (motum) abstractionis. (Ibidem, art. 3.)* Im folgenden vierten Artikel bezeichnet Thomas ihn als eine Kraft der Seele, die höheren Ursprunges ist als die übrigen Seelenkräfte des Menschen, als *virtutem quamdam in anima a superiori intellectu derivatam,* womit aber durchaus nicht gesagt ist, dass er etwa ein Ausfluss dieses höheren (göttlichen) Intellectes sei, wie ja dieses auch aus dem vielfach erwähnten fünften Capitel des dritten Buches *De anima* nicht gefolgert werden darf, weil ein göttlicher Einfluss auf die Seele noch kein Ausfluss des göttlichen Wesens in die Seele zu sein braucht. Man muss den ganzen vierten Artikel und auch den darauf folgenden fünften nicht einmal flüchtig gelesen, sondern die Worte *Oportet dicere quod in anima ipsa sit aliqua virtus derivata a superiori intellectu* nur aufs Gerathewohl aufgegriffen haben, um sie im pantheistischen Sinne zu erklären. Ist doch gerade am Schlusse des vierten Artikels, bis zu welchem vorzudringen immerhin für Viele eine recht verdriessliche Arbeit sein mag, mit ein paar Worten Alles gesagt, was zu wissen nöthig und meines Erachtens auch leicht genug zu verstehen ist, dass es nämlich eine und dieselbe menschliche *anima intellectiva* sei, der sowohl die Kraft, die Phantasmen zu erleuchten (der *intellectus agens*) als auch das bloss *in potentia* und receptiv sich verhaltende Geistige (der *intellectus possibilis*) angehört. *Nihil prohibet, unam et eandem animam, inquantum est immaterialis in actu, habere aliquam virtutem, per quam faciat immaterialia in actu, abstrahendo a conditionibus individualibus materiae (quae quidem virtus dicitur intellectus agens), et aliam virtutem receptivam hujusmodi specierum (quae dicitur intellectus possibilis) inquantum est in potentia ad ejusmodi species.* Im fünften Artikel aber *(Utrum intellectus sit unus in omnibus)* gelangt Thomas, nachdem er die falschen Auslegungen der aristotelischen Lehre in ebenso scharfsinniger als rücksichtsvoller Weise corrigirt, zu dem Resultate, dass der *intellectus agens,* weil er eben eine, jedwedem Menschengeiste als einzelnem eigenthümliche Kraft sei, nicht ein allen Menschenseelen·gemeinsamer Geist sein könne, und schliesst: *Cum intellectus sit virtus animae, necesse est, non unum in omnibus esse, sed multiplicari ad multiplicationem animarum.* Es ist schwer vorzustellen, wie man noch deutlicher sprechen und dennoch Jahrhunderte lang falsch aufgefasst werden könne. Wem es aber noch nicht deutlich genug sein sollte, dem wäre höchstens mit einem der in unserer Zeit so beliebt gewordenen populären Vorträge der Staar zu stechen. Glücklicher Weise existirt nun ein solcher streng populärer Vortrag über unsern Gegenstand in der That, und noch obendrein vom Aquinaten selbst. Er ist enthalten in *Summa contra Gentiles, lib. II. cap. 76, 77* und *78,* welche die Titel führen: *Quod intellectus agens non sit substantia separata, sed aliquid animae. - Quod non est impossibile, intellectum possibilem et agentem in una substantia animae convenire. — Quod non fuerit sententia Aristotelis, quod intellectus agens sit substantia separata, sed magis aliquid animae.* Abschreiben kann ich diesen populären Vortrag nicht. Er ist zu umfangreich, und ich bin überhaupt kein Abschreiber, muss mich daher damit begnügen, ihn zur Lesung angelegentlichst zu empfehlen; denn er ist so einfach und klar, so passend mit aus dem Leben gegriffenen Bildern und Gleichnissen illustrirt, dass ein Katechet in der Volksschule seinen Knaben und Mädchen damit eine vergnügte Stunde bereiten könnte, und mancher Leser von dem geheimen Grauen, das ihn beim Anblicke eines thomistischen Werkes in Folge der von Jugend auf eingesogenen Vorurtheile ergreift, gründlich geheilt werden dürfte. Der eigentliche Kern der Sache ist aber: *Est igitur in anima intellectiva virtus activa in phantasmata, faciens ea intelligibilia actu, et haec potentia vocatur intellectus agens.* Das ist es, was auch Aristoteles *(Anima III. 5.)* meint, wenn er sagt, unser Geist sei so geartet, dass er einerseits Alles zu werden befähigt ist (intentionell nämlich), andererseits aber Alles bewirkt, in ähnlicher Weise, wie das Licht, welches die ohne dasselbe nur der Möglichkeit nach seienden Farben zu wirklichen Farben und sichtbar macht. Καὶ ἔστιν ὁ μὲν τοιοῦτος νοῦς τῷ πάντα γίνεσθαι, ὁ δὲ τὸ πάντα ποιεῖν, ὡς ἕξις τις, οἷον τὸ φῶς.

Vom *intellectus agens* zu unterscheiden ist dasjenige, was St. Thomas den *intellectus practicus* nennt. Dieser nämlich ist (im Gegensatze zum *intellectus speculativus*) das auf das Wollen und Handeln des Menschen gerichtete Denken, also dasselbe, was Kant unter der dem Willen Gesetze vorschreibenden praktischen Vernunft, im Unterschiede zu der auf das Gebiet des Denkens sich beschränkender reinen Vernunft meint. *Intellectus speculativus est, qui, quod apprehendit. non ordinat ad opus, sed ad solum veritatis considerationem, practicus vero, qui hoc, quod comprehendit, ordinat ad opus. Et hoc est, quod philosophus (Aristoteles) dicit in libro III. De Anima, quod speculativus differt a practico fine. (Summa theol. quaest. 79. art. 11.)*

Es ist gefehlt, das Wort *Ratio* einfach mit »Vernunft« zu übersetzen und diese dem »Verstande« als höheres Erkenntnissvermögen dem niederen gegenüberzustellen. Vielmehr bezeichnet die *ratio* im thomistischen Sinne jene unvollkommene Art des Intellectes, die eben nur in dem auf der untersten Stufe der Geisterwelt stehenden Menschen sich äussert, nämlich das discursive Denken, welches auf dem langsamen Wege der Begriffsbildung durch Urtheil und Schluss untersuchend und entdeckend zur Wahrheit gelangt, während der nicht an die Phantasmen gebundene reine Geist dieselbe direct und ohne den mühsamen Weg des Forschens und Aufsteigens vom Sinnlichen zum Geistigen erfasst. *Angeli, qui perfecte possident secundum modum suae naturae cognitionem intelligibilis veritatis simpliciter et absque discursu veritatem rerum apprehendunt, ut Dionysius dicit. (Ibidem, quaest. 79. art. 8.)* Auch Kant (Kritik der Urtheilskraft) meint: »Nun können wir uns aber auch einen Verstand denken, der, weil er nicht wie der unsrige discursiv, sondern intuitiv ist, von der Anschauung eines Ganzen als einem solchen zum Besonderen, d. i. vom Ganzen zu den Theilen geht, der also und dessen Vorstellung die Verbindung der Theile und deren Zufälligkeit nicht in sich enthält, um eine bestimmte Form des Ganzen erst möglich zu machen, die unser Verstand bedarf, welcher von den Theilen, als allgemein gedachten Gründen, zu verschiedenen darunter zu subsummirenden Formen, als Folgen fortgehen muss.« — Der Aquinat sagt dasselbe mit den Worten: *Eadem in homine potentia est ratio et intellectus, licet intelligere sit simpliciter veritatem intelligibilem apprehendere, ratiocinari autem de uno intellecto procedere ad aliud; hoc enim imperfecti, illud perfecti est. (Ibidem.)* Die Engel haben demzufolge nur Intellect, nicht *rationem*, und nur die Menschen werden mit Recht *rationales* genannt, weil sie zur intellectiven Erkenntniss nur vermittelst der Erkenntniss- oder Vernunftgründe *(rationes)* von einem Erkannten zum andern und höhern fortschreitend gelangen. *Homines autem ad intelligibilem veritatem cognoscendam perveniunt procedendo de uno ad aliud, et ideo rationales dicuntur. (Ibidem.)* — *Ratiocinari comparatur ad intelligere sicut moveri ad quiescere, vel acquirere ad habere, quorum unum est perfecti, aliud autem imperfecti. Et quia motus semper ab immobili procedit et ad aliquid quietum terminatur, inde est, quod ratio humana secundum viam inquisitionis vel inventionis procedit a quibusdam simpliciter intellectis, quae sunt prima principia, et rursus in via judicii resolvendo redit ad prima principia. (Ibidem.)* Das menschliche Denken bewegt sich demnach, wenn es mit Erfolg thätig ist, in einer Verbindung von Induction und Deduction, und ist insofern vom Intellect des reinen Geistes, der Ganzes und Theile, Grund und Folge, Substanz und Accidens *uno intuitu* ergreift, auch nicht wesentlich, sondern nur durch die Theilung der Arbeit verschieden. *Vis cognoscitiva Angelorum non est alterius generis a vi cognoscitiva rationis, sed comparatur ad ipsam ut perfectum ad imperfectum. (Ibidem.)*

Eben so wenig findet ein wesentlicher Unterschied statt zwischen der *ratio superior*, die sich auf das Ewige bezieht, und der *ratio inferior*, welche das Zeitliche und die Geschäfte des rein weltlichen irdischen Lebens zum Gegenstande hat, *nam secundum viam inventionis per res temporales in cognitionem pervenimus aeternorum, secundum illud Apostoli: »Invisibilia Dei per ea, quae facta sunt, intellectu conspiciuntur.«* — *Oportet, quod per Dei similitudines in effectibus repertas in cognitionem Ipsius homo ratiocinando perveniat. (Summa contra gent. lib. 1. cap. 11.)* — *Quia quidditas Dei non est nobis nota, ideo quoad nos Deum esse non per se notum est, sed indiget demonstratione.*

(De Verit. quaest. 10. art. 12.) An ein unmittelbares Ueber-
zeugtsein vom Dasein Gottes, von der geistigen Natur
und Unsterblichkeit der Seele, überhaupt an eine mühe-
lose Einsicht in Sachen und Angelegenheiten, die über
das Sinnliche hinausgehen, glaubt der Doctor Angelicus
also nicht, und man braucht es darum auch keinem
Gegner der Philosophie zu glauben, dass er im Besitze
solcher Einsichten sei, selbst wenn er es mit noch so
frommer Miene betheuert.

Intellectus und *Intelligentia* verhalten sich wie *potentia* und
*actus Nomen intelligentiae proprie significat ipsum actum intel-
lectus. (Ibidem, art. 10.)* Dieser *actus intellectus* aber unterscheidet sich wieder vom *intellectus agens* dadurch, dass
ersterer jede Denkthätigkeit des Geistes bezeichnet, letzterer
aber nur jene zuvor gekennzeichnete, genau bestimmte Kraft
des Menschengeistes, welche das wirkliche Denken des Menschen
überhaupt möglich macht.

Was St. Thomas unter *Synderesis* (συντήρησις) versteht,
dürften die aus Günther's Schule Kommenden am schnellsten
erfassen. Es ist nämlich die *synderesis* ganz dasselbe, was Günther
als subjectives Gewissen behandelt, nämlich der dem sittlichen Handeln zu Grunde liegende richtige Vernunftgebrauch,
besonders die Gesetzgebung des Geistes, der nach des Apostels
Wort das Gesetz in den Gliedern widerspricht. Sie ist nicht
eine über der *ratio* stehende Potenz, sondern ein *habitus rationis.*
— *Sicut ratio speculativa ratiocinatur de speculativis, ita ratio
practica ratiocinatur de operabilibus. Oportet ergo naturaliter nobis
esse indita sicut principia speculabilium ita et principia
operabilium. .... Et principia operabilium nobis naturaliter indita non pertinent ad specialem potentiam sed ad specialem habitum
naturalem, quem dicimus synderesin. Unde et synderesis dicitur
instigare ad bonum et murmurare de malo. (Ibidem. 12.)* Die *synderesis* wird auch zuweilen *conscientia* genannt; doch ist die
conscientia mehr ein *actus* als ein *habitus,* und drückt die Application unseres Bewusstseins auf die von uns bewirkte Handlung
aus. Das Amt der *conscientia* (des Gewissens) nämlich ist zu
allernächst, trotz aller Ausflüchte und Sophismen, mit denen der

Mensch sich als Grund der von ihm selbst bewirkten That zu verneinen sucht, dafür Zeugniss zu geben, dass sie von ihm geschehen oder nicht geschehen ist, die *testificatio*. Eine zweite Art der Application liegt darin, dass das Gewissen den Menschen verbindet und drängt, etwas zu thun oder zu unterlassen, die dritte endlich in dem richterlichen Urtheile des Gewissens über die vollbrachte That. *Conscientia secundum proprietatem vocabuli (cum scientia) importat ordinem scientiae ad aliquid. Quae quidem applicatio fit tripliciter. Uno modo, secundum quod recognoscimus, aliquid nos fecisse vel non fecisse; et secundum hoc conscientia dicitur testificari. Alio modo applicatur secundum quod per nostram conscientiam judicamus, aliquid esse faciendum vel non faciendum; et secundum hoc dicitur ligare et instigare. Tertio modo applicatur secundum quod per conscientiam judicamus, quod aliquid, quod est factum, sit bene factum vel non bene factum; et secundum hoc conscientia dicitur excusare vel accusare seu remordere. (Ibidem, art. 13.)*

Selbstverständlich ist damit keineswegs ausgeschlossen, dass in der Gewissensstimme sich auch eine höhere Assistenz und Erleuchtung beurkunden könne, wesshalb das Gewissen Manchen als das Organ für die Einsprechungen der heiligen Engel und Gottes (objectives Gewissen) gilt. Uebrigens treten wir mit diesen Erwägungen bereits auf ein anderes, gewiss nicht weniger fruchtbares und das Interesse jedes denkenden Menschen in noch höherem Grade in Anspruch nehmendes Gebiet, nämlich auf das des menschlichen Wollens.

XIV. Der menschliche Wille.

Appetitus sensitivus et intellectivus. — Unterschied von Denken und Wollen. — Wollen und Begehren. — Wollen und Wahl. — Einfluss der Vernunft auf den Willen und das Begehren. — Der Kampf zwischen dem vernünftigen Wollen und den blinden Naturtrieben. — Er ist kein Beweis für ein zweifaches Lebensprincip im Menschen, sondern für die substantiale Einheit. — Die Willensfreiheit. — Untrennbarkeit des freien Wollens vom Intellect. — Zusammenhang der Freiheitslehre mit den erkenntnisstheoretischen Principien der peripatetischen Schule. — Freier Wille und Inclination. — Sittlicher Ernst der aristotelisch-thomistischen Freiheitslehre. — Scheinbare Ueberlegenheit der unfreien Naturwesen. — Determination des menschlichen Denkens und Wollens. — *Aestimativa* (sinnliches Urtheil) und *collativa* (geistiges Urtheil). — Die Kinder und die Thierwelt. — Verantwortlichkeit, Lohn und Strafe. — Der Einfluss der Gestirne auf den Menschen. — Vorzeichen und Ahnungen. — Das Duell als eine Abart der Aberglaubens. — Wahlfreiheit und Entschiedenheit. — *Βούλησις* und *προαίρεσις*.

Eadem forma potest habere simul de eodem objecto diversos actus appetendi consequentes diversas cognitiones praevias.

Gabriel Biel, der letzte Scholastiker.
(Collectorium in Occami sent. lib. II. dist. 16.)

Wie in den niederen und an die leiblichen Organe gebundenen Theilen der menschlichen Seele, findet sich auch im intellectiven (geistigen) Theile derselben der Unterschied von apprehensiven und appetitiven Vermögens. Die dem Intellectiven eigenthümliche *potentia appetitiva* ist, im Unterschiede zum sinnlichen Begehrungsvermögen, dem sogenannten *appetitus sensitivus*, der Wille *(voluntas)*. Es ist ein ganz verwerflicher, unsere in der neueren Philosophie eingerissene Sprachverwirrung mächtig

fördernder Gebrauch, das Wort Wille auch für die Vorgänge
des animalischen Begehrens, oder wohl gar, wie dies seit Schopenhauer gang und gäbe geworden, im allerweitesten Sinne für alles
Gestalten und Streben der Naturmächte zu verwenden; denn es
gilt hier, wie wir uns überzeugen werden, mehr als irgendwo
das Wort: *Fides nominum salus proprietatum*, und nur die Anwendung dieser von Augustinus gegebenen Regel auf den speciellen Fall ist es, wenn Thomas Aquinas sagt: *Necesse est,
appetitum sensitivum et intellectivum (voluntatem) ad diversas potentias pertinere.* In der Schrift: *De potentiis animae (cap. 5.)* wird
in beachtenswerther Weise das *appetitivum* als Theil des *motivum*
bezeichnet, und zwar sowohl für die niederen, vegetativ-sinnlichen,
als auch für die höheren, intellectiven Potenzen. Es heisst daselbst: *Potentia autem haec (intellectualis) prima divisione sua dividitur in apprehensivam et motivam vel appetitivam. Hae duae
potentiae solum inveniuntur in substantiis spiritualibus seu intellectualibus.* Es geht daraus deutlich hervor und wird aus dem Folgenden noch deutlicher, dass damit eine nach aussen gerichtete
Bewegung, im Unterschiede zu den nach innen gewendeten
Veränderungen der apprehensiven Potenzen, gemeint ist, wie
dieses sich leiblicher Weise in dem Gegensatze der centripetalen
Richtung der Empfindungsnerven und der centrifugalen der dem
Begehren und Wollen dienenden motorischen Nerven ausdrückt.

Bei der Eintheilung des den niederen Potenzen angehörigen *appetitivum* folgt Thomas den bekannten, von Aristoteles
und theilweise bereits von Plato herrührenden Bestimmungen.
Es wird die *motiva sensitiva* getheilt in die *naturalis* und *animalis*. Zur *naturalis* gehört die vegetative Lebenskraft, die *virtus
vitalis* und *pulsativa*, welche auch ohne vorhergegangene Apprehension stattfindet und, wie dies deutlich bei der Bewegung der
Arterien und des Herzens bemerkbar ist, von der Herrschaft
der Vernunft und des Willens im Grossen und Ganzen unab-
hängig ist. Die *motiva animalis* hingegen bewegt in Folge geschehener Apprehension. Zu ihr gehört das Irascible (θυμοειδές)
und Concupiscible (ἐπιθυμητικόν), wovon dieses wieder als
eine die Bewegung nach einem wirklich oder vermeintlich Guten
und Angenehmen veranlassende und gebietende Macht bezeichnet

wird, jenes aber als die eine Bewegung zum Entfernen oder
Vonsichweisen des für unangenehm und schädlich Erachteten er-
heischende Kraft. Zu diesen befehlenden und dadurch die Bewegung hervorrufenden Mächten *(motivae imperantes et facientes
motum)* kommen als dirigirende und ausführende noch die Phantasie, die *aestimativa* und eine äusserliche, in den Nerven und
Muskeln verbreitete, nicht näher zu bezeichnende Kraft, die auffallend an jene elektrischen Strömungen gemahnt, die nach den
interessanten Experimenten unserer Physiker und Physiologen
bei den Nerven- und Muskelthätigkeiten eine bedeutende Rolle
spielen. *Motivae per modum dirigentis sunt phantasia et aestimativa, inquantum appetitui ostendunt formam vel intentionem con-
venientem, et disconvenientem: phantasia enim movet ostendendo formas
sensibiles, aestimativa ostendendo intentiones. (De pot. anim. cap. 5.)* —
*Vis exequens motum istum est exterior, quae diffusa est in
musculis et lacertis et nervis membrorum. (Ibidem.)* Als *vis exterior*
wird sie bezeichnet, um sie als eine rein physische von den
psychischen Kräften zu unterscheiden. Ich erinnere hier nochmals an die bereits vernommene Unterscheidung der menschlichen Seelenthätigkeiten in solche, die ohne körperliche Organe
ausgeübt werden und dem intellectiven Theile der Seele als solchem
(sicut in subjecto) angehören, und in solche, die dem Menschen
als Synthese von Geist und Natur *(conjuncto sicut in subjecto)*
eigenthümlich sind. *Quaedam operationes sunt animae, quae exercentur sine organo corporali ut intelligere et velle. Unde
potentiae, quae sunt harum operationum principia, sunt in anima
sicut in subjecto. (Summa theol. I. quaest. 87. art. 5.)* Mit diesen
dem intellectiven Theile angehörigen Acten der *potentia appetitiva*
haben wir uns also zu beschäftigen.

Vor Allem ist festzuhalten, dass das streng geistige Denken
(intelligere) ein das Erkennbare im Erkennenden als intentionales
Sein darstellender und insofern im Innern des Geistes sich ab-
schliessender Vorgang ist, von dem sich das geistige Wollen
(velle, auch als *operatio appetitiva* des Intellectes bezeichnet)
durch die Richtung und Bewegung auf ein dem Willen sich
darbietendes Object unterscheidet. *Est autem attendenda differentia quaedam inter intellectualem operationem et appetiti-*

vam: omnis omnino cognitiva operatio completur per hoc, quod cognoscibilia in cognoscente quodammodo existant, scilicet sensibilia in sensu et intelligibilia in intellectu: operatio autem appetitiva· completur secundum quemdam ordinem vel motum appetentis ad res appetitui objectas. (Declaratio quorundam articulorum contra Graecos, Armenos et Saracenos.)

Wie das geistige Wollen vom Denken des Geistes sich unterscheidet, eben so gewiss, und zwar in noch durchgreifenderer Weise, unterscheidet es sich vom sinnlichen Begehren. Dieses ist, wie schon die Etymologie des Wortes Trieb andeutet, ein durchwegs unter der zwingenden Nothwendigkeit stehendes, die ihm von aussen es bestimmenden Einflüssen auferlegt wird. Es gibt bei ihm kein Wählen, kein »Du sollst«, sondern nur ein »Du musst«. Die Eigenthümlichkeit des Wollens aber ist die Wahl. Wollen und Wählen sind gleichfalls schon sprachlich verwandt, und *Proprium voluntatis est eligere. (Summa theol. quaest. 13. art. 2.)* Da aber eine Wahl nicht anders möglich ist, als unter der Erleuchtung des Willens durch die Vernunft, so sind freies Wollen und Intellect untrennbar. *Ubicunque intellectus est, liberum arbitrium est. (Summa theol. I. quaest. 59. art. 3.)* Hingegen kann das den blinden Trieben gehorchende sinnliche Begehren, obwohl es im Menschen vermöge der innigen Verbindung des niederen mit dem höheren appetitiven Vermögens dem Einflusse der Vernunft, jedenfalls im normalen Seelenzustande, keineswegs entzogen ist, dem Gesetze der Vernunft widerstreben. *Appetitus sensitivus, etsi obediat rationi, tamen potest in aliquo repugnare, concupiscendo contra illud, quod ratio dictat. (Summa theol. 83. art. 1.)* Die berühmte Stelle des Galaterbriefes (5. 17.): »Das Fleisch begehrt gegen den Geist«, war demnach dem Aquinaten jedenfalls dem Wort wie dem Sinne nach nicht unbekannt, ohne ihn jedoch zur Annahme eines doppelten Lebensprincipes im Menschen zu bestimmen. Er hielt sich einfach an Aristoteles, welcher zeigte, dass der häufig sich einstellende Widerstreit zwischen dem vernünftigen Wollen und den Naturtrieben so wenig ein nothwendiger sei, dass vielmehr diese dasselbe vielfach unterstützen und ihm die rechte Richtung zum Sittlichen geben. Der thatsächlich zuweilen sich einstellende Widerstreit beweist eben die Obmacht der Vernunft, indem er gerade den innigen Zusammenhang des ὀρεκτικόν mit dem διανοητικόν in der einen menschlichen Seele zum vollen Bewusstsein bringt; denn nur in diesem Kampfe wird dem Menschen klar, dass die Begierde unter ihm ist, und dass sie nicht herrschen soll über ihn, dass er nicht, dem vernunftlosen Thiere gleich, blindlings ihr gehorchen muss. Allerdings nämlich ist nach Aristoteles das ὀρεκτικόν ebenfalls ein Streben, welches auf einen bestimmten Zweck gerichtet ist, und darum ein dem Willen Analoges und mit ihm Verwandtes; aber es ist weit davon entfernt, freier Wille (προαίρεσις) zu sein, der zwischen den Gegenständen und Zielen des Wollens, oder auch nur den dazu erforderlichen Mitteln, eine Wahl zu treffen weiss. Um diese treffen zu können, muss er eben wissen, zunächst um sich selbst, als um die reale Ursache seiner Thätigkeiten wissen, muss darum, wie solches beim normalen, in seinem Selbstbewusstsein nicht gestörten Menschen in der That der Fall ist, vom Lichte der Vernunft erleuchtet sein. Besonnenheit nennt darum wieder so schön und treffend unsere Sprache diese zur vollen Freiheit des Handelns erforderliche Verfassung des Geistes, dessen Licht der Sonne gleicht, vor der die Nebel und auch die Lichter der Nacht erblassen und schwinden. Unfrei ist darum nach Aristoteles im eigentlichen Sinne nur diejenige Handlung des Menschen, die nach dem Untergange oder doch bei übergrosser Trübung dieser Sonne des Geistes geschieht, in der Unwissenheit, im Schlaf, im Wahnsinn. Wohl lässt er auch Unfreiheit in Folge des Zwanges gelten, und man ist gewohnt, auf diesen das Gewicht zu legen; doch ist dabei wohl zu berücksichtigen, dass solch ein Zwang, sei es nun in Folge der durch Drohung oder Versprechen erregten Furcht und Hoffnung, des durch Peinigung bewirkten Schmerzes oder dergleichen, nur dann als mächtig genug erachtet werden kann, um das freie Wollen zu hindern, wenn er die Besinnung beeinträchtigt, und so die Vernunftthätigkeit entweder gänzlich oder doch dem weitaus grösseren Theile nach sistirt. Ein bloss von aussen rührender, rein physischer Zwang, etwa das Hinschleppen eines Menschen gegen seinen erklärten Willen an einen bestimmten Ort, die Entehrung einer wehrlos Gemachten, kommt hier gar nicht in Betracht, weil der Zustand des so Gezwungenen in die Rubrik des rein passiven und von Aristoteles als βίαιος (gewaltsam) bezeichneten Bewegtwerdens gehört, welches jedes selbsteigene Thun, somit auch das freie Wollen ausschliesst.

Die Lehre vom Willen hängt, wie ich nur kurz bemerken kann, mit den erkenntnisstheoretischen Principien der aristotelisch-thomistischen Schule unzertrennlich zusammen; doch muss ich mich, um nicht die noch immer nicht ausgetragene Controverse zwischen Thomismus und Molinismus zu berühren, auf das Nachfolgende beschränken:

Jedweder Form ist eine ihr eigenthümliche Inclination entsprechend, wie dem Feuer die Neigung zum Emporsteigen in der Flamme. Die intellective Seele nur hat die Macht, alle Formen des zu Erkennenden *per species* in sich hervorzubringen, das intentionale Sein der Dinge in sich hervorzuzaubern und so sich selbst gewissermassen zu Allem zu gestalten, *quodammodo fit omnia*. Diese Proteusnatur besitzt das blosse Sinnenwesen nicht, sondern ist ausschliesslich an eine Form gebunden. Wenden wir darauf das thomistische *Quamlibet formam sequitur aliqua inclinatio* an, so ergibt sich ganz von selbst, dass das blosse Naturwesen auch stets nur einer und derselben Inclination fähig, d. h. unfrei ist, während dem Menschen aus dem entgegengesetzten Grunde, die Freiheit des Willens zugesprochen werden muss. *In his, quae cognitione carent, invenitur tantummodo forma ad unum esse proprium determinans unumquodque, quod etiam naturale uniuscujusque est. Hanc igitur formam naturalem sequitur naturalis inclinatio, quae appetitus naturalis vocatur. (Summa theol. 1. quaest. 80. art. 1.)* — *Sicut formae altiori modo existunt in habentibus cognitionem, supra modum formarum naturalium, ita oportet, quod in eis sit inclinatio supra modum inclinationis naturalis, quae dicitur appetitus naturalis. Et haec superior inclinatio pertinet ad vim animae appetitivam, per quam anima appetere potest ea, quae apprehendit, non solum ea, ad quae inclinatur ex forma naturali. (Ibidem.)* Selbstverständlich sind die Ziele der sinnlichen und intellectuellen Inclination, mithin auch das sinnliche Begehren und intellectuelle Wollen selbst, auch aus der Ursache grundverschieden, weil die Objecte der sinn-

lichen und der intellectuellen Apprehension schon so grundverschieden sind, dass für sie weder ein und dasselbe Erkenntniss-
noch ein und dasselbe Begehrungsvermögen ausreicht; eine Neigung für Wissenschaft und Tugend im niederen Begehrungsvermögen vorauszusetzen, dürfte bis zur Stunde noch keinem
Sensualisten eingefallen sein, vielmehr begnügt er sich consequenter Weise, derartige Neigungen überhaupt in Abrede zu
stellen und den bestehen gelassenen Schein derselben mittelst
feinerer Nuancen des Egoismus zu erklären. St. Thomas hingegen meint, dass unser Wille gleich unserem Intellect auch auf
solche Güter gerichtet sei, die ihrer Natur nach unmöglich in
die Sinne fallen, daher auch durch kein blosses Sinnenwesen
apprehendirt werden können. *Per appetitum intellectivum appetere
possumus immaterialia bona, quae sensus non apprehendit, sicut
scientiam, virtutem et hujusmodi. (Ibidem, quaest. 81. art. 1.)*

In Folge dieser Untrennbarkeit des menschlichen Wollens
vom Intellect (denn, um es nochmals zu wiederholen: *Ubi intellectus est, liberum arbitrium est*) hat es mit dem Kampfe zwischen
Geist und Fleisch, aus dem man neuerer Zeit sogar einen
zweifachen Willen im einen Menschen deduciren wollte, nicht
gar so viel auf sich, und Thomas hält unverrückbar an dem
aristotelischen Grundsatze fest, dass das niedere Begehren ein
zum menschlichen Willen Gehöriges, jedenfalls ein zu ihm im
Verhältnisse der Hörigkeit Stehendes sei, und dass der freie
Wille, weit entfernt, sich den Bewegungen des Concupisciblen
und Irasciblen fügen zu müssen, vielmehr diese beiden selbst
bewegt, wie nach antiker Vorstellungsweise die höheren Himmels-
sphären die unteren in Bewegung setzen. Die niederen Regungen
können (immer den normalen Seelenzustand vorausgesetzt)
nicht ohne Anfrage in den lichten Horizont des intellectiven
Wollens eindringen, sondern haben erst um Erlaubniss zu
bitten, durch welche Erlaubniss aber sie als vom Menschen
selbstgewollte, daher als mit dem menschlichen Willen eins und
unter gegebenen Umständen auch als sittlich gut oder schlecht
(sündhaft) sich legitimiren. In der peripatetischen Psychologie
gibt es für das Menschenwesen keine Getheiltheit, darum auch
im Willen keine Halbheit und kein »Halb zog es ihn, halb

sank er hin«. *Homo non statim movetur secundum appetitum irascibilem et concupiscibilem; sed expectatur imperium voluntatis, quae
est appetitus superior. Philosophus (Aristoteles) dicit in libro III.
de Anima, quod appetitus superior movet inferiorem. Hoc ergo modo
irascibilis et concupiscibilis ratione subduntur. (Summa theol. quaest. 81.
art. 3.)* Die Sache ist begreiflicher Weise von grosser Tragweite
für die Ethik, und ich bin mir dessen wohl bewusst, dass ich
mit dem soeben Gesagten hin und wieder anstosse, oder doch
zum mindesten hart anstreife. Doch ist es einmal nicht anders.
Ernst nehmen es Aristoteles und Thomas Aquinas mit der Willensfreiheit und der Willensschwäche, so ernst wie Shakespeare.

Der Einfluss des intellectiven Urtheiles ist beim freien
Willen so mächtig und so untrennbar von ihm, dass Aristoteles
mehrmals ernstlich zu schwanken scheint, ob er das Vermögen der
freien Wahl nicht eher dem Denken als dem eigentlichen Wollen
zusprechen solle, und Thomas stimmt darin bei, dass das Wählen
allerdings eine grosse Verwandtschaft mit dem Urtheilen habe,
das ja ebenfalls im Annehmen und Abweisen (des Wahren und
Falschen) sich bewegt. *Ad electionem concurrit aliquid ex parte
cognitivae virtutis et aliquid ex parte appetitivae. Ex parte quidem
cognitivae requiritur consilium, per quod judicatur, quid sit alteri
praeferendum. Ex parte autem appetitivae requiritur, quod appetendo
acceptetur, quod per consilium dijudicatur: et ideo Aristoteles
(VI. Ethic. cap. 2.) sub dubio relinquit, utrum principalius pertineat
electio ad vim appetitivam vel cognitivam. Dicit enim, quod
electio vel est intellectus appetitivus vel appetitus intellectivus. Sed in III. Ethicorum cap. 3. in hoc magis decli-
nat, quod sit appetitus intellectivus, nominans electionem
»desiderium consiliabile«. (Summa theol. quaest. 83. art. 3.)*
Ebenda heisst es auch: *Appetitus quamvis non sit collativus* (ver-
gleichend und urtheilend), *habet tamen, inquantum a vi cognitiva
conferente illustratur et movetur, quamdam collationis similitudinem,
dum unum alteri praeoptat.*

Gerade in diesem Einflusse des Urtheils liegt der auffallende Unterschied zwischen dem menschlichen Handeln und
der, wenn auch häufig geradezu bewundernswerthen Thätigkeit
der Thiere, die nur von der dem menschlichen Urtheile häufig

ähnlichen, aber stets auf ganz gleiche Weise sich äussernden *aestimativa* instinctiv getrieben werden, wesshalb wir auch nicht von ihrer künstlerischen Thätigkeit, sondern von ihren Kunsttrieben reden. Mit Recht macht daher der Aquinat darauf aufmerksam, dass im Gegensatze zum freien Handeln des Menschen, das immer suchend und wühlend im Laufe der Zeiten eine unübersehbare Mannigfaltigkeit und stete Veränderung in Sprache, Schrift, Sitte, Kleidung u. s. w. offenbart, das Wirken der Thierwelt eine absolute Stabilität zeigt, derzufolge Thiere, die zur selben Art gehören, unabänderlich auf gleiche Weise thätig sind, so dass die Schwalbe ihr Nest, die Biene ihren zellenreichen Bau nicht anders baut, als ihre Ahnen vor Jahrtausenden; denn, so erklärt der Aquinat die Sache, wie die seelenlosen leichten und schweren Körper nicht sich selbst bewegen, also nicht die Ursache ihres Bewegtseins sind, so folgen auch die Thiere nicht ihrem eigenen Urtheile, sondern dem Urtheile, das ihnen vom Schöpfer eingeschaffen ist. *Ex judicio rationis agunt homines et moventur; conferunt enim de agendis: sed ex judicio naturali agunt et moventur omnia bruta. Quod quidem patet tum ex hoc, quod omnia, quae sunt ejusdem speciei simili modo operantur, sicut hirundines similiter faciunt nidum: tum ex hoc, quod habent judicium ad aliquod opus determinatum, non vero ad omnia, sicut apes non habent industriam ad faciendum aliquod aliud opus nisi favos mellis; et similiter est de aliis animalibus. Unde recte consideranti apparet, quod per quem motum attribuitur motus et actio corporibus naturalibus inanimatis, per eundem motum attribuitur brutis animalibus judicium de agendis: sicut enim gravia et levia non movent seipsa, ut per hoc sint causa sui motus, ita nec bruta judicant de suo judicio, sed sequuntur judicium sibi a Deo inditum; et sic non sunt causa sui arbitrii, nec libertatem arbitrii habent. (De Verit. quaest. 24. art. 1.)* Ja selbst wenn sie der Freiheit und des Urtheils theilhaft wären, so würde doch ein freies Urtheilen und somit ein freies Handeln bei ihnen nicht zu Stande kommen, weil ihr Urtheil ihrer Natur zufolge ausschliesslich durch ein einziges Ziel determinirt ist. *Dato, quod in eis esset libertas aliqua et judicium aliquod, non tamen sequeretur, quod esset in eis libertas judicii, quum judicium eorum sit naturaliter determinatum ad unum. (Ibidem, art. 2.)* Der Mensch hingegen ist, weil er sowohl die Ziele seines Handelns, als auch die zum Zwecke dienlichen Mittel erkennt und beurtheilt, seiner Bewegungen und seines Urtheils veranlassender Grund, und eben darum auch in seinem Wollen frei. *Homo vero per virtutem rationis judicans de agendis potest de suo arbitrio judicare, inquantum cognoscit rationem finis et ejus, quod est ad finem et habitudinem et ordinem unius ad alterum: et ideo non est solum causa ipsius in movendo, sed et in judicando, et ideo est liberi arbitrii. (Ibidem, art. 1.)*

Nichtsdestoweniger wollte man auch bei Thomas von Aquino, wie in der sokratischen Schule überhaupt, eine Determination des Willens und folgerichtig auch eine Nothwendigkeit im menschlichen Handeln entdeckt haben, wobei selbstverständlich wieder einige Missverständnisse mit unterlaufen, welche die Herren Commentatoren in gewohnter Weise als »Widersprüche« behandeln und in die Schriften, wo nicht gar in das klare Denken eines Sokrates, Plato, Aristoteles und Thomas Aquinas versetzen, anstatt denselben im höchsteigenen Sinciput nachzuspüren. Die Sache lässt sich im Allgemeinen auf Folgendes reduciren:

Der menschliche Wille ist ohne Zweifel einer Art von Nothwendigkeit unterworfen, und zwar aus dem sehr einfachen Grunde, weil er nicht absoluter, sondern creatürlicher Wille ist, d. h. ein solcher Wille, der weder sein Dasein noch seine letzte Bestimmung sich selbst gegeben hat. Diese Nothwendigkeit aber, wenn man die geschöpfliche Determinirtheit oder das nicht Absolutsein durchaus so nennen will, ist noch keine Wendung der Noth oder des Zwanges, wie beim unfreien Naturwesen, sondern ist die der Bestimmtheit des letzten Zieles, oder der Bestimmung durch das letzte Ziel. Dieses selbst aber ist jedem Geschaffenen durch Den, der Alles nach Mass und Ziel geordnet, durch den Geist, der nach dem prächtigen Ausspruche des Meisters Derer, welche wissen, »nicht bald denkt, bald nicht denkt«, unverrückbar festgestellt, und der geschöpfliche Wille, als ein der Weltordnung angehöriger, ist vom Anfang her nach ihm geordnet, oder, was dasselbe heisst, es ist ihm von allem Anbeginn die Richtung nach ihm gegeben. Es ist aber dieses letzte Ziel der gesammten Weltordnung eben das Gute und spe-

ciell für den Menschen die eigene Glückseligkeit. Diese
seine eigene Glückseligkeit also vermag kein menschlicher Wille
nicht zu wollen, so lange er nicht bei Schopenhauer's und
E. v. Hartmann's »Verneinung des Willens«, mit einem andern
Worte beim Nichtmehrwollenwollen(!) angelangt ist. Die
Glückseligkeit, könnte man folglich auch sagen, muss daher
der Wille, so lange er sich nicht selbst aufzuheben gewillt ist,
mit Nothwendigkeit, *necessitate finis*, wie Thomas die Sache
genannt hat, wollen, weil er seiner Natur nach nur das will
und wollen kann, was ihr entspricht. Keineswegs aber muss er
die Glückseligkeit auch wollen *necessitate medii*. Er kann sie
wollen, wünschen und anstreben in und mit Gott, aber auch
ausser und ohne Gott, und in letzterem Falle kann er sie wieder
suchen entweder ausser sich, in dem, was die Schrift »die Gestalt
dieser Welt« nennt, die vorübergeht, oder auch in sich, im
eigenen in sich abgeschlossenen geistigen Ich, das in der Gottes-
fremde seiner Selbstverherrlichung sich freut und prunkt, gleich
jenem Glänzenden, der im Anfang der Dinge wie ein Blitz vom
Himmel stürzte, gleich einem Sterne, der hinausgeschleudert aus
der Sphärenharmonie, ewig fern vom Urquell des Lichtes, sich
im eigenen Lichte sonnend, durch den endlosen nachterfüllten
Weltraum irrt. Vielleicht wird dieses Wenige hinreichen, um
wenigstens nicht absichtsvoll die Worte misszuverstehen und
misszudeuten: *Voluntas nil velle potest coactionis necessitate;
potest autem aliquid velle necessitate finis seu suppositionis; naturali etiam necessitate aliquid vult, beatitudinem videlicet. —
Electio non est de fine, sed de his, quae sunt ad finem, ut dicitur
in III. Ethic. cap. 2. Unde appetitus ultimi finis non est de his,
quorum domini sumus.* Aristoteles bemerkt, dass es sich mit dem
letzten Zweck beim Wollen in derselben Weise verhalte, wie mit
den ersten Principien beim Denken. Wie dieses, ohne übrigens in
seinen Thätigkeiten einer zwingenden Nothwendigkeit zu unter-
liegen, an diese ersten Principien (Denkgesetze) gebunden ist, so
lange es in seinem Verfahren als ein wirkliches Denken, nicht
aber als regelloses Spiel der Vernunft und Phantasie erscheint,
ebenso ist auch das Wollen an den letzten Zweck gewiesen, der
das Gute, für uns Menschen die Glückseligkeit, ist. *Necesse est,*

quod, sicut intellectus ex necessitate inhaeret primis principiis, ita voluntas ex necessitate inhaeret ultimo fini, qui est beatitudo. Finis enim se habet in operativis sicut principium in speculativis, ut dicitur in Physic II. Oportet enim, quod illud, quod naturaliter alicui convenit et immobiliter, sit fundamentum et principium omnium aliorum, quia natura rei est primum in unoquoque, et omnis motus procedit ab aliquo immobili. Sumus domini actuum nostrorum secundum quod possumus hoc vel illud eligere. »Electio autem non est de fine, sed de his, quae sunt ad finem.« (*Summa theol. I. quaest. 82. art. 1.*)

Ausdrücklich sagen Aristoteles und Thomas Aquinas, dass diese Freiheit zu Entgegengesetztem nicht bloss auf dem praktischen Gebiete des Handelns, sondern auch auf dem theoretischen des Denkens sich zeige. Nur in Betreff der Principien ist, es sei dies nochmals wiederholt, das Denken einer Nothwendigkeit unterworfen (*Intellectus ex necessitate inhaeret primis principiis*): in Bezug auf das nicht Principielle ist es frei und hat die Macht, für das eine oder das andere sich zu entscheiden. *Ratio enim circa contingentia habet viam ad opposita, ut patet in dialecticis syllogismis et rhetoricis persuasionibus;* ja aus dieser Freiheit der Vernunft folgt geradezu die Freiheit des von ihr erleuchteten Willens. *Cum homo sit rationalis, liberi etiam arbitrii necessarie est. (Summa theol. quaest. 83. art. 1.)* Diese Freiheit der Entscheidung muss demnach auch auf praktischem Gebiete sich allenthalben dort einfinden, wo es nicht um das letzte Ziel und die natürliche, d. h. anerschaffene Willensrichtung sich handelt, sondern um die Mittel zum Zweck und das Zufällige, das sich jedenfalls auch beim Wollen und Handeln findet, denn *particularia opera sunt quaedam contingentia; et ideo circa ea judicium rationis ad diversa se habet, et non est determinatum ad unum. Et pro tanto necesse est, quod homo sit liberi arbitrii ex hoc ipso, quod rationalis est.*

Bei den Thieren vertritt die zu den inneren Sinnen gerechnete *aestimativa*, die auch als sinnliche Urtheilskraft, im Unterschiede vom intellectiven Urtheile (*collatio*) bezeichnet werden kann, als *judicium naturale* oder *instinctivum* die Stelle der Vernunftthätigkeit. Auch in diesem nämlich zeigt sich, wie

beim menschlichen Urtheilen, ein Annehmen und Abweisen; doch
ist dasselbe gerade darin, dass es mit jener unwandelbaren
Sicherheit erfolgt, die den der Nothwendigkeit ganz und gar
unterworfenen und ausschliesslich den ihnen eingeschaffenen
Naturgesetzen folgenden Naturkräften eigenthümlich ist, himmel-
weit verschieden von dem überlegenden, zögernden, abwägenden
Urtheile des Menschen, für den die Warnung gilt: *Omnia fac
cum consilio, et post factum non poenitebis;* eine Lebensregel,
welche das blosse Naturwesen weder versteht noch braucht.
Das Schaf nämlich zittert und flieht vor dem Wolf, den es noch
nie gesehen und als seinen Todfeind kennen gelernt hat, somit
ohne alle Ueberlegung, während es vor dem oft dem Wolf bis
zum Verwechseln ähnlichen Hund in Ruhe bleibt. *Judicat ovis,
lupum esse fugiendum naturali judicio, sed non libero, quia non
ex collatione, sed ex naturali instinctu hoc judicat, et simile est
de quolibet judicio brutorum animalium.* Ein Kind würde allenfalls
den Wolf, wie weiland Rothkäppchen im bekannten Märchen,
für den Schäferhund halten, eben weil sein Urtheil hier durch
die Aehnlichkeit und Vergleichung *(ex collatione)* und weniger
naturali instinctu geleitet ist, wozu noch kommt, dass nach der
Erzählung dem Kinde thatsächlich keine Gefahr droht, da der
Wolf nicht dieses, wohl aber die Grossmutter zerreisst. Dass
nämlich nicht nur böse Hunde, sondern selbst Raubthiere, wenn
sie gesättigt sind, gutgearteten, der Thierwelt freundlich gesinnten
Kindern nicht leicht etwas zuleide thun, ist eine vielfach con-
statirte Thatsache, die wieder für die *aestimativa* der Thiere
spricht. Sie merken, dass sie von solchen Kindern nichts zu
befürchten haben, wie denn überhaupt die Thiere die Gesinnung
eines Menschen gegen sie mit fast unglaublicher Sicherheit erkennen, so dass es gerade kein eigentliches Wunder gewesen
zu sein braucht, wenn sie dem im Freien wandelnden St. Fran-
ciscus von Assisi von allen Seiten zuliefen und die Vögel sich
ihm aufs Haupt und auf die Schultern setzten. Weil aber der
Mensch erfahrungsmässig nur in den allerseltensten Fällen
und ausnahmsweise gleich den Thieren vom Instinct geleitet
wird, eben darum handelt er frei. *Quia judicium istud non est
ex naturali instinctu in particulari operabili, sed ex collatione*

quadam rationis, ideo agit libero judicio potens in diversa ferri.
(Ibidem.) Die oftmalige scheinbare Ueberlegenheit bei den Thieren
ist sogar ein Kennzeichen für des Menschen höhere Abkunft
und Würde, so gewiss es die so lang andauernde gänzliche Hilflosigkeit und Angewiesenheit des Menschenkindes an die Pflege
und Erziehung von Seite der Mitmenschen ist.

Obwohl nun die menschliche Willensfreiheit nicht unbe-
schränkt, sondern eine durch ihre natürliche Richtung nach
Glückseligkeit determinirte Freiheit ist, denn *naturaliter homo*
appetit ultimum finem, scil. beatitudinem, qui quidem appetitus na-
turalis non subjacet libero arbitrio, können doch im übrigen Hang
und Neigung, als welche zumeist in leiblichen Dispositionen ihren
Grund haben, im normalen Zustande das freie Wollen nicht
aufheben. *Habitus et passiones, secundum quas aliquis magis in-*
clinatur in unum quam in alterum, subjacent judicio rationis, et
hujusmodi qualitates ei etiam subjacent, inquantum etiam in nobis
est (potestas), tales qualitates acquirere vel a nobis excludere. (Summa
theol. I. quaest. 83. art. 1.) Auch dem Gewohnheitssünder bleibt
darum die Verantwortlichkeit für jede seiner Vergehungen, wie
andererseits der Werth der guten That durch die erworbene
Neigung und Freudigkeit sie zu vollbringen, nicht beeinträchtigt
wird. Lohn und Strafe haben dann allein nur keinen Sinn, wenn
das Wollen und Vollbringen nicht in der Macht des Menschen
war. *Nullus debet puniri vel praemiari pro eo, quod non est in ejus*
potestate facere vel non facere. Sed homo justus punitur et praemiatur
pro suis operibus. (De Veritate, quaest. 24. art. 1.)
Der Einfluss der Gestirne auf das menschliche Wollen
galt noch dem grossen Johannes Kepler als eine unbestreitbare
Thatsache, wie denn die Astrologie und das Horoskopstellen, und
zwar nicht bloss, ja nicht einmal vorzugsweise, im unwissenden
Volke, bis in das gegenwärtige Jahrhundert mit mehr oder
weniger Glück ihr Wesen treiben. Glaubte doch Napoleon, der
Erste so gut als der Dritte, bekanntlich felsenfest an seinen Stern
und an die *dies nefastos.* Wir dürften uns daher nicht wundern
Aehnlichem bei jenem im tiefen Mittelalter lebenden Dominikaner-
mönch zu begegnen, dessen Gesichtszüge mit Augustus, von dem
er nach Einigen abstammen soll, und darum auch mit Napoleon 1.

eine so frappante Aehnlichkeit aufweisen. Wir dürften uns umsoweniger wundern, da dieser die Ansichten des Aristoteles über
den Gegenstand genau gekannt haben musste, weil er schreibt:
Secundum Philosophum necesse est, ponere principium aliquod acti-
rum mobile, quod per suam praesentiam et absentiam causet varie-
tatem circa generationem et corruptionem inferiorum corporum: et
hujusmodi sunt corpora coelestia. Et ideo quidquid in istis in-
ferioribus generat et movet ad speciem, est sicut instrumentum cor-
poris coelestis, secundum quod dicitur (in II. Physic.) quod homi-
nem generant homo et sol. Was aber findet sich nun bei
Thomas Aquinas hierüber? — Beiläufig dasselbe, was unserer
Tage jeder nicht unter die Spiritisten gerathene Psychologe und
Naturforscher antworten müsste, wenn ihm die Frage vorgelegt
würde. Thomas hält sich an das Wort seines unvergleichlichen
Meisters, und zwar in diesem Falle an das Wort *corporum.*
Unser Leib steht allerdings, wie alles Körperliche, welches von
der Licht und Leben spendenden Sonne beschienen wird, unter
siderischem Einfluss, und insoweit die leiblichen Potenzen mit
den geistigen in Verkehr und Wechselwirkung stehen, kann
immerhin auch von einem hierdurch vermittelten siderischen
Einfluss auf die intellectiven Potenzen, auf unser Denken und
Wollen, die Rede sein; doch geht dieser Einfluss schlechterdings
nicht so weit, dass er das menschliche Handeln geradezu cau-
siren und bestimmen könnte, da nicht körperliche Kräfte, sondern wir selbst als denkende und wollende Wesen das Princip
unserer Handlungen sind. *Cum intellectus et voluntas, quae huma-*
norum actuum principia sunt, corporeis organis alligatae vires minime
sint, non possunt corpora coelestia ipsa humanorum actuum causae
directe esse, sed indirecte, agendo nimirum per se in corpora, quae
ad utriusque pontentiae opera inducunt. Besonders ist hierbei die
fördernde oder hindernde Einwirkung auf die inneren Sinne
nicht gering anzuschlagen. Phantasie und Gedächtniss stehen
als leibliche Kräfte selbstverständlich allen von aussen kommenden leiblichen Einwirkungen offen, warum nicht auch dem der
Gestirne? Doch wissen wir, dass weder die sinnliche Vorstellung
noch das sinnliche Begehren zwingend auf unsern Willen zu
wirken vermag, und einen nöthigenden, den Willen zur Ent-

scheidung bestimmenden Einfluss der Sterne anzunehmen, bleibt daher den Sensualisten und Fatalisten anheimgestellt. *Turbata (per influxum siderum) vi imaginativa vel cogitativa vel memorativa ex necessitate turbatur actio intellectus; sed voluntas non ex necessitate sequitur inclinationem appetitus inferioris..... Ponere ergo, coelestia corpora esse causam humanarum actionum, est proprie illorum, qui dicunt, intellectum non differe a sensu. (Summa theol. 1. quaest. 115. art. 4.)* — *Quidam omnia fortuita et casualia, quae in istis inferioribus accidunt, sive in rebus naturalibus sive in rebus humanis, reducere voluerunt in superiorem causam, i. e. in coelestia corpora; et secundum hoc fatum nihil aliud esset, quam dispositio siderum, in qua quisque conceptus est vel natus. (Ibidem.)*

In eingehender Weise behandelt der hl. Thomas diesen Gegenstand in einer besonderen, für seinen Freund Reginald von Piperno verfassten Abhandlung: *De judiciis astrorum ad Reginaldum,* in welcher er zeigt, dass der sensitive Theil der Seele allerdings für die von siderischen Mächten herrührenden Eindrücke empfänglich sei, und demzufolge sich im Menschen gewisse Neigungen bilden können, dieses oder jenes zu thun und zu wollen. Diese bleiben jedoch Sache des Temperamentes und bringen keine Nöthigung für den Menschen mit sich, denn der Vernünftige herrscht nach des Ptolomäus Wort auch über die Sterne. *Quia tamen homo per intellectum et voluntatem imaginationis phantasmata et sensibilis appetitus passiones reprimere potest, ex stellarum dispositione nulla necessitas inducitur homini ad agendum, sed inclinatio sola, quam sapientes moderando refrenant: unde Ptolomaeus dicit:* »*Sapiens dominatur et astris.*« In der Schrift *De sortibus* gibt Thomas zu, es könne Manches im Leben des Menschen mit Rücksicht auf sein letztes Ziel *(respectu finis)* und den allgemeinen Weltlauf, mit dem das Schicksal des Einzelnen oft in untrennbarer Verbindung steht, vorherbestimmt sein, und es könne da, wie bei allem unabänderlich Eintretenden, zuweilen eine auffallende Verbindung des schon Eingetroffenen mit dem Zukünftigen sich bemerkbar machen; demungeachtet seien derartige Schlüsse aus bereits Eingetretenem, in unserem Falle aus gewissen Anzeichen *(sortes)* immer gefährlich und gehören in das, dämonischen Einflüssen und Täuschungen zugängige Gebiet des Wahrsager- und Zauberwesens. Man wende sich in wichtigen Dingen bei gegründetem Zweifel, was der Rathschluss der göttlichen Vorsehung sein möge, anstatt an die Zeichen und Zauberer, im Gebete unmittelbar an Gott selbst um Erleuchtung; denn nicht ausschliesslich die Vernunft ist es nach des Aristoteles Wort, was uns Menschen lenkt, sondern etwas ungleich Besseres als sie, die Weisheit Gottes. *Aristoteles enim in libro de bona fortuna dicit:* »*Hominis principium non sola ratio, sed aliquid melius. Quid ergo erit melius scientia et intellectu, nisi Deus?*«

In diesem interessanten Schriftchen rechnet der Aquinat unter die hier besprochenen Arten des wüsten Aberglaubens auch das Duell. In der That ist ja das Duell nichts anderes als eine Unterart der sogenannten Gottesurtheile, gewissermassen eine Provocation der göttlichen Vorsehung, sie möge den im guten Recht Befindlichen durch den ihm verliehenen Sieg über den Gegner erkennbar machen. So wenigstens wurde das Duell in jenen finsteren Zeiten aufgefasst, und so hat die Sache, so thöricht sie übrigens sich immer noch ausnimmt, doch einen Sinn. Dass es aber, wie eine spätere Zeit will, die Ehre fordere, mich mit einem Kerl, der mich absichtlich in brutaler Weise beleidigt, zu schlagen, das heisst des brutalen Kerls wegen mein Leben und das Lebensglück meiner Angehörigen freventlicher Weise aufs Spiel zu setzen, oder auch, was noch edler und grossmüthiger scheint, mit kaltem Blut an ihm zum Mörder zu werden, das ist entweder die vollendete geistige Blindheit oder die bewusste Lossagung von allen unter vernünftigen Wesen geltenden Gesetzen des Denkens, der Moral und des Rechtes, und wenn das Ehre heissen soll, dann ist Sir John Falstaff mit seinem bekannten, die Ehre kritisch beleuchtenden Monolog (Heinrich IV., 1. Theil) im vollsten Recht.

Wie die Wahlfreiheit des Menschen keine absolute ist, so kann die Wahlfreiheit überhaupt nicht als vollendeter Zustand bezeichnet werden. Vollendung der Freiheit nämlich wäre derjenige Zustand, in welchem das vernünftig freie Wesen derart im Guten (oder auch im Bösen) gefestigt ist, dass ein Wählen und Schwanken nach beiden Seiten nimmermehr stattfindet, somit an dessen Stelle die Entschiedenheit des Charakters getreten ist. Ob St. Thomas dem Menschen in diesem gegenwärtigen Leben die Möglichkeit einer solchen Vollendung zuerkennt, wage ich weder zu bestreiten noch zu behaupten. Jedenfalls sagt er, dass selbst bei den Engeln der seiner Natur nach wandelbare Wille nur durch Intervention der Gnade zum unwandelbaren werde. *Quamvis autem voluntas Angeli sit per naturam vertibilis, tamen per gratiam omnino invertibilis efficitur. (De motoribus corporum coelestium.)* Aristoteles hat dem menschlichen Willen die Freiheit ausdrücklich nur für die Acte des Wählens zuerkannt, und es gründet sich auf diesen Umstand der Unterschied zwischen βούλησις und προαίρεσις. Die βούλησις wolle ohne zu wählen den letzten Zweck, d. i. die eigene Glückseligkeit, denn einen Menschen, der unglücklich zu sein wünschte, gebe es nicht; die προαίρεσις aber sei auf die Mittel zum Zweck gerichtet und wähle. Als Beispiel wird angegeben: Wir wollen (βουλόμεθα) die Gesundheit und wir wollen und wählen προαιρούμεθα die der Gesundheit dienlichen Heilmittel. Ὑγιαίνειν βουλόμεθα, προαιρούμεθα δὲ δι᾽ ὧν ὑγιανοῦμεν. *(Eth. Nicom. III. 2.)* Daher sagt Thomas: *Liberum arbitrium est ipsa voluntas: nominat autem (Aristoteles) eam liberam non absolute, sed in ordine ad aliquem actum ejus, qui est eligere. (De Veritate, quaest. 24. art. 6.)* Es geht aber daraus zugleich hervor, dass der Aquinat auch andere Acte des freien Willens annimmt, die kein Wählen sind.

Eine auf aristotelischer Grundlage mit grösster Meisterschaft durchgeführte Abhandlung über die Willensfreiheit findet sich in dem Werke: *Quaestiones disputatae de potentia,* und zwar in der sechsten *Quaestio,* die den Titel führt: *De electione humana seu libero arbitrio.*

XV. Die Gefühle.

Einordnung der Gefühle in die appetitiven Potenzen. — Das moralisch Böse wurzelt nicht im Naturleben. — Liebe, Freundschaft, *amor* und *dilectio*. — Hass, Selbsthass. — Verlangen, Sehnsucht. — Freude, Vergnügtheit, Frohsinn, Heiterkeit. — Trauer und Seelenschmerz mit ihren Unterarten. — Uebelwollen, Neid. — Folgen der anhaltenden Traurigkeit. — Mittel dagegen. — Hoffnung und Zuversicht. — Furcht. — Muth. — Zorn. — Grade desselben. — Beleidigung. — Gefühl und *habitus*. — *Habitus* und Tugend.

> Wenn auch das Dasein bestimmter Gefühlsinhalte zugestanden wird, so ist es doch schwierig und in gewissen Fällen selbst unmöglich, die Unterschiede derselben nach ihrer Eigenartigkeit direct und genau anzugeben. Dies hängt theils mit dem Verhältniss der Gefühle zu den übrigen Bewusstseinsinhalten, theils mit der Mangelhaftigkeit der sprachlichen Benennung zusammen, welche gerade auf dem Gebiete der Gefühle besonders empfunden wird.
>
> Ludw. Strümpell. (Grundriss der Psychologie.)

Aristoteles scheidet die sämmtlichen Phänomene der sinnlich-vernünftigen Seele, und zwar nach ihrem zweifachen Bestande, dem intellectuellen und sensitiven, mit welch letzterem der vegetative als vollständig verschmolzen zu denken ist, in νοῦς und ὄρεξις. Diese Eintheilung entspricht, weil das Wort νοῦς hier in dem wiederholt erwähnten weiteren Sinne genommen wird, vollständig den von Thomas von Aquino aufgestellten zwei Grundclassen der apprehensiven und appetitiven Seelenvermögen. Wie nämlich zum νοῦς nicht ausschliesslich das geistige Denken zu rechnen ist, sondern auch das Sensitive, besonders aber das Wirken der inneren Sinne, so umfasst die ὄρεξις hier sowohl das niedere als das höhere Begehren, und überdies noch jenes schwer zu terminirende Gebiet geistiger oder sinnlicher Regungen und Strebungen, denen man, besonders seit Tetens, unter dem Namen des Gefühlsvermögens eine dritte Grundclasse seelischer Potenzen zuschreiben zu müssen glaubt, da es zuweilen den Anschein hat, als liesse sich dasjenige, was wir als Gefühle, Affecte, Gemüthsbewegungen bezeichnen, im Begehrungsvermögen nicht wohl unterbringen. Ohne den mehrfach praktischen Zweck dieser beliebten Dreitheilung bestreiten zu wollen, macht dieselbe doch, wenigstens auf mich, den Eindruck des allerdings für den Anfänger recht brauchbaren Linné'schen Systems im Gegensatz zu den später aufgetretenen, mehr oder weniger natürlichen Systemen. Aristoteles nämlich liess sich bei seiner Zweitheilung nicht durch blosse Aehnlichkeiten oder Unähnlichkeiten der Seelenphänomene bestimmen, sondern, wie aus *De anima III. 10.* und mehreren Stellen der Metaphysik hervorgeht, seiner ganzen naturwissenschaftlichen Denkweise entsprechend durch die Natur der aufmerksam beobachteten Phänomene selbst, in erster Linie durch die Erwägung, dass Denken und Wollen, Wahrnehmen und Begehren sich auf einen und denselben Gegenstand beziehen, demungeachtet aber so durchgreifende Beziehungsunterschiede offenbaren, wie wir dieselben zwischen Wollungen und Gefühlen schlechterdings nicht constatiren können, dass darum diese Unterschiede zwischen Denken und Wollen und zwischen sinnlichem Wahrnehmen und Begehren unmöglich bloss äusserliche, d. h. vom äusseren wahrgenommenen und gewollten Objecte herrührende, sein können, sondern nur innere, d. h. durch die eigenthümlichen Acte des Beziehens selbst gegebene.

Damit stimmt nun wieder der Sache nach vollkommen die Lehre des Aquinaten, obwohl der Gebrauch seiner Terminen Schwierigkeiten zu bereiten scheint, im Grunde aber nur Vorsicht und Aufmerksamkeit erheischt. Ich beschränke mich darum auf das in der *Summa theologica* Gebotene.

Thomas Aquinas fasst alle Phänomene der Liebe und des Hasses, welche sich nicht leicht und augenscheinlich genug als Wollen, Begehren, Streben kennzeichnen lassen, am liebsten unter dem Ausdrucke *Passiones* zusammen, verwahrt sich aber dagegen, dass das Wort *pati* als ein Leiden im gewöhnlichen Sinne, d. h. als ein mit Schmerz verbundener Zustand verstanden werden müsse. Das Leiden im Allgemeinen ist einfach der Gegensatz des selbstthätigen Handelns, das mehr Bestimmt- und Gezogenwerden. *Nam pati dicitur ex eo, quod aliquid trahitur ad agentem; quod autem recedit ab eo, quod est sibi conveniens, maxime videtur ad aliud trahi. (Summa theol. II. quaest. 22. art. 1.)* Dass auch im sinnlichen Wahrnehmen und selbst im geistigen Denken ein derartiger Zug sich einstellt, ist einfach daraus erklärlich, dass beide nicht frei von Potentialität, also auch nicht von Passivität, sind, mithin von Anderem bestimmt, empfangend, leidend sich verhalten. *Nam secundum receptionem tantum dicitur, quod sentire et intelligere est quoddam pati. (Ibidem, art. 1.)* Nur im *Actus purus,* dem unbewegten Beweger, ist selbstverständlich jedwede Art des *pati* ausgeschlossen. *Passio ad defectum pertinet, quia est alicujus, secundum quod est in potentia. Unde in his, quae appropinquant primo perfecto, scilicet Deo, invenitur parum de ratione potentiae et passionis: in aliis autem consequenter plus: et sic etiam in priori vi animae, scilicet apprehensiva, invenitur minus de ratione passiones. (Ibidem, art. 2.)* Gefühle finden sich darum im apprehensiven Vermögen nur, insofern unser Erkennen kein reines, vollständiges, sondern mit dem Mangel der Potentialität behaftetes ist. Sie gehören nicht zur Natur desselben, und müssen, da sie nicht als selbstständige dritte Grundclasse behandelt werden können, folgerichtig dem Appetitiven zugeschrieben werden. Dafür spricht unter Anderem auch der Umstand, dass die Gefühle, weil der geistige Wille mehr unter dem Einflusse der Vernunft steht, nur im sinnlichen Begehrungsvermögen besonders lebhaft hervortreten, und oft im gewaltigen Ansturm gegen die Stimme der Vernunft gleich der Sirenen und Erynnien Gesang besinnungraubend, herzbethörend ihre Macht zur Geltung bringen. *Cum homo magis per vim appetitivam, quam per apprehensivam ad res ipsas trahitur, passiones magis in appetitivo, quam in apprehensivo reperiri necesse est . . . . . Patet, quod ratio passionis proprie in actu appetitivo sensitivi quam intellectivi. (Ibidem, art. 2. et 3.)* Den rein intelligenten Naturen werden darum Gefühle meistentheils nur gleichnissweise und als Anthropomorphismen beigelegt. *Amor et gaudium et hujusmodi cum attri-buuntur Deo vel Angelis, vel etiam hominibus secundum appetitum intellectivum, significant simplicem actum voluntatis secundum similitudinem effectus absque passione. Unde dicit Augustinus (De civ. Dei IX. 5.): »Sancti Angeli et sine ira puniunt et sine miseriae passione subveniunt: et tamen istarum nomina passionum consuetudine locutionis humanae etiam in eos usurpantur propter quamdam operum similitudinem, non propter affectionum infirmi-tatem.« (Ibidem, art. 3.)*

Im sinnlichen Begehrungsvermögen selbst wieder zeigt sich ein specieller Unterschied zwischen den Passionen, welche dem irasciblen und jenen, welche dem concupisciblen Theile ange-hören; doch erscheint derselbe durchaus nicht als solcher, dass die Passionen des einen oder des andern Theiles einer besonderen Potenz zugesprochen werden müssten, da ihr Gegenstand zwar derselbe ist, nämlich das Gute und Böse, aber unter verschiedenen Gesichtspunkten als ein verschiedener, nämlich als das schwer oder leicht zu Erlangende erscheint. So gehören Freude, Trauer, Liebe, Hass dem concupisciblen, Muth, Furcht, Hoffnung aber dem irasciblen Theile des sinnlichen Begehrens an. *Quaecunque passiones respiciunt absolute bonum vel malum sub ratione ardui, prout est aliquid adipiscibile vel fugibile cum aliqua difficultate, pertinent ad irascibilem, ut audacia, timor, spes et hujusmodi. (Ibidem, art. 1.)* Die Unterscheidung darf auch nicht so weit geführt werden, dass die Affecte des concupisciblen und iras-ciblen Theiles als gegenseitig sich stets und vollständig aus-schliessend erscheinen; denn in der Wirklichkeit gehen sie Hand in Hand und bedingen sich sogar wechselweise. Auch findet ein stetiger Uebergang derselben in einander statt, der Trauer in Hoffnung, der Hoffnung in Freude, der Liebe in Muth, des Hasses in Furcht und umgekehrt, was bei einer zu Grunde liegenden Verschiedenheit der Potenzen nicht möglich wäre. *Et ideo passiones irascibiles omnes terminantur ad passiones concu-piscibiles; et secundum hoc etiam passiones, quae sunt in irascibili, consequuntur gaudium et tristitia, quae sunt in concupiscibili. (Ibidem.)*

Moralisch gut oder böse dürfen die Gefühle durchaus nicht an und für sich genannt werden, sondern nur mit Rücksicht auf die Herrschaft des vernünftigen Willens, dem sie im Menschen unterworfen sein sollen. In der Thierwelt gibt es weder Tugend noch Laster. *Si secundum se considerantur, prout scilicet sunt motus irrationalis appetitus, sic in eis non est bonum vel malum morale, quod dependet a ratione...... Non enim laudatur aut vituperatur, qui irascitur, sed quia aliqualiter, i. e. secundum rationem vel praeter rationem irascitur. (Ibidem, art. 2.)*

Weit entfernt von der neuplatonischen, im Gnosticismus, Manichäismus und der falschen Mystik und Ascese stets wiederkehrenden und im Weinberge des Herrn mit der Zähigkeit der Phylloxera sich behauptenden und Schaden anrichtenden Anschauung, dass das moralische Uebel im Naturleben wurzle, und Sinnlichkeit identisch mit Sünde sei, steht Thomas von Aquino auch hier wieder fest und sicher auf aristotelischem Grunde. indem er in den Regungen der Sinnlichkeit ausnahmslos nicht nur ein zur Natur des Menschen Gehöriges, sondern selbst ein mächtiges Förderungsmittel des sittlich Guten erblickt. *Nullus dubitat, quin ad perfectionem moralis boni pertineat, quod actus exterorum membrorum per rationis regulam dirigantur. Unde cum appetitus sensitivus possit obedire rationi, ad perfectionem moralis sive humani boni pertinet. (Ibidem, art. 3.)* Wie wir uns später (XV. Abhandlung) überzeugen werden, gilt das eben Gesagte nach der ausdrücklichen Lehre des heiligen Thomas auch von der Geschlechtsliebe. Selbst in den vernunftlosen Thieren erscheinen häufig genug die Regungen des Naturlebens, indem sie offenbar für eine über der Thierwelt waltende und dieser in den Naturgesetzen das Siegel ihrer Macht und ihres Geistes aufdrückenden Vernunft Zeugniss geben, als Ahnung oder Abbild des moralisch Guten. *In brutis animalibus appetitus sensitivus non obedit rationi, inquantum ducitur quadam aestimativa naturali, quae subjicitur rationi superiori, scilicet divinae, est in eis quaedam similitudo moralis boni quantum ad animae passiones. (Ibidem, art. 4.)* Man braucht, um sich das zu vergegenwärtigen, nur an die bei den Thieren sich findenden, oft geradezu rührenden Züge von Treue und Dankbarkeit, sowie von liebender Sorgfalt und Aufopferung für die Jungen und das Gemeinwohl zu denken.

Freude, Trauer, Hoffnung und Furcht sind die vornehmsten der Gemüthsbewegungen, denn sie stehen mit allen übrigen bald als Ursache, bald wieder als Folge oder auch als Zweck in Beziehung. *De bono praesenti est gaudium, de malo praesenti tristitia, de bono futuro est spes, de malo futuro est timor. Omnes autem aliae passiones, quae sunt de bono vel de malo praesenti vel futuro, ad has completive reducuntur. (Ibidem, quaest. 27. art. 4.)* Daher die Weisung des Boëthius: *Gaudia pelle, pelle timorem, spemque fugato, nec dolor adsit.*

Die verschiedenen Arten und Grade der Gefühle behandelt die *Summa theologica* im Einzelnen und in sehr eingehender Weise von *quaest. 26* bis *quaest. 48.* Das Nachfolgende scheint mir besonders der Beachtung werth zu sein.

Die Liebe kommt nicht umsonst unter vier verschiedenen Namen *(amor, dilectio, amicitia, charitas)* vor; denn die *amicitia* ist Liebe als dauernder Zustand, *amor* und *dilectio* aber zeigen sich mehr in der That und im Dulden, wobei der *dilectio* noch eine dem Lieben selbst vorhergehende Wahl *(electio,* daher der Name) zuzusprechen ist, so zwar, dass dieselbe nicht im concupisciblen Theile der Seele, sondern ausschliesslich im vernünftigen Wollen ihren Sitz zu haben scheint. Die *charitas* endlich bewährt sich sowohl in der Form der Thathandlung und des Erduldens, als auch in der des dauernden Zustandes. Im Allgemeinen gilt die von Aristoteles *(II. Rhetor., cap. 4.)* herrührende Definition *Amare est velle alicui bonum;* doch sind die Beweggründe Richtungen und Erfolge hierbei von so mannigfacher Art, dass es schwer angeht, für jeden einzelnen Fall die angemessene Definition zu finden.

Der Hass wird einfach als das Gegentheil der Liebe definirt. *Amor est consonantia quaedam appetitus ad id, quod apprehenditur ut conveniens: odium vero est dissonantia quaedam appetitus ad id, quod apprehenditur ut repugnans et nocivum. (Ibidem, quaest. 29. art. 1.)* Niemand kann sich selbst, und Niemand kann die Wahrheit hassen. Der Hass gegen sich selbst ist unmöglich, weil der Wille seiner Natur nach auf das Gute gerichtet ist, und darum jeder Wollende sich Gutes wünscht. Der Selbsthass ist darum scheinbar und nur *per accidens;* denn er trifft nicht das Selbst, sondern nur dessen Zustand, der aber häufig für das Wesen selbst genommen wird. Sogar dem Selbstmörder schwebt ein Gut vor der Seele, nämlich ein vermeintlich besserer Zustand, den er durch seine That erreichen will. *Nam et illi, qui interimunt seipsos, hoc ipsum, quod est mori, apprehendunt sub ratione boni, inquantum est terminativum alicujus miseriae vel doloris. (Ibidem, art. 4.)* Niemand kann die Wahrheit hassen; denn das Wahre und das Gute sind der Sache nach eins und nur im Verhalten unterschieden *(sunt idem secundum rem, sed differunt ratione).* Nur im Einzelnen kann es geschehen, dass irgend eine Wahrheit einem vermeintlichen Gut im Wege steht, und dann stellt sich ein Widerstreben gegen sie ein, das allerdings dem Hasse verwandt ist. *Cognoscere veritatem secundum se est amabile, secundum quod dicit Augustinus, quod amant eam lucentem. Sed per accidens cognitio veritatis potest esse odibilis, inquantum impedit ab aliquo desiderato. (Ibidem, art. 5.)*

Die Gemüthsbewegungen, die wir als Verlangen und Sehnsucht bezeichnen, erörtert Thomas unter dem Titel *Concupiscentia,* die er als einen *appetitus boni delectabilis* definirt. Er theilt dieselben nach dem Objecte, auf das sie gerichtet sind, in bloss natürliche und übernatürliche. *Ex concupiscentiis aliae sunt naturales, hominibus et brutis communes, quibus secundum sensus apprehensionem bonum conveniens naturae insequuntur; aliae sunt supra naturam sive non naturales, quibus movemur ad ea bona, quae in ratione vel supra rationem sunt. (Ibidem.)*

Unter der *delectatio* fasst Thomas das zusammen, was die Worte Freude, Vergnügen und Vergnügtheit, Fröhlichkeit, Heiterkeit besagen. Sie entsteht in den mit Bewusstsein begabten Wesen dadurch, dass dieselben sich in dem Zustande fühlen, der ihrer Natur entspricht. *Delectatio est quies appetitus in bono. (Ibidem, quaest. 34. art. 2.) Haec est differentia inter animalia et alias res naturales, quod aliae res naturales, quando constituuntur in id, quod convenit eis secundum naturam, hoc non sentiunt; sed animalia sentiunt; et ex isto sensu causatur quidam motus animae in appetitu sensitivo, et iste motus est delectatio. (Ibidem, quaest. 31. art. 1.)* Es soll damit nicht gesagt sein, dass diese Gemüthsbewegung ausschliesslich sinnlicher Natur sein müsse. *Cum delectatio sequatur apprehensionem rationis, non solum in appetitu sensitivo, sed et in intellectivo necesse est esse (quaest. 31. art. 4.).* Im Gegentheil ist die geistige, tiefinnere Herzensfreudigkeit selbst vollkommener und inniger, als der dem grösseren Theile nach in leiblich sinnlichen Anlagen des Gemüthes wurzelnde Frohsinn, so gewiss auch die intellectuelle Erkenntniss vollkommener und tiefer ist, als die sinnliche Wahrnehmung, und es steht durchaus nicht damit im Widerspruch, dass die letztere auf uns gewöhnlich viel heftigere Eindrücke äussert, weil sie mit körperlichen Veränderungen verbunden ist. *Quia delectationes sensibiles, cum sint passiones sensitivi appetitus, sunt cum aliqua transmutatione corporali, quod non contingit in delectationibus spiritualibus . . . . . Cum vero intellectualis cognitio perfectior et nobis carior sit, et bonum spirituale majus sit magisque dilectum, necesse est, delectationes intelligibiles et spirituales majoris delectationis esse, quam sensibiles et corporales, licet hae quoad nos interdum sint magis vehementes. (Ibidem, quaest. 31. art. 5.)* In Betreff der Ursachen, aus denen der Frohsinn entspringt, stimmt Thomas dem Ausspruche des Aristoteles *(Polit. II. cap. 3.)* zu, dass für uns Menschen, eben weil der Mensch kein Einzelner, sondern ein auf die Gemeinschaft mit seines Gleichen angewiesenes Lebewesen (ζῶον πολιτικόν) ist, Wohlwollen und Wohlthätigkeit die reinsten und mächtigsten Quellen freudenvoller Gemüthsbewegungen seien. Sie gehören eben zur Natur des Menschen, und Goethe's bekannte Maxime: »Edel sei der Mensch, hilfreich und gut«, findet sich bereits in schönster Weise ausgesprochen in den Worten: *Est, quod philosophus (Aristoteles) dicit, quod largiri et auxilium praestare amicis est delectabilissimum. (Ibidem, quaest. 32. art. 6.)*

Schmerz und Trauer *(dolor et tristitia)* erörtert Thomas wegen der innigen Verbindung, derzufolge der Schmerz, wenn damit nicht etwa die rein körperliche unangenehme Empfindung gemeint ist, nur als eine Unterart der Trauer (Betrübniss) sich ergibt, unter Einem. *Si vero dolor accipiatur communiter, genus tristitiae est.* Auch bilden beide zusammen den vollständigen Gegensatz zu dem, was mit *delectatio* gemeint ist. Doch gilt das, wie so Vieles in der überaus schwer mit bloss sprachlichen

Mitteln zu schildernden Region des Gemüthslebens, nicht ohne
Ausnahme. Auch die Trauer kann unter Umständen mit innerlicher Befriedigung gepaart sein, ja sogar sie bedingen. *Gaudere*
de bono et tristari de malo non opponuntur. (Ibidem, quaest. 35.
art. 4.) Dass, analog den bloss sinnlichen und geistigen Ver-
gnügungen, der innerliche sogenannte Seelenschmerz ungleich
grösser sein könne, als alle leiblichen Schmerzen, ergibt sich
ganz einfach aus der Thatsache, dass Menschen sich freiwillig
dem leiblichen Schmerz unterziehen, um dem geistigen zu ent-
gehen. *Cujus signum est, quod etiam dolores exteriores aliquis*
voluntarie suscipit, ut evitet interiores. (Ibidem, quaest. 35. art. 7.)
Als die vier Unterarten der Trauer werden *acedia* (Verdrossenheit, Missmuth, Trübsinn, Schwermuth, Gram, Uebelgelauntheit,
Unlust), *anxietas* (Bangigkeit, gedrückte Stimmung, Sorge,
Beklommenheit), *misericordia* (weniger Erbarmen, als Bedauern,
Wehmuth und schmerzliche Antheilnahme, Mitleiden im streng
etymologischen Sinne), *invidia* (nicht bloss Neid, sondern jedwedes
Uebelwollen, Schelsucht, Abneigung, Missgunst, Schadenfreude,
Gehässigkeit u. dgl.) genannt. Verwandt damit sind auch
fel (Aerger), *mania* (Groll, Raserei, bleibender Aerger, daher die
des Griechischen unkundigen Scholastiker *mania* von *manere*
abzuleiten versuchten) und *furor* (Grimm). Interessant ist unter
dem vielen für den Psychologen zur Beachtung Empfehlens-
werthen beispielsweise die Bemerkung, dass Schmerz und Trauer
von auffallend nachtheiligem Einflusse auf die intellectuellen
Thätigkeiten seien, in erster Linie aber die Fähigkeit, Neues
zu erlernen oder zu finden, gänzlich aufheben können. Dass
nämlich Menschen mit ihrem Vermögen oder Amt auch ihre zur
Verwaltung oder selbst Erwerbung desselben erforderlichen
Fähigkeiten verlieren, ist eine häufig genug gemachte Beobachtung und im Grunde nur die Kehrseite des sprichwörtlichen
»Wem Gott ein Amt gibt, dem gibt er auch den Verstand«. Ueberhaupt ist nur der lebensfrohe Mensch zum Schaffen und Wirken
geeignet; in gedrückter Stimmung aber will dem Menschen
nichts gelingen, da Seelenschmerz und Trauer unvermerkt die
Aufmerksamkeit absorbiren, allen Geistesthätigkeiten die Richtung
auf einen beschränkten Kreis von Vorstellungen geben, und die

Bilder der Phantasie sammt den Functionen des Gedächtnisses stören und verwirren. Die graphischen Schilderungen, die der Aquinat von diesem Zustande zu wiederholtem Male gibt, erinnern lebhaft an die eigenthümliche Verrücktheit, die sich bei Leuten einstellt, welche durchaus einen Verlust oder fehlgeschlagenen Plan nicht verwinden können und immer ihren Gram erörtern, wie auch an jene hypochondrischen Naturen, die einen undurchführbaren Plan wenigstens zum Schein verwirklichen wollend und stets wieder auf dasselbe zurückkommend, mit ärgerlichem Wesen und pedantischem Eigensinn nicht nur sich und ihrer Umgebung zur Last sind, sondern auch thatsächlich unbrauchbar für ihre eigentlichen Berufsgeschäfte, für die menschliche Gesellschaft unnütz werden. *Et ideo, si sit dolor intensus, impeditur homo, ne tunc aliquid addiscere possit; et tantum potest intendi, quod nec etiam instante dolore potest homo aliquid considerare, etiam quod prius scivit. (Ibidem, quaest. 37, art. 1.)* — Ebenda, *art. 4: Ipsa etiam tristitia quandoque rationem aufert, sicut patet in his, qui propter dolorem in melancholiam et maniam incidunt.* Aehnliches lesen wir im Commentar: *De memoria et reminiscentia, Lect. VIII.* Auch für das körperliche Wohl ist die Traurigkeit sammt ihren Unterarten schädlicher als alle übrigen Gemüthsstimmungen, wie denn auch thatsächlich die leiblichen Folgen von Gram und Kummer *cat exochen* als »Gemüthskrankheit« bezeichnet werden. Sie hemmen nach der Ansicht des Aquinaten die Bewegung des Herzens. *Tristitia magis corpori nocet, quam aliae animi passiones, cum vitalem cordis motum impediat. (Ibidem, quaest. 37. art. 4.)* Als Heilmittel dienen gegen die Traurigkeit nicht so sehr Zerstreuung und Vergnügen, die unter Umständen das Uebel sogar vermehren, auch Stumpfsinn erzeugen können, als vielmehr Weinen und Sichaussprechen, wodurch der Zustand aufhört ein rein innerlicher zu sein, und eben dadurch an Intensität verliert. Er wird durch das Weinen und Sichausklagen recht eigentlich veräussert, *ad exteriora effunditur,* wird dem Klagenden gegenüber zu einem von ihm wenigstens zeitweilig abgetrennten Gegenstande, besonders wenn der Trauernde halbwegs dazu angethan ist, mit dem Dichter zu sprechen: »Und wenn Natur in ihrer Qual verstummt, gab mir ein Gott zu sagen, was ich leide.« *Et ideo, quando homines, qui sunt in tristitia, exterius suam tristitiam manifestant vel fletu, vel gemitu vel etiam verbo, mitigatur tristitia. (Ibidem, quaest. 38. art. 2.)* Die bei allen Völkern sich findende Sitte, die Trauer durch äussere Abzeichen, schwarzes Gewand, Zerreissen der Kleider, Bestreuen mit Asche, durch Klaggesänge u. dgl. auszudrücken, beruht offenbar auf diesem Drange nach Veräusserlichung dessen, was sich im tiefsten Innern des Menschen so schwer drückend auf die Seele legt und den Geist umnachtet. Es wird eben dadurch zum überschbaren und fassbaren Objecte. Selbstverständlich bildet hierzu das von aussen freundlich entgegenkommende Mitleid oder wenigstens das theilnehmende Gehör die Ergänzung. Aerzte und Seelsorger wissen aus ihrer Praxis, dass es bei weitem nicht so schwer ist, einen Kranken zu trösten, als man sich das gewöhnlich vorstellt. In der Regel ist ihm schon geholfen, wenn man ihn nur geduldig anhört. Es bildet sich, wie schon Aristoteles *(Eth. Nic. IX. cap. 11.)* bemerkt, im Betrübten die Vorstellung, als ob der Andere mit ihm in das Tragen der schweren Last sich theilte. *Cum aliquis ergo videt de sua tristitia alios contristatos, fit ei quaedam imaginatio, quod illud onus alii cum ipso ferant, quasi conantes ad ipsum ab onere alleviandum: et ideo levius fert tristitiae onus. (Ibidem, quaest. 38. art. 3.)* Als rein äusserliche Linderungsmittel erweisen sich Schlaf und Bäder; denn durch diese werden die in Folge der Seelenleiden eingetretenen leiblichen Unordnungen vermindert, was bei dem innigen Zusammenhange des Gemüthslebens mit dem Körperlichen nur wohlthuend auf die Seele zurückwirken kann. Beruht doch nach der Ansicht neuerer Aerzte die unbestreitbare Heilkraft der Thermen hauptsächlich auf der durch die gleichförmige Wärme bewirkten richtigen Vertheilung des in manchen Partien des Körpers sich stauenden Blutes. *Cum somnus et balnea restaurent et reforment corporalem naturam in debitum statum vitalis motionis, necessarium est, ea quoque tristitiam mitigare et minuere. (Ibidem, quaest. 38. art. 5.)* Das mächtigste und verlässlichste Mittel gegen niederdrückende Gemüthsstimmungen aber, welches Aristoteles und Thomas von Aquin empfehlen, ist leider der überaus grösseren Mehrzahl der Hilfsbedürftigen nicht erschwinglich.

Es heisst Aufschwung der Seele zu geistiger Thätigkeit, Beschäftigung mit der Wahrheit. In dieser liegt, weil θεωρία und εὐδαιμονία sich schliesslich als eins erweisen, der höchste Genuss, dessen der Sterbliche fähig ist und der durch eine Art Ueberstrahlung und Beugung des geistigen Lichtes bis in die dunkelsten Tiefen des Gemüthes und selbst des Sinnenlebens Frieden und Freude hinuntersendet. *In viribus animae fit redundantia a superiori ad inferius; et secundum hoc delectatio contemplationis, quae est in superiori parte, redundat ad mitigandum etiam dolorem, qui est in sensu. (Ibidem, quaest. 38. art. 4.)*

Die bisher abgehandelten Gefühle zählt der Aquinat zur *vis concupiscibilis,* die noch folgenden sollen mehr dem Irasciblen zugerechnet werden; doch scheint diese Unterscheidung nur der leichteren Uebersicht wegen gemacht zu sein und keinen wesentlichen Unterschied in einer Region, die überhaupt keine scharfen Abgrenzungen duldet, constatiren zu wollen.

Hoffnung und Zuversicht *(spes)* gehören sammt den verschiedenen Graden ihrer Negation bis zur Nacht der Verzweiflung offenbar nicht dem apprehensiven, sondern dem appetitiven Vermögen an, und zwar dem irasciblen Theile desselben, als welcher mehr nur auf die Entfernung der Hindernisse gerichtet ist, die der Erlangung des Begehrten sich entgegenstellen. Sie finden sich darum schon in den vernunftlosen Thieren, deren Begehrungsvermögen in Kraft der ihnen gegebenen *aestimativa* mehr als das der Menschen nur von dem ihnen erreichbaren bewegt wird, so zwar, dass beispielsweise der Hund zur Verfolgung eines Hasen, den er in allzu weiter Ferne sieht, sich nicht anschickt, weil er keine Aussicht hat, ihn zu erreichen. (Ein Beispiel, gegen welches Jagdkundige möglicherweise Bedenken äussern würden.) *Si enim canis videat leporem aut accipiter avem nimis distantem, non movetur ad ipsum, quasi desperans, se eam posse adipisci: si autem sit in propinquo, movetur quasi sub spe adipiscendi. (Ibidem, quaest. 40. art. 3.)* Insofern besteht zwischen dem Hoffen und dem eigentlichen Begehren jedenfalls ein Unterschied, da bei jenem noch das Moment des schwer und unsicher zu Erreichenden in Betracht zu nehmen ist.

Objectum spei non est bonum futurum absolute, sed cum arduitate et difficultate adipiscendi. (Ibidem, quaest. 49. art. 1.) Erst wenn diese Unsicherheit schwindet, geht das Hoffen in das vollendete Begehren und Wollen über. Thomas gibt dabei dem hl. Augustinus zu, dass letzteres allerdings schon als mit dem Hoffen wie im latenten Zustande gegeben sein könne. *Augustinus ponit cupiditatem loco spei propter hoc, quod utraque respicit bonum futurum, et quia bonum, quod non est arduum, pro nihil reputatur, ut sic et cupiditas maxime videatur tendere in bonum arduum, in quod etiam tendit spes. (Ibidem, quaest. 40. art. 1.)* Thatsächlich lässt sich durch die Uebergänge von der Trauer zum Hoffen und vom Hoffen zum Wollen am deutlichsten darthun, dass Gefühl und Begehren einer und derselben Grundclasse der Seelenvermögen angehören.

Aus dem Umstande, dass jedes Hoffen um so mächtiger wird und um so leichter zum Wollen sich gestaltet, je geringer die Schwierigkeit des Erreichens scheint, erklärt sich, dass Jünglinge und Unerfahrene oder wenig Umsichtige am meisten zum Hoffen geneigt sind. *Illi, qui non sunt passi repulsam nec experti impedimentum in suis conatibus, de facili reputant aliquid sibi possibile. Unde et juvenes propter inexperientiam impedimentorum et defectuum de facili reputant aliquid sibi possibile et sunt bonae spei. (Ibidem, art. 5.)* Aristoteles gibt *(II. Rhetor. cap. 12.)* in eingehender Weise die Gründe der dem Jugendalter und überhaupt der Unerfahrenheit und Exaltation eigenthümlichen Vertrauensseligkeit an. Die Hoffnung erhält nach ihm die Lebensgeister in Thätigkeit, stärkt die Herzbewegungen und fördert die Thatkraft und Thatenlust. Sie lässt das Schwierige im Lichte der Möglichkeit und Erreichbarkeit erscheinen, woraus jene freudige Sicherheit entsteht, die zu Thaten willig macht. *Existimatio possibilis non retardat conatum; unde sequitur, quod homo intense operetur propter spem. Spes enim causat delectationem, quae adjuvat operationem. (Ibidem, art. 3.)*

Das Object der **Furcht** *(timor)* ist das Uebel; doch hat es die Furcht, im Unterschiede zur Trauer, ausschliesslich mit dem künftigen Uebel zu thun. Nach Aristoteles *(II. Rhetor. cap. 5.)* entsteht Furcht aus der Vorstellung eines drohenden Schadens oder Traurigkeit verursachenden Uebels. Dass die Furcht wirklich durch blosse Vorstellungen erzeugt werden kann und das Vorhandensein eines wirklichen Uebels oder einer imminenten Gefahr dazu gar nicht nöthig ist, ergibt sich schon aus dem Umstande, dass es thatsächlich eine Furcht vor der Furcht gibt. *Potest homo timere futurum timorem. (Ibidem, quaest. 42. art. 4.)* Auch Solche, die nicht an Gespenster und derlei thörichtes Zeug glauben, übernachten ungern in entlegenen einsamen Gemächern, weil sie vorauswissen, dass ihre Phantasie daselbst in unangenehmer Art erregt wird, d. h. weil sie vor ihrer Furcht sich fürchten. Sie haben auch aus diesem Grunde, und nicht bloss wegen der allerdings Furcht und Schauder einflössenden Dummheit der Sache selbst, einen unüberwindlichen Abscheu vor der in unseren Tagen wieder florirenden und im Buchhandel lucrative Geschäfte machenden neuplatonischen Rockenphilosophie des Spiritismus, selbst auf die Gefahr hin, des Rationalismus und Atheismus beschuldigt zu werden.*) Man braucht nur sehr kurze Zeit mit derartiger Lectüre sich zu befassen, um begreifen zu lernen, wie die hellsten Köpfe, darunter auch zu Aller Erstaunen Männer, deren Name in den exacten Wissenschaften den besten Klang hat, auf kurze Zeit in Verwirrung gesetzt werden konnten, und, (was für die Psychologie noch von grösserer Bedeutung ist,) um gründlich einzusehen, welch ein hochwichtiger Factor die Phantasie im Seelenleben ist, so dass selbst das klarste Denken von ihr abhängiger ist, als die meisten unserer modernen Psychologen zugestehen. Es kann dasselbe von solchem Aberwitz beunruhigt und verunreinigt werden, wie die lautere Quelle durch hineingeworfenen Schmutz.

Unter den Wirkungen der Furcht ist als die einzig günstige hervorzuheben, dass mancher sonst Alleinweise und keiner Stimme der Vernunft, wenn sie aus anderem Munde kommt, Zugängige, am ehesten durch die Furcht bereitwillig gemacht wird, anzunehmen, dass auch andere Menschen mitunter Verstand

---

*) Die Bemerkung ist nicht umsonst; denn thatsächlich wurde der Verfasser dafür, dass er eines der Gespensterbücher in einem Referate der »Wiener Literatur-Zeitung« humoristisch glossirte, in einem bald darauf erschienenen noch dickeren Gespensterbuche des Atheismus beschuldigt.

und Einsicht haben, und auf gute Rathschläge zu hören. *Consiliativos tamen facere dicitur timor,* sagt darum St. Thomas. Körperlich verursacht sie seiner Schilderung zufolge die Flucht der Blutwärme und der Lebensgeister nach innen zu, daher leicht Erblassen des Antlitzes und ähnliche sonst nur bei Sterbenden sich zeigende Phänomene eintreten können. *In passionibus animae est sicut formale ipse motus appetitivae potentiae, sicut autem materiale transmutatio corporalis, quorum unum alteri proportionatur. Quantum autem ad animalem motum appetitus, timor contractionem quamdam importat. Cujus ratio est, quia timor provenit ex phantasia alicujus mali imminentis, quod difficile repelli potest. Quod autem difficile possit repelli, provenit ex debilitate virtutis. Virtus autem quanto est debilior, tanto ad pauciora se potest extendere. Et ideo ex ipsa imaginatione, quae causat timorem, sequitur quaedam contractio in appetitu, sicut videmus etiam in morientibus, quod natura retrahitur ad interiora propter debilitatem virtutis. Videmus etiam in civitatibus, quod, quando cives timent, retrahunt se ab exterioribus, et recurrunt quantum possunt, ad interiora. Et secundum similitudinem hujus contractionis, quae pertinet ad appetitum animalem, sequitur etiam in timore ex parte corporis contractio caloris et spirituum ad interiora. (Ibidem, quaest. 44. art. 3.)* Aus demselben Grunde stellt sich bei hochgradiger Furcht das Zittern ein, denn in Folge der zurückweichenden Wärme wird die Kraft vermindert, welche die Glieder zusammenhält, und damit auch die normale Thätigkeit der Muskeln, wodurch solche Erscheinungen allgemeinen Schwindens der Kräfte zu Tage treten, daher auch Durst, Schweiss u. dgl. *Quoniam timentes calor deserit, unde virtutis membra continentis debilitas nascitur, etiam tremorem ex timore nasci dicendum est. . . . Consequitur sitis, sudor, interdum et solutio ventris et urinae emissio, et quandoque etiam seminis vel hujusmodi superfluitatum accidit propter contractionem ventris et testiculorum, ut philosophus dicit in libro de Problem. sect. 27. probl. 2. (Ibidem.)* Die schlimmste Folge der Furcht aber bleibt, dass sie die Besinnung raubt und die Thatkraft lähmt, obwohl ein sehr geringes Mass von Furcht immerhin wegen der sich steigernden Sorgfalt und Umsicht auch auf das Handeln einen guten Einfluss ausüben kann. *Si vero timor in tantum increscat, ut rationem perturbet, impedit operationem etiam ex parte animae. (Ibidem, art. 4.)*

Die *audacia* (Muth, Kühnheit, Tapferkeit, Waghalsigkeit) versuchten Psychologen neuerer Zeit (auch Schopenhauer) als angeborne Anlage in Abrede zu stellen, und wollten sie als blosse Kunst, die natürliche Furcht unter Umständen nicht merken zu lassen, behandeln. Dagegen aber spricht nicht bloss die unbezähmbare Rauflust so vieler Thiergeschlechter, sondern auch die trotz alles Wehrens und Warnens immer sich wieder geltend machende Waghalsigkeit jedes echten Knaben und der kriegerische Sinn aller naturfrischen Volksstämme. Sie alle suchen Gefahr und Kampf zumeist aus keinem andern Grunde auf, als aus einem der vernünftigen Ueberlegung scheinbar ganz unbegreiflichen Drang ihres innersten Wesens. Aristoteles erklärt θάρρη als den natürlichen Gegensatz von φόβος; *(I. Metaph. X.)* und Thomas Aquinas schreibt in Uebereinstimmung damit: *Timor fugit nocumentum futurum propter ejus victoriam super ipsum timentem; sed audacia aggreditur periculum imminens propter victoriam sui super ipsum periculum. Unde manifeste timori contrariatur audacia. (Ibidem, quaest. 45. art. 1.)*

Da die Kühnheit mit der Hoffnung, hier der Siegesgewissheit, in inniger Verbindung steht, so sind wieder die noch Unerfahrenen in der Regel am meisten zu kühnen Unternehmungen aufgelegt. Sie kennen weder die Grösse der Gefahr, noch die Unzulänglichkeit der eigenen Mittel, somit fällt bei ihnen die Hauptursache der Furcht hinweg. *Illi, qui sunt inexperti periculorum, sunt audaciores, non propter defectum, sed per accidens, inquantum scilicet propter inexperientiam neque debilitatem suam cognoscunt neque praesentiam periculorum; et ita per subtractionem causae timoris sequitur audacia. (Ibidem, quaest. 45. art. 3.)* Interessant ist auch die psychologisch feine und zugleich ein verwerthbares religionsphilosophisches Moment bergende Beobachtung des Aristoteles *(II. Rhetor. cap. 5.),* dass Menschen, denen ein Unrecht wiederfuhr, ganz besonders kühn seien, es lebe nämlich in ihnen die Ueberzeugung, Gott müsse ihnen Hilfe bringen. Die *audacia* bleibt demungeachtet ein dem bloss

Animalischen Angehöriges, ein *motus appetitus sensitivi.* Ist sie jedoch von der Vernunft erleuchtet, dann gestaltet sie sich zur *fortitudo,* zur echt menschlichen Tapferkeit und zum Heldenmuth. Sie kennt die Gefahren, denen sie entgegengeht, und sie handelt darum nicht im blinden Naturdrange, sondern mit Einsicht, Umsicht und ruhiger Besonnenheit. Darum sind die bloss natürlich Kühnen in der Regel mehr dummdreist als tapfer und meist nur für den ersten Anfang des Muthes voll, der aber, sobald die Gefahr in ihrer ganzen Bedeutung sichtbar wird, alsbald sich verflüchtigt. *Audaces promptiores sunt in periculis in principio, quam in fine; fortes vero, cum ex deliberationis judicio pericula aggrediantur, econtra se habent. Audacia, cum sit quidam motus appetitus sensitivi, sequitur apprehensionem sensitivae virtutis Virtus autem sensitiva non est collativa, nec inquisitiva singulorum, quae circumstant rem, sed subitum habent judicium. Contingit autem quandoque, quod secundum subitam apprehensionem non possunt cognosci omnia, quae difficultatem in aliquo negotio afferunt. Unde surgit audaciae motus ad aggrediendum periculum. Unde quando experiuntur jam periculum, sentiunt majorem difficultatem, quam aestimaverunt; et ideo deficiunt. . . . Fortes vero, qui judicio rationis aggrediuntur pericula, in principio videntur remissi, quia non passione sed deliberatione debita aggrediuntur; quando vero sunt in ipsis periculis, non experiuntur aliquid improvisum, sed quandoque minora illis, quae cogitaverunt; et ideo magis persistunt. (Ibid., art. 4.)*

Den Zorn *(ira)* mit seinen Unterarten, Aerger, Groll, Ingrimm, Wuth, definirt Thomas nach Aristoteles *(II. Rhetor. cap. 2.)* als eine der Trauer verwandte und mit der Begierde, sich zu rächen, verbundene Gemüthsbewegung. *Non insurgit irae motus nisi propter aliquam tristitiam illatam, et nisi adsit desiderium et spes ulciscendi, quia philosophus dicit: Iratus habet spem puniendi. (Ibidem, quaest. 46. art. 1.)*

Die *vis irascibilis* hat von *ira* den Namen, nicht als ob jede ihrer Bewegungen Zorn wäre, sondern weil der Zorn die dominirende und am leichtesten [erkennbare dieser Gemüthsbewegungen ist. *Vis irascibilis denominatur ab ira, non quia*

omnis motus hujus potentiae sit ira, sed quia ad iram termi-
nantur omnes motus potentiae hujus, et inter alios ejus motus est
manifestior. (Ibidem.) Die Vernunftthätigkeit ist beim Zornigen,
ähnlich wie beim Trunkenen, nicht aufgehoben, wohl aber gehindert, wie solches Menschen, die ihren Gegner absichtlich zum
Zorn reizen, um in der Controverse seiner Herr zu werden,
sehr gut wissen und praktisch verwerthen. Doch kommt demungeachtet der Zorn auch bei unvernünftigen Thieren vor, weil
ihre Imagination instinctmässig zu gewissen, dem vernünftigen
Handeln ähnlichen, Thätigkeiten gelenkt wird, die durch heftige
Erregungen des Irasciblen gehemmt werden. *Potest tamen etiam*
esse in brutis animalibus, quae ratione carent, inquantum naturali
instinctu per imaginationem moventur ad aliquid simile operibus
rationis. (Ibidem, quaest. 46. art. 7.) Den Unterschied zwischen
Zorn und Hass findet Thomas darin, dass der Hassende seinem
Gegner das Uebel überhaupt und weil es eben ein Uebel ist,
wünscht, der Zürnende aber nur, insofern es ein vermeintliches Gut,
nämlich gerechte Sühne, ist. Daher ist der Hass moralisch viel
verwerflicher als der Zorn. *Est autem objectum irae et odii idem*
subjecto: nam sicut odiens appetit malum ei, quem odit, ita iratus ei,
contra quem irascitur, sed non eadem ratione: nam odiens appetit
malum inimici inquantum est malum, iratus autem appetit malum
ejus contra quem irascitur, non inquantum est malum, sed inquantum
habet quamdam rationem boni, scilicet prout aestimat illud esse justum,
inquantum est vindicativum. (Ibidem, art. 6.)

Es werden hauptsächlich drei Grade des Zornes genannt,
nämlich die uns bereits bekannten *fel, mania et furor,* die sich
allerdings auch unter die *tristitia* ordnen lassen, insofern damit
nicht bloss das nur die sogenannte stille Trauer kennzeichnende
düstere Versunkensein in sich selbst gemeint ist. *Fel* bedeutet
darum nicht bloss jenen Aerger, den der Volksmund als »Gift
und Galle« bezeichnet, sondern zugleich die bleibende verbitterte,
gallige Gemüthsstimmung, die mehr die Farbe der Trauer und
Verdrossenheit, als des eigentlichen, activ sich aussprechenden
Zornes trägt. Auch die *mania* (Groll) und den *furor* (Ingrimm)
behandelt Thomas als mehr bleibenden *habitus,* besonders aber
ist ihm die *mania* ein Zorn, der nicht aus dem Gedächtnisse

weichen will *(ira, quae in memoria diu manet, et haec pertinet ad maniam, quae a manendo dicitur).*

Thomas hält mit Aristoteles dafür, dass keine Beleidigung so sehr und in so gerechter Weise zum Zorn reizen könne, als diejenige, welche Geringschätzung des Beleidigten offenbart, und zwar in einem Punkte, in welchem er auf Achtung Anspruch hat oder doch zu haben glaubt. Mangel an Achtung aber setzen wir bei jeder absichtlichen Beleidigung voraus. *Illi, qui ex industria nocumentum inferunt, ex contemptu peccare videntur, et ideo contra eos maxime irascimur. Unde philosopus (II. Rhet. cap. 3.) dicit: »His, qui propter iram aliquid fecerunt, aut non irascimur aut minus irascimur; non enim propter parvipensionem videntur egisse.« (Ibidem, quaest. 47. art. 3.) — Constat autem, quod, quanto quis est excellentior, injustius parvipenditur in hoc, in quo excellit: et ideo illi, qui sunt in aliqua excellentia, maxime irascuntur, si parvipenduntur. (Ibidem.)* Doch gilt im Allgemeinen, dass nur schwache, kleinliche, mit Fehlern behaftete Menschen leicht zu erzürnen sind; denn alles Grosse ist schwerbeweglich. *Homines defectibus subjacentes facilius laeduntur. (Ibidem.)* Besonders aber wird Demjenigen, der von seinem Werthe und seiner Grösse in irgend einer Hinsicht überzeugt ist, die Geringschätzung oder der Spott niedriger Seelen und des grossen Haufens urtheilsloser Ignoranten höchst gleichgiltig sein; denn wem an dem Urtheil Anderer gar so viel gelegen ist, der beweist nur, dass er mit seinem eigenen Urtheil über sich noch nicht im Reinen ist. *Ille, qui despicitur in eo, in quo manifeste multum excellit, non reputat se aliquam jacturam pati, et ideo non contristatur. (Ibidem.)*

Die leiblich sich kundgebenden Regungen des Zornes erklärt der Aquinat aus einer heftigen Bewegung des Blutes und der Lebensgeister im Herzen, dem Organ aller Gemüthsbewegungen, und beschreibt sie als Pochen des Herzens, Zittern des Körpers, Stammeln der Zunge bis zum gänzlichen Versagen der Sprache, Glühen des Gesichtes und der Augen, schreiende Rede ohne zu bedenken, was der Mund ausspricht, schliesslich Versagen der Sprache. *Quandoque tanta irae perturbatio est, ut lingua a loquendi usu omnino impediatur.* Dass der heftigste Zorn gewöhnlich auch der am schnellsten vorübergehende ist, soll daraus erklärlich sein, dass die augenblickliche Empfindung der erfahrenen Beleidigung und die dadurch erregte Aufwallung den Anlass zum Zorn in vergrössertem Massstabe erscheinen lässt, eine Täuschung der Phantasie, die eben nicht lange dauern kann, daher der Jähzorn einer plötzlich hochauflodernden Flamme gleicht, die gierig und schnell ihr Material verzehrt und aus Mangel an Nahrung erlischt. *Major videtur injuria, quando primo sentitur et paulatim diminuitur ejus aestimatio secundum quod magis receditur a praesenti sensu injuriae. . . . Tamen hoc ipsum, quod ira cito consumitur, attestatur vehementi furori ipsius. Sicut enim ignis valde magnus cito extinguitur consumpta materia, ita etiam ira propter suam vehementiam cito deficit. (Ibidem, quest. 48. art. 2.)*

Da die Gefühle sehr häufig auf bleibenden seelischen Dispositionen beruhen oder auch solche begründen, so erscheint für eine tiefere Kenntnissnahme derselben der Begriff des *habitus* (ἕξις) von grosser Wichtigkeit. *Philosophus in V. Metaph. dicit:* »*Habitus dicitur dispositio, secundum quam bene vel male disponitur dispositum aut secundum se aut aliud, ut sanitas habitus quidam est.*« Thomas selbst definirt den *habitus* näher als eine zwar nicht gleich den Potenzen unverlierbare, aber doch dauernde und schwer sich ändernde Disposition oder Qualität. *Habitus, secundum quem quidpiam ad se vel in ordine alterum ad se habere dicitur, est quaedam qualitatis species de difficili mobilis. (Ibidem, quaest. 49 art. 1.)* Der Etymologie nach stammt das Wort *habitus* allerdings von *habere*. Das griechische ἔχειν aber, dem das Wort ursprünglich entnommen ist, bedeutet in den von Aristoteles aufgestellten Kategorien streng genommen nicht haben, sondern anhaben, *indutum esse,* woher offenbar noch der Gebrauch des Wortes *habitus, l'habit* u. dgl. für *indumentum* rührt. Es ist somit der *habitus* etwas durch den täglichen Gebrauch wie ein Gewand uns eigenthümlich Gewordenes, womit wohl auch die Redensart zusammenhängt: »Er hat das an sich«, und seine vornehmste Verwendung findet darum der Begriff des *habitus* in der Ethik, da nach Aristoteles die Tugend eine durch starkes, freies Wollen und durch Uebung, nicht aber, wie die älteren Sokratiker lehrten, durch blosse Belehrung und Einsicht erworbene Fertigkeit im Guten ist. Wie übrigens Platon auch in diesem Punkte, wie in Allem, was mit der Willensfreiheit zusammenhängt, den aristotelischen Ausführungen immer mehr und mehr sich nähert, so dass diese in den der Zeitfolge nach letzten Schriften Platon's zum mindesten präformirt erscheinen, findet sich eben so schön als gründlich dargelegt in T. v. Wildauer's, nunmehr dem Abschlusse sich nähernden Werke: »Die Psychologie des Willens.«*)

---

*) Die Psychologie des Willens bei Sokrates, Platon und Aristoteles von Dr. Tobias Wildauer. II. Theil. Platon's Lehre vom Willen. Innsbruck, Verlag der Wagner'schen Universitäts-Buchhandlung, 1879.

XVI. Die Verbindung von Leib und Seele.

Das Wesen des Menschen liegt weder im Leibe noch in der Seele, sondern in der Synthese beider. — Leib und Seele sind darum eine Substanz. — Ihre Verbindung ist keine Mischung, auch keine bloss formale Einigung im Bewusstsein. — Abhängigkeit des menschlichen Ichgedankens von der substantialen Einheit des geistig-sinnlichen Menschen. — Das vegetative und sensitive Leben im Menschen ist keine Seele neben dem Geiste. — Erst die *anima intellectiva* vollendet die *species humana*. — Die Corruption der niederen Formen beim Eintritte der höheren. — Die Vorgänge der Beseelung. — Anticipationen der gegenwärtigen Physiologie. — Die *anima intellectiva* ist Lebensprincip des Leibes. — Wie Aristoteles zum Gedanken der Creation gelangt. — Der Creatianismus in der peripatetischen Psychologie.

Anhang.

Rück- und Ueberblick. — St. Thomas und der Dualismus Günther's. — St. Thomas über das Geschlechtsleben. — Platonismus und Aristotelismus in ihrem Einflusse auf das Christenthum. — Falsche Ascese. — Christliche Kunst.

> *Credo enim, quod iste homo (Aristoteles) regula fuerit et exemplar, quod natura invenit ad demonstrandam ultimam perfectionem humanam.*
>
> Averroës. *(De anima III. 2.)*

Geistiges und Leibliches, Uebersinnliches und Sinnliches, sind die beiden constitutiven Bestandtheile des menschlichen Wesens; das Wesen des Menschen selbst ist aber weder Geist noch Leib, sondern die substantiale Einheit beider. Das Wesen des Menschen ist der in der Synthese von Geistigem und Körperlichem verwirklichte Schöpfungsgedanke und der Schlussstein des gesammten Weltenbaues. Das Wesen des Menschen ist darum auch nicht mehr vorhanden, sobald der Leib der Verwesung anheimgefallen ist, zum Staub zurückgekehrt, von dem er genommen ward, und der Geist zu Gott zurück, der ihn gegeben hat; denn des Menschen Geist ist nach der ganz entschiedenen und keine Consequenzen scheuenden Lehre des Stagiriten und des Aquinaten keine complete Substanz, sondern dazu geschaffen und bestimmt, mit dem ihm angewiesenen materiellen Leibe eine und dieselbe Substanz zu bilden und dem entsprechend des Leibes *forma substantialis* zu sein. Seele (im Allgemeinen) nämlich ist die Entelechie des organischen Naturindividuums, und da das Sein der beseelten Substanzen das Leben ist *(De anima II. 4.)*, so lebt bei ihnen nicht die Seele allein, sondern der Leib mit ihr, wenn auch nur durch sie, während sie selbst das Leben in sich selbst besitzt und nach dem Zerfalle des Leibes weiterlebt. Hier also tritt, im Unterschiede zum Leben der reinen Geister und dem der blossen Naturwesen, der Fall ein, dass ein und dasselbe lebende Wesen, trotz der substantialen Einheit sterblich und unsterblich, somit dem einen seiner constitutiven Theile nach Form und Materie, dem andern Theile nach reine Form ist. Dass darin kein Widerspruch liege, solche heterogene Bestandtheile in der einen Substanz zu denken, erörtert Aristoteles zu wiederholten Malen mit grosser Umständlichkeit und Genauigkeit, so wenn er dem Empedokles gegenüber *(De anima I. 4.)* die Einheit der Seele im Gegensatze zu der im Leibe sich findenden Vielheit der Mischung, als deren blosses Mischungsverhältniss eben Empedokles die Seele nahm, in scharfsinnigster Weise sicherstellt, so *Phys. VIII. 4.*, wo er zeigt, dass in den höheren Thieren sich selbst bewegende, also beseelte Substanzen zu erkennen sind, während sich die Möglichkeit ihrer Selbstbewegung nur aus der Vielheit und verschiedenartigen Wirkungsweise der Elemente, aus denen sie bestehen, erklären lässt. Die einzelnen Organe bestehen aus ganz entgegengesetzten Elementen und haben die entgegengesetztesten Eigenschaften und Anlagen, heben aber demungeachtet die Einheit der Substanz nicht auf. Es kann daher auch die Verbindung des Geistigen und Sinnlichen zu einer einzigen Substanz nicht als geradezu unmöglich erklärt werden, kann es um so weniger, als die Verbindung des Geistigen mit dem Leib-

lichen im Menschen eine Verbindung mit einem theilweise Gleichartigen, nämlich mit einem bereits vor
dieser Vereinigung Lebendigen ist. Denn die intellective
Seele tritt erst dann mit dem Leibe in Verbindung, wenn dieser
bereits bis zum sinnbegabten, also des sinnlichen Wahrnehmens
und Begehrens fähigen Naturindividuum entwickelt ist. Wir
haben es daher nicht mit durchaus heterogenen Bestandtheilen,
sondern mit einer Vereinigung der vernünftigen Seele mit einem
gleichfalls Seelischen zu thun, nämlich mit dem bis zum sinnlich
beseelten Leibe entwickelten Fötus. Gerade daraus aber scheint
sich eine neue und ungleich grössere Schwierigkeit zu ergeben,
ja selbst ein unlösbarer Widerspruch mit einem Fundamentalsatze der gesammten aristotelischen Psychologie. Dieser Funda-
mentalsatz lautet: Weil Form und Materie eine Substanz
constituiren, und die Seele die Entelechie, d. h. die vollendetste
und das Wesen des Leibes vollendende und bestimmende Form
des organischen Individuums ist, so kann weder die Seele, sei
es zur selben oder zu verschiedener Zeit, mehreren Leibern
angehören, noch können zwei oder mehrere Seelen in einem
und demselben Leibe sein. *(De anima II. 2.)* Welcher Art
soll demnach die Verbindung der *anima intellectiva*
mit der schon vor ihr vorhandenen und den Menschenleib belebenden *anima sensitiva* sein, damit in der
Synthese von Geist und Leib weder die Einheit der
Substanz, noch die Einheit der Seele zu Schaden
komme?

Die Antwort auf diese Frage ist kurz genug. Sie lässt
sich in die wenigen Worte zusammendrängen: Die intellective
Seele ist die substantiale Form des menschlichen
Leibes. Um aber diese paar Worte nicht misszuverstehen und
diesen schwer wiegenden Ausspruch nicht leicht zu nehmen,
dazu ist nichts Geringeres erforderlich, als das Verständniss der
gesammten aristotelisch-thomistischen Philosophie, deren treues
Miniaturbild und Compendium sie eben sind. Doch glaube ich,
dass es nach allem bisher Gesagten für meine Leser genügen
dürfte, in Betreff des in Rede stehenden Gegenstandes noch
mit dem Folgenden sich gehörig vertraut zu machen.

Wir haben uns überzeugt, dass, obwohl all' unser Erkennen mit dem Sinnlichen anfängt, doch gewisse, in unserem Denken vorfindliche Begriffe nicht aus der sinnlichen Wahrnehmung oder Vorstellung geschöpft sein können, sondern nur einem sich als Sein, als monadisches Eins und freie Ursache seines Denkens und Wollens erfassenden, und das heisst eben geistigen Wesen möglich sind. Aristoteles macht nun überdies noch darauf aufmerksam (*Analyt. post. I. 18. — De anima III. 4. und 35. — De sensu et sensato 6.*), dass das Denken dieser Begriffe, eben weil es dem Sinnlichen nicht angehört, auch kein leibliches Organ haben oder, was dasselbe heisst, nicht mit dem Leibe vermischt sein könne. Es gibt kein Organ, welches, etwa wie das Auge die Gesichtsbilder, uns die reinen Begriffe vermittelte. Was nämlich die Sinne bieten, ist niemals das Sein der Aussendinge, sondern nur dessen Erscheinung oder Bethätigung, dessen Einwirkung auf unseren Sinn, und wir erfassen richtig erwogen damit nichts weiter, als unsere eigenen, zwar von aussen erregten, jedoch nur in uns selbst vorhandenen Zustände der Sensation; der Intellect hingegen erfasst vermittelst der im Lichte des *intellectus agens* vollzogenen Abstractionen, das Aussen selbst, das Sein und Wesen der Aussendinge. Könnten überhaupt jene Begriffe durch die Sinnesorgane und deren Sensationen gewonnen werden, so wäre es, wie Aristoteles mit Recht bemerkt, auch möglich, dass der Blindgeborne vermittelst eines der andern ihm noch zu Gebote stehenden vier Sinne zum Begriffe der Farbe gelangte; und selbst wenn wirklich ein Organ für die übersinnlichen Begriffe vorhanden wäre, was aber weder nachweisbar noch nöthig, noch auch, wie jedes seine eigenen inneren Vorgänge beobachtende und verstehende denkende Wesen weiss, thatsächlich ist, so könnte dasselbe doch jedenfalls kein Sinnesorgan sein, da dieses ja seiner Natur nach nur sinnliche Qualitäten zu vermitteln vermöchte; es müsste, sagt Aristoteles mit bestem Grunde und nicht ohne einen Anflug von Spott, sich dann unsere Begriffswelt von einer solchen sinnlichen Qualität, etwa der des Kalten oder Warmen, durchzogen fühlen. Aristoteles hebt ferner hervor, und auch Thomas legt grosses Gewicht darauf, dass ja erfahrungsmässig ein ungewöhnlich starker Eindruck (Sonnenbild, Donnerschlag) das sinnliche Organ entweder für immer oder doch für eine Zeit lang zur Aufnahme anderer, besonders minder heftiger Eindrücke unfähig mache, während umgekehrt im Lichte des Intellectes, sobald eine höhere Erkenntniss gewonnen ist, auch die minder intelligiblen Objecte um so leichter erkannt werden.

Von einer Einigung des Geistigen und Leiblichen durch Mischung kann also schlechterdings nicht die Rede sein, man mag sich diese Mischung als eine mit der Einigung, vielmehr Einheit, des Sinnes mit dem leiblichen Sinnesorgane verwandte denken, oder als eine bloss chemische oder wohl gar nur mechanische Mischung, durch welche beiden nur ein inniges An- und theilweises Ineinander der an sich und in ihrer Verschiedenheit gegeneinander beharrenden Substanzen, nicht aber die substantiale Einheit erreicht wird.

Es bliebe demnach Demjenigen, der sich zur Annahme der Vereinigung der *anima intellectiva* mit dem Leibe als jener der *forma substantialis* mit ihrer Materie nicht entschliessen kann, offenbar nur mehr eine Art von Vereinigung über, an die freilich ein Aristoteles und Thomas Aquinas schwerlich gedacht haben dürften; es ist die sogenannte »bloss formale« Einheit des geistigen Selbstbewusstseins mit dem sinnlichen Bewusstsein im Menschen, in welcher Einheit die beiden der Menschennatur zu Grunde liegenden Substanzen blieben, was sie auch ausserhalb ihrer Vereinigung wären, auf der einen Seite selbstbewusster Geist und auf der andern animalisch beseelter Leib. Doch lässt sich auf der Stufe der von uns nunmehr erreichten Einsichten jedenfalls leichter begreifen, als erst *ab ovo* beweisen, dass die formale Einheit im Bewusstsein, die ja, nebenbei gesagt, besonders im Wirken des *intellectus agens* klar zu Tage tritt, ein Ding der Unmöglichkeit wäre ohne die bereits vorausgegangene reale und substantiale Einigung der beiden constitutiven Principien, die ein lebendiges, geistig leibliches Ich begründen, dessen Ausdruck eben der einheitliche formale Ichgedanke ja ist. Eben darum ist es noch keinem Menschen eingefallen, zu sagen: Mein Leib hört und isst, sondern

er sagt: Ich höre, ich esse, so gut er sagt ich denke, und
darum, um weniger populär und doch nicht weniger verständlich
zu reden, musste Aristoteles gerade in seiner Lehre vom νοῦς
ποιητικός zum schöpferischen Princip empordeuten, das da Macht
hat über das Sein, und dem allein die Verwirklichung seiner
vorweltlichen Ideen möglich ist, somit auch der des Menschen,
da diese weder der Zufall verwirklichen konnte, noch das Belieben der beiden die Menschennatur constituirenden Principien,
welches die Einheit von Geist und Leib nicht einmal aufrecht-
erhalten, um so viel weniger also bewirkt haben kann. Sie
können aus demselben Grunde auch, so lange sie substantiell
verschieden sind, kein einheitliches Bewusstsein absetzen und
damit einen einheitlichen Ichgedanken gewinnen, eben so wenig
als zwei Menschen, von denen der eine blind, der andere taub
ist, ihr Gehörtes und Gesehenes in einem und demselben Ich
vereinigen können, so dass der Taube durch das Gehör des
Blinden hört und der Blinde mit dem Gesichte des Tauben
sieht. Sie werden es nicht zu Stande bringen, selbst wenn sie
zusammengewachsen sind wie die siamesischen Brüder.

Bereits in der siebenten Abhandlung wurde gezeigt, dass
und warum das Vorhandensein des Sensitiven im Menschen
eben so wenig die Annahme einer zweiten Seele in ihm recht-
fertigt, als etwa das des Vegetativen im Thiere zur Annahme
einer pflanzlichen Seele neben der sensitiven in dem einzelnen
thierischen Individuum zwingt, und dass selbst die in den anorganischen Körpern vorhandenen elementaren Formen die
Einheit der Form, mithin auch die der Substanz nicht tangiren.
Man müsste, um das in Frage zu stellen, nur von einem ganz
andern Substanzbegriffe ausgehen, als dem der peripatetischen
Schule, etwa vom cartesischen, der doch, wie selbst die unzu-
gänglichsten Anhänger des Günther'schen Dualismus zugeben, zu
Spinoza führt. Wir wollen demnach nur die bekannte Einwendung noch etwas näher ins Auge fassen, dass ja selbst nach
Aristoteles und Thomas, wie auch nach der Lehre der Väter,
der Leib des Menschen ein Lebendiges (ζῶον) sei, bevor noch
die *anima rationalis* durch Schöpfung von aussen hinzukomme,
dass also auch in ihm bereits vor dem Eintritte der *anima*

intellectiva eine Seele vorhanden sein müsse, dass ferner diese »Leibseele« in Folge der eintretenden Verbindung mit der geistigen Seele keineswegs vernichtet, oder, wie neueste Commentatoren entdeckt haben wollen, wenigstens »ausgetrieben« werde. Sie muss also im perfecten Menschen, so folgert man, neben und mit dem hinzugetretenen Geiste fortexistiren, so dass die Annahme der Natur- oder Leibseele im Menschen unausweichlich und, wenn man das geistige Princip im Menschen ebenfalls Seele nennen will, die Behauptung zweier Seelen gerechtfertigt erscheint. Was sollen wir vom Standpunkte der peripatetischen Seelenlehre darauf erwiedern?

Es lässt sich auch hier wieder zunächst nur die synthetische Natur des Menschenwesens betonen, nämlich die gegenseitige Angewiesenheit der beiden Factoren in ihm. Ihr zufolge ist der Leib des Menschen eben so wenig bestimmt, als blosses Naturwesen zu existiren, als sein geistiger Theil die Bestimmung hat, reiner Geist zu sein oder jemals zu werden. So wenig darum nach des Aquinaten ausdrücklichen Worten die *anima intellectiva* eine complete Substanz ist, eben so wenig ist der Leib eine solche. Der Geist des Menschen ist nach seiner Trennung vom Leibe kein Engel, der Leib des Menschen vor seiner Vereinigung mit dem Geiste kein Thier, sondern eben ein unfertiger, seiner Vollendung, die er eben nur in der Einigung mit dem Geistigen erreicht, zustrebender Menschenleib. Er ist allerdings nicht ohne Form; diese seine dermalige Form aber ist noch nicht diejenige, die ihm die Vollendung gibt, ist bloss ἐνέργεια nicht ἐντελέχεια, darum aber auch nicht *forma substantialis* und noch viel weniger Seele. Nur im uneigentlichen Sinne kann daher das vor dem Eintritte der *anima intellectiva* den Fötus Gestaltende Seele genannt werden, und jedenfalls muss diese Benennung ganz und gar vermieden werden, sobald durch das Hinzukommen des Intellectiven das Sinnliche der »Corruption« anheimfällt, d. h. das bisher als ἐνέργεια Formirende überhaupt aufhört, Form zu sein und zur blossen Potenz der durch dasselbe sich darlebenden Entelechie herabsinkt, ein annectirtes Dominium, dessen depossedirtem

Fürsten der Gewaltigere, der die Herrschaft an sich gerissen, in unwesentlichen Dingen die Mitregentschaft sammt Titel und Charakter lässt. Darum sprechen ja selbst Aristoteles und Thomas zuweilen beim vollendeten Menschen noch von der *anima intellectiva* und *sensitiva,* also streng genommen von zwei Seelen; streng genommen aber wird solch eine Redeweise eben von Keinem werden, der mit der Sprache des Aquinaten auch nur einigermassen vertraut ist. Es ist nur die gleichniss-weise und der leichteren Vorstellung zuliebe sich accomodirende Rede, die St. Thomas selbst als das *aequivoce dicere* bezeichnet. Weil die intellective Seele als *forma substantialis* die Allein-herrscherin im Menschen ist, darf nach ihm sogar das Auge und das Fleisch des Gestorbenen nur *aequivoce* Auge und Fleisch genannt werden, denn nur sie ist es, die den Leib zum mensch-lichen macht, oder mit Thomas gesprochen, ihm in allen seinen Theilen die *species humana* gibt, so zwar, dass er nach ihrem Abscheiden überhaupt Leib (auch Thierleib) zu sein aufgehört hat. Daher auch der unnatürliche und unheimliche Eindruck, den wir beim Anblick auch des schönsten menschlichen Leich-nams empfinden, jenes in seiner Art einzig dastehende Grauen, das uns niemals bei dem entseelten Körper eines Thieres, wohl aber einigermassen beim Anblick der einen Menschen darstel-lenden Wachsfigur befällt, weil diese uns unwillkürlich an den Leichnam erinnert. *Quod autem anima est forma substantialis totius et partium, patet ex hoc, quod ab ea sortitur speciem et totum et partes, unde ea abscedente neque totum neque partes rema-nent ejusdem speciei, nam oculus mortui et caro ejus non dicuntur nisi aequivoce. (Summa theol. II. quaest. 72.)* Die geistige Seele vereinigt sich mit dem Leibe ihrer Natur nach, um die *species humana* in ihm zu vollenden. *Naturaliter unitur corpori ad complendam speciem humanam. (Summa contra Gent. I. 2. cap. 68.)*

Im Allgemeinen stimmt St. Thomas auch darin mit Aristoteles, dass jedes Wirkliche die ihm eigenthümliche *species* nur durch seine Form erhält, daher die Natur eines jeden Wirklichen auch durch sein Wirken zu Tage tritt. Das den Menschen von allen übrigen Erdenwesen unterscheidende Wirken besteht nun in der intellectiven (wenn auch nicht rein intellectiven) Thätigkeit, daher auch Aristoteles in diese, als die seiner Natur eigenthümliche und angemessene, des Menschen höchstes Gut, seine (wenigstens irdische) Glückseligkeit setzt, in welcher die Begriffe θεωρία und εὐδαιμονία sich decken. Es kann daher der Mensch, da er gleich allen anderen Wirklichkeiten in seiner eigenthümlichen natürlichen Species durch die Form bestimmt ist, diese seine Form nur im Intellectiven haben. *Natura uniuscujusque rei ex ejus operatione ostenditur. Propria autem operatio hominis, inquantum est homo, est intelligere: per hanc enim omnia alia animantia transscendit. Unde Aristoteles (X. Ethic. 7.) in hac operatione, sicut in propria hominis, ultimam felicitatem constituit. Oportet ergo, quod homo secundum illud speciem sortiatur, quod est hujus operationis principium. Sortitur autem unumquodque speciem per propriam formam. Relinquitur ergo, quod intellectivum principium sit propria hominis forma. (Summa theol. quaest. 76. art. 1.)* Nicht zu übersehen bleibt dabei freilich, dass das Denken des Menschen selbst ein eigenthümliches, von dem der reinen Geister verschiedenes, und die *anima intellectiva,* obwohl eine *forma subsistens,* d. h. zum Existiren ohne Materie Befähigtes, doch kein zum Existiren ohne Materie Bestimmtes ist. Der Geist des Menschen ist vielmehr gerade für sie und in ihr. *In materia est, quia ipsa anima est corporis forma et terminus generationis humanae. (Ibidem.)* Diese Bestimmung des Menschengeistes aber ist eben keine andere, als die, den Leib und mit ihm die Materie überhaupt zu vergeistigen, in die Höhe des lichten intellectiven Denkens, des Selbstbewusstseins und freien Wollens, ihn emporzuheben. Kommt auch hiernieden diese Vergeistigung nie zum vollen Durchbruch, da der Apostel nur den Auferstehungsleib einen geistigen sein lässt, so bleibt es doch das letzte Ziel des Menschen, die Natur in dieser Weise zu erheben in innigster, wesenhafter Einigung mit ihr, wesshalb auch der vom Leibe geschiedenen Seele nach St. Thomas der Zug nach Wiedervereinigung mit dem Leibe bleibt, und der Glaube, dass die Schatten im Hades nach dem Lichte der Sonne sich sehnen und nach dem rothen Lebenssafte, wie so viele der ernsten

Mythen, die Plato zum Theil auch dem sterbenden Sokrates in den Mund legt, nicht ohne Sinn und Bedeutung ist; denn *secundum se convenit animae, corpori uniri, sicut secundum se convenit corpori levi, esse sursum. Et sicut corpus leve manet quidem leve, cum a loco proprio fuerit separatum, cum aptitudine tamen et inclinatione ad proprium locum, ita anima humana manet in suo esse, cum fuerit a corpore separata, habens tamen aptitudinem et inclinationem naturalem ad corporis unionem. (Ibidem.)* Der Aquinat sagt geradezu, die geistige Seele theile dem Leibe ihr geistiges Sein mit, und werde mit dessen Materie eins, so zwar, dass das Sein des aus Form und Materie Zusammengesetzten und das der Seele ein und dasselbe seien. *Anima illud esse, in quo subsistit, communicat materiae corporali, ex qua et anima intellectuali fit unum: ita quod illud esse, quod est totius compositi, est etiam totius animae. (Ibidem.)*

Diese Einheit des Seins kommt nun in der Weise zu Stande, dass die niedere, vor der Verbindung mit der *anima intellectiva* die Materie des Leibes belebende Form (Energie) durch den Eintritt des Geistigen und Vergeistigenden nach dem bei Aristoteles und St. Thomas gebräuchlichen *terminus technicus* corrumpirt wird (φθείρεται). Wenn ich sagen wollte, dass dieser Terminus unsern Commentatoren viel Sorge gemacht habe, wie dies unlängst wirklich gesagt worden ist, würde ich geradezu gegen meine Ueberzeugung sprechen. Das aber thue ich, jedenfalls mit der Feder in der Hand, auch nicht dem liebsten Freund zu liebe. Ich habe gefunden, dass sich die Herren neuester Zeit über dieses Wort wohl ein paarmal die Köpfe zerschlagen, keineswegs aber den Kopf zerbrochen haben; denn um das Wort *Corrumpi* auf der einen Seite mit Vernichtetwerden, auf der andern mit Ausgetriebenwerden zu übersetzen, braucht man sich wirklich kein Kopfweh zu machen; es thut's ein bischen Rechthaberei und Phantasie, thut's um so besser, je weniger man die Werke eines Aristoteles und St. Thomas auch nur flüchtig durchgesehen, geschweige denn im Zusammenhange gelesen hat. Um einzusehen, dass das *Corrumpi* kein *Annihilari*, kein förmliches Zunichtswerden bedeuten könne, bedarf es nicht, wie etwa der freundliche Leser fürchtet, einer langen und bangen Erörterung, sondern nur der paar Worte: »Zu nichts wird nichts.« Sie stehen, wie wir bereits pag. 72 vernommen, ausdrücklich in der *Summa*, und lauten daselbst: *Simpliciter dicendum est, nihil omnino in nihilum redigi. (Summa theol. I. quaest. 104. art. 4.)* Es bliebe demnach, wenn wir zwischen zwei Uebeln das kleinere durchaus wählen müssten, nur das Ausgetriebenwerden der sogenannten *anima sensitiva* durch die ankommende *intellectiva*. Indessen muss, ganz abgesehen von der pag. 73 bereits beantworteten Frage, wohin sie denn eigentlich getrieben werden soll, der gelehrte Commentator, den es so sehr drängte, sein Licht leuchten zu lassen, in der Eile nur übersehen haben, dass die arme Seele, um abgetrieben zu werden, zu allererst **abgetrennt** werden müsste, was aber nach Aristoteles wieder nicht ausführbar ist, da seiner von den unveräusserlichen Grundlagen der peripatetischen Philosophie selbst unabtrennbaren Ansicht zufolge die *anima vegetativa* und *sensitiva* vom Leibe **nicht** trennbar, sondern nur der νοῦς (und der ist ja die *intellectiva*) ein der Abtrennung Fähiges, ein χωριστόν ist. Dieser scheint ihm darum eine andere Art von Seele zu sein, ἔοικε ψυχῆς γένος ἕτερον εἶναι, und diese allein ist trennbar als das Unvergängliche vom Vergänglichen, καὶ τοῦτο μόνον ἐνδέχεται χωρίζεσθαι καθάπερ τὸ ἀΐδιον τοῦ φθαρτοῦ. während die übrigen Theile der Seele offenbar nicht trennbar sind. Τὰ δὲ λοιπὰ μόρια τῆς ψυχῆς φανερὸν ἐκ τούτου ὅτι οὐκ ἔστι χωριστά. *(De anima II. 2.)* Als trennbar aber bezeichnet, wie der Aquinat des Näheren ausführt, Aristoteles den Intellect darum, weil dieser nicht, gleich dem Vegetativen und Sensitiven, nur die vom lebendigen Leibe bloss **begrifflich** (χωριστὸν λόγῳ) verschiedene organische Thätigkeit, *virtus alicujus organi corporalis*, ist. Demungeachtet ist auch er in die Materie versenkt, weil diese Kraft der vegetativen und sensitiven Thätigkeit eine Kraft der Seele, und zwar der intellectiven Seele, geworden ist, die eben des Leibes Form und der Abschluss des in der Zeugung beginnenden menschlichen Wesens ist. *Sed in materia est, quia ipsa anima, cujus est haec virtus, est corporis forma et terminus generationis humanae. (Summa theol. quaest. 76. art. 1.)* Wenn es darum in dem darauffolgenden dritten Artikel derselben *Quaestio* heisst: *Prius habet embryo animam, quae est sensitiva tantum, qua ablata advenit perfectior anima, quae est simul sensitiva et intellectiva,* so kann dieses *ablata* nur als *ablata ceu forma* verstanden werden, sonst wäre der Eintritt der intellectiven Seele wirklich ein *annihilari* oder *expelli* des Sensitiven, zu deutsch ein Sterben des Embryo. — Dieser wäre von da an nicht mehr ein natürlicher Organismus, der als solcher der aristotelischen Definition des Natürlichen entsprechend die Bewegung in sich selbst hat, sondern ein Automat, der durch den von aussen hinzugekommenen Geist rein äusserlich bewegt würde. Selbst auf noch tieferer Stufe, im Gebiete des Anorganischen nämlich, werden, wir müssen hier schon nochmals darauf hinweisen, die elementaren Formen jener Bestandtheile, aus denen beispielsweise der Stein besteht, in ihrer Verbindung zum wirklichen Stein nicht vernichtet, sondern sie dauern als Kräfte oder Potenzen fort, sie bilden die Dispositionen für die *forma substantialis* dieses bestimmten Steines, müssen darum als Formen zu sein aufgehört haben, d. h. corrumpirt worden sein, weil die *forma substantialis* keine Zusammensetzung aus andern Formen ist, sondern das die Einheit der Dinge Vermittelnde und Erhaltende, somit an sich selbst ein keine Theilung Zulassendes, ein Individibles, *nam esse cujuslibet rei in indivisibili consistit, et omnis additio et subtractio variat speciem. (Ibidem, art. 4.)* Darum heisst es ebenda: *Dicendum est secundum philosophum (2. De partibus animalium), quod formae elementorum manent in mixto non actu sed virtute.* Den *actus* nämlich besorgt die substantielle Form allein, und ohne diese sind und bleiben sie bloss latente Kräfte und Qualitäten, die nicht mehr in der ihnen in den noch unverbundenen Elementen eigenthümlichen Weise zu wirken vermögen, weil sie in der Verbindung einem höheren Gesetze gehorchen. Im Zinnober tritt weder die Natur des Quecksilbers noch die des Schwefels zu Tage. *Manent enim qualitates propriae elementorum, licet remissae, in quibus est virtus formarum elementarium. Et hujusmodi qualitas mixtionis est propria dispositio ad formam substantialem corporum mixtorum, puta formam lapidis vel cujus-*

cunque etiam animati. (Ibidem.) — Der Vorgang der menschlichen Beseelung ist demzufolge, um denselben ohne zu viele Wiederholungen von bereits Gesagtem in möglichster Kürze und Uebersichtlichkeit darzustellen, folgender:

Die sensitive Seele wird nicht in jedem einzelnen Menschen neu geschaffen, sondern im Acte der Zeugung traducirt. *Recte dicitur (ab Aristotele) animam sensitivam traduci cum semine. (Summa theol. I. quaest. 118. art. 1.)* Die lebenden Körper wirken nämlich auf zweifache Weise in der Erzeugung des ihnen Aehnlichen, unmittelbar und mittelbar. Unmittelbar wirken sie in den Processen der Ernährung durch die Assimilation und Umbildung der aufgenommenen Nahrung in neue Bestandtheile des Leibes; ihre mittelbare Wirksamkeit aber bethätigt sich in der Zeugung neuer Individuen, die als solche nicht blosse Bestandtheile am schon vorhandenen Leibe sind, sondern nach Ablauf einer bestimmten Entwickelungsperiode befähigt werden, selbst in ihrer Trennung von ihm weiterzuleben, *Corpora viventia agunt ad generandum sibi simile et sine medio et per medium; sine medio quidem in opere nutritionis, in quo caro generat carnem; cum medio vero in actu generationis, quia ex anima generantis derivatur quaedam virtus · activa ad ipsum semen animalis vel plantae, sicut a principali agente derivatur quaedam vis motiva ad instrumentum.* Diese aus der Seele des Zeugers in die Materie des Zeugungsproductes überströmende Bildungskraft bezeichnet der Aquinat näher als eine Bewegung, welche sich dem im Samen bereits enthaltenen, schon wiederholt erwähnten Lebensgeiste *(spiritus)* mittheilt, und ihn sammt der ebenfalls bereits vorhandenen, in letzter Instanz von der Sonne herrührenden Wärme in Thätigkeit versetzt, so dass gesagt werden könnte, den Menschen erzeuge der Mensch und die Sonne; denn die Wärme (sagen wir Molecularbewegung) ist die *conditio sine qua non,* das Mittel und Instrument der Seelenkraft sowohl bei der Zeugung als bei der Ernährung. *Virtus illa activa, quae est in semine ex anima generantis derivata, est quaedam motio ipsius animae generantis, nec est anima vel pars animae nisi in virtute, sicut in serra vel*

securi non est forma lecti, sed motio quaedam ad talem formam.
Et ideo non oportet, quod vis illa activa habeat aliquod organum
in actu, sed fundatur in ipso spiritu incluso in semine,
quod est spumosum, ut testatur ejus albedo; in quo etiam spiritu
est quidam calor ex virtute coelestium corporum, quorum etiam
virtute inferiora agunt ad speciem. Et quia in hujusmodi spiritu
concurrit virtus animae cum virtute coelesti, dicitur, quod »hominem
homo generat et sol.« Calidum autem elementare se habet instru-
mentaliter ad hanc virtutem animae, sicut et ad virtutem nutritivam,
ut dicit philosophus in II. de anima. Nicht eine Theilung der
Seele findet demnach statt, sondern eine Bewegung geht von
ihr aus, welche die im Sperma vorhandenen Molecularkräfte in
Thätigkeit versetzt, und die Theilchen der in ihm vorhandenen
Materie in ähnliche Bewegungen hineinzieht, wie solche im
Leibe des Erzeugers stattfinden. Ich erlaube mir an dieser
Stelle an das zu Ende des fünften Abschnittes Gesagte zu erinnern; die Analogie zwischen Zeugung und Ernährung wird
dadurch schlagend. Weiter kann ich mich, hauptsächlich der
heutzutage in solchen Dingen herrschenden Pruderie halber, in
den Gegenstand selbst nicht einlassen, muss es daher dem
Zoologen und Physiologen vom Fach anheimstellen,
auch in dieser Theorie wieder eine geradezu merkwürdige Vorwegnahme neuester mikroskopischer Ent-
deckungen zu erkennen. Nur das Eine sei noch kurz bemerkt, dass Aristoteles diese bewegende Kraft bei den höheren
Lebewesen vom Vater ausgehen lässt, und dass sie nach ihm
die bereits im Fötalen schlummernde *anima vegetativa* weckt
und sie zur sensitiven gestaltet, ein Vorgang, der wieder auf
die Verwandlung der vegetabilischen Nährstoffe in animalische
Bestandtheile zurückdeutet. Immer handelt es sich aber dabei
um das Inverbindungtreten der höheren Form mit der niederen,
um diese selbst zu höheren Actionen zu wecken. *In animalibus*
perfectis, quae generantur coitu, virtus ativa est in semine maris
secundum philosophum (De generatione animalium, cap. 20), ma-
teria autem foetus est illud, quod ministratur a femina: in qua
quidem materia statim a principio est anima vegetabilis, non quidem
secundum actum secundum, sed secundum actum primum, sicut

*anima sensibilis est in dormientibus; cum autem incipit attrahere
alimentum, tunc jam actu operatur. Hujusmodi ergo materia
transmutatur a virtute, quae est in semine maris, quousque perducatur in actum animae sensitivae; non ita,
quod ipsamet vis, quae erat in semine, fiat anima sensitiva, quia
sic idem esset generans et generatum, et hoc magis esset simile
nutritioni et augmento quam generationi. Postquam autem per virtutem principii activi, quod erat in semine, producta est
anima sensitiva in generato quantum ad aliquem actum princi-
palem, tum jam illa anima sensitiva prolis incipit operari ad com-
plementum proprii corporis per modum nutritionis et augmenti.
Virtus autem activa, quae erat in semine, desinit esse dissoluto
semine et evanescente spiritu, qui inerat. Nec hoc est inconveniens,
quia vis ista non est principale agens, sed instrumentale; motio
autem instrumenti cessat effectu jam producto in esse. (Ibidem,
quaest. 118. art. 1.)* Ich denke, dass die schärfste physiologische
Kritik in dieser kurzen Entwickelungsgeschichte wenigstens
keinen Widerspruch mit den Ergebnissen der gegenwärtigen
exacten Forschung entdecken werde.

Nun aber zu der Frage aller Fragen: Was wird aus
diesem den Fötus belebenden Sensitiven, dem *aequivoce*
als *anima sensitiva* Bezeichneten, nach dem Eintritte
der *anima intellectiva,* da die *sensitiva* corrumpirt, aber
dennoch keineswegs zu Nichts geworden ist? — Sie hat
aufgehört, das selbst den Leib Belebende zu sein, und ist zu
einer Potenz der eingetretenen geistigen Seele geworden, die
nunmehr als geistig-sinnliche, das heisst als die eine *anima
et intellectiva et sensitiva* (und wem es so gefällt, mag noch
hinzufügen *et vegetativa*) den Menschenleib belebt und mit diesem
den einen Menschen constituirt. Als reiner Geist vermöchte sie
das nicht, denn nach des Aquinaten ausdrücklichem Wort ist
offenbar, dass keine im sinnlichen Theile erfolgende
Thätigkeit ausschliesslich Sache der intellectiven Seele
sein kann, sondern ein *actus compositi* **per** *animam* ist,
wie die Erwärmung von dem Warmen **durch** die
Wärme geschieht. *Manifestum est, quod nulla operatio partis
sensitivae potest esse animae tantum ut operetur, sed est actus*

compositi per animam, sicut calefactio est calidi per calorem, heisst es in der Schrift *Quaestio disputata de anima art. 19.* Nicht die Seele ist dasjenige, welches im Menschen sieht und hört und überhaupt empfindet, sondern das Compositum ist es. *Compositum ergo est videns et audiens et omnia sentiens, sed per animam,* also nur in der Verbindung, so dass die Seele in allen Dingen das erste und auch das letzte Wort zu sprechen hat, und mit ihrer Trennung alle sinnlichen Lebensvorgänge ein Ende nehmen; denn das Substrat oder Subject, in und an welchem sie sich allein bethätigen können, ist eben das Compositum, Ursache und Zweck derselben aber und Princip der Thätigkeiten ist, wie überall, ihre substantiale Form, mithin die Seele selbst. *Manifestum est igitur, quod potentiae partis sensitivae sunt in composito sicut in subjecto, sed sunt ab anima sicut in principio.* (Die Sonne ist das Princip der Wärme, aber sie erwärmt nicht, ohne mit einem erwärmbaren Gegenstande, d. h. einem Substrat oder Subject ihres Wirkens in Verbindung zu treten.) *Destructo igitur corpore destruuntur potentiae sensitivae, sed remanent in anima sicut in principio.* Wird die Verbindung des erwärmten Gegenstandes mit der Wärmequelle aufgehoben, so erkaltet er, d. h. die Molecularbewegungen, welche an ihm die Erscheinung des Warmseins ergeben, hören auf, weil er das Princip dieser Bewegungen, obwohl sie seine eigenen Bewegungen sind, nicht in sich selbst hat. Aber auch die Sonne erwärmt nicht ausserhalb der Verbindung mit dem Substrate der Molecularbewegung; der schwarze, leere Weltenraum hat — 273° C. Es bleibt der Sonne jedoch die Macht, in Folge eines abermaligen Zusammentreffens mit dem gedachten Gegenstande die Molecularbewegungen von Neuem in ihm hervorzurufen. So bleibt auch der Seele des Menschen in der kalten, schwarzen Todesnacht das Sensitive *in virtute,* als Macht, in einer möglicherweise wieder eintretenden Verbindung mit ihrem Leibe die sinnlichen Thätigkeiten aus diesem zu educiren.

Nunmehr dürfte es auch dem freundlich gesinnten Leser keine Schwierigkeit mehr bereiten, wenn er hört, dass der Embryo zu allererst bloss eine Pflanzenseele hat und somit ein

Pflanzenleben führt, dass aber dieser Pflanzenseele eine andere
folgt, die zugleich vegetativ und sensitiv ist, wornach dann der
Embryo ein animalisches Leben führt, dass aber auch diese
vegetativ-sensitive Seele corrumpirt wird, wenn die von aussen
(ab extrinseco immissa) kommende vernünftige Seele eintritt, die
eben allein *ab extrinseco* oder θύραθεν, wie Aristoteles die Sache
bezeichnet, hinzukommt, während die früheren *virtute seminis*
sind, d. h. auf dem gewöhnlichen, rein natürlichen Wege der
Fortpflanzung entstehen. Er wird sich auch schwerlich entsetzen,
wenn er zuweilen eine Sprache hört, die unwillkürlich an die
der Descendenztheorie erinnert, z. B. von Zwischenstufen
(aliquid intermediorum) vernimmt, die der Mensch in seiner Entwickelung vom ersten Momente des leiblichen Daseins bis zu
dem der geistigen Beseelung durchwandert, oder wohl gar liest:
*Necesse est, quod tam in homine quam in aliis animalibus quando
perfectior forma advenerit, fit corruptio prioris, ita tamen, quod
sequens forma habet, quidquid habebat prima et adhuc amplius: et
sic per multas generationes et corruptiones pervenitur ad ultimam
formam substantialem tam in homine quam in aliis animalibus.
(Summa theol. I. quaest. 118 art. 3.)* Diese letzte und substantiale
Form aber ist nicht mehr Naturproduct, sondern ein Werk der
unmittelbaren Schöpfung von Seite Gottes. *Sic igitur dicendum
est, quod anima intellectiva creatur a Deo in fine generationis
humanae. (Ibidem.)*

Lägen nicht die Hauptwerke des *Doctor angelicus* und die
des Stagiriten offen vor uns, und wäre das Verständniss der
letzteren uns nicht nunmehr in einer Weise erschlossen, dass
nur rechthaberische Nachbeter altherkömmlicher Berichte es
noch versuchen können, sich desselben zu erwehren, wir müssten
es für ganz und gar unglaublich erklären, dass ein Denker,
der vor mehr als einem halben Jahrtausend lebte, der kein einziges ungefälschtes Werk des Aristoteles kannte und nicht einmal
der griechischen Sprache mächtig war, so sicher, frei und treu
den Sinn der aristotelischen Lehre wiedergegeben habe, wie
wir diesem in den soeben angeführten Aussprüchen begegnen.
Andererseits aber gewährt es auch einen Hochgenuss der sel-
tensten, nur Wenigen zugängigen Art, dem, weil er rein geistiger

Natur ist, vielleicht kein anderer gleichkommt, der Gedanken-
entwickelung eines Aristoteles auf Grund seiner eigenen
Aussprüche Schritt um Schritt zu folgen, um mit freudiger
Verwunderung zu sehen, wie der freie und ohne jegliche Vor-
eingenommenheit forschende Geist des Griechen, der für das Hervorgehen aus Nichts kein entsprechendes Wort in seiner sonst
so reichen Sprache hat, selbstständig zum Schöpfungsgedanken
sich emporringt, vor dessen Neuheit er anfangs fast erschrocken
innehält und zögernd noch einmal den schon zurückgelegten
Weg durchmisst, um aber dann mit festem, sicherem Schritte
dem klar erkannten Ziele entgegenzugehen und uns zu sagen,
dass das διανοητικόν, diese »andere Art von Seele«, die »nicht
Natur« ist, weder ein Product des Leiblichen sein könne, noch
ein Bruchtheil irgend eines geistigen oder göttlichen Princips,
weil sie sich als Einfaches und, wie jedes Geistige und Göttliche,
darum auch Untheilbares manifestirt, und weil das Leibliche
nicht einmal Ursache unseres geistigen Denkens sein kann, um
so viel weniger Ursache unseres geistigen Seins. (*De anima I.
3., De anima III. 5., De anima II. 1., Ethica Nicom. IX. 8.,
Phys. VIII. 6., De generatione animalium II. 3.*) Und so gelangt
er denn in der zuletzt angeführten Stelle zu dem Schluss, dass
nichts übrig bleibe, als im geistigen Theile der Menschenseele
ein Gottähnliches zu erkennen, welches allein von aussen hinzukommt. Λείπεται δὲ τὸν νοῦν μόνον θύραθεν ἐπεισιέναι καὶ θεῖον
εἶναι μόνον. Wollte man diesen von aussen kommenden νοῦς
nicht im strengsten Sinne geschaffen sein lassen, so bliebe
nur eine einzige Ausflucht mehr, die auch thatsächlich jüngster
Zeit, und zwar von sehr achtenswerther Seite mit höchst un-
glücklichem Erfolge versucht wurde, nämlich den νοῦς als ewig
und demzufolge als seinem künftigen Leibe präexistirend zu
denken. Dieser durch nichts zu begründenden Ausflucht widerspricht, um nur Eines anzuführen, der Umstand, dass nach
einem der obersten Grundsätze der aristotelischen Philosophie
keine Form vor der ihr angewiesenen Materie zu existiren befähigt ist, so wie die Gesundheit eines Menschen nicht vorhanden
sein kann, ohne dass wirklich der Mensch gesund ist, oder wie
die Gestalt der ehernen Kugel eben nur mit dem zur Kugel

gestalteten Erz, nicht aber selbstständig vor der Formirung desselben bestehen kann. Τὰ μὲν οὖν κινοῦντα κίτια ὡς προγεγενη-μένα ὄντα, τὰ δ'ὡς ὁ λόγος ἅμα. ὅτε μὲν γὰρ ὑγιαίνει ἄνθρωπος, τότε καὶ ἡ ὑγίεια ἔστιν, καὶ τὸ σχῆμα τῆς χαλκῆς σφαίρας ἅμα καὶ ἡ χαλκῆ σφαῖρα. Dass aber Aristoteles hier wirklich von der Form im Allgemeinen gesprochen und den menschlichen νοῦς mitverstanden habe, geht aus dem klaren Zusammen-hange mit dem gleich Darauffolgenden hervor, wo er sagt, eine andere Frage sei die, ob es Formen gebe, die nach dem Untergange des Dinges fortexistiren, und dies in Bezug auf die menschliche Seele, nämlich nicht auf die ganze, sondern nur auf den νοῦς, bejaht. Εἰ δὲ καὶ ὕστερόν τι ὑπομένει, σκεπτέον· ἐπ' ἐνίων γὰρ οὐδὲν κωλύει, οἷον εἰ ἡ ψυχὴ τοιοῦτον, μὴ πᾶσα ἀλλ' ὁ νοῦς· πᾶσαν γὰρ ἀδύνατον ἴσως. (Metaph. XII. 3.)

Es dürfte nicht überflüssig sein, hierzu noch zu erwähnen, dass die anerkanntesten Aristotelesforscher älterer und neuester Zeit, so J. Pacius in seinem Commentar (In lib. De anim. Comment. Analyt. III. 6. Francof. 1621), Brandis in seinem Handbuche der griechischen Philosophie, Franz Brentano in seiner Psychologie des Aristoteles, Trendelenburg im Comment. de anima in der vorhin citirten Stelle aus Generatio animalium das θεῖον nicht mit »gottähnlich«, sondern weil es dem Context nach die Antwort auf die Frage des Woher? des zum sensi-tiven Theile von aussen hinzukommenden νοῦς enthält, etwa mit »von Gott gegeben« oder »von Gott gesendet« übersetzen möchten. In seiner Abhandlung Ueber den Creatianismus des Aristoteles*) schlägt Brentano »gottentsprungen« vor, und betont mit Recht, dass auch die Stellen De anima III. 5. und De anima III. 7. nicht anders als im Sinne des Creatianis-mus erklärt werden können; denn wenn Aristoteles sagt, dass jedem möglichen Denken das Denken desjenigen Geistes voraus-gehe, der nicht bald denkt, bald nicht denkt (οὐχ ὅτε μὲν νοεῖ ὅτε δ'οὐ νοεῖ), so kann doch unser Geist, der im Gegensatze hierzu bald denkt, bald nicht denkt, jedenfalls nicht der erste (ἀρχὴ καὶ πρῶτον τῶν ὄντων) oder mit dem ersten zugleich, d. h.

---

*) Sitzungsberichte der k. k. Akademie der Wissenschaften. Jahrg. 1882.

Kn a u e r. Grundlinien zur arist.-thom. Psychologie.　　　　17

von Ewigkeit her existirende sein. Das Facit also ist: Von Ewigkeit präexistirt der geistige Theil der Menschenseele nicht, aus der Materie kann er noch viel weniger entstanden sein, eben so wenig aber durch Emanation aus Gott oder einem andern geistigen Princip. Für ihn ist folglich nur eine Art des Entstehens denkbar, die Schöpfung, für welche aber, um es hier zu wiederholen, dem Stagiriten das Wort fehlte; denn das später von den griechischen Bekennern des Christenthums gebrauchte κτίζειν (anbauen) drückt den Gedanken eines Entstehens aus Nichts doch offenbar nur in einem aus weiter Ferne übertragenen, man könnte sagen nicht einmal im bildlichen Sinne aus, die κτίσματα der Mythologie aber sind durchwegs Emanationen, Söhne der Götter oder Metamorphosen der materiellen Dinge.

Ganz dasselbe, was wir soeben von Aristoteles vernommen, sagt Thomas von Aquino mit den Worten: *Impossibile est, virtutem activam, quae est in materia, extendere suam actionem ad producendum immaterialem effectum. Manifestum est autem, quod principium intellectivum in homine est principium transscendens materiam: habet enim operationem, in qua non communicat corpus. Et ideo impossibile est, quod virtus, quae est in semine, sit productiva intellectivi principii. Similiter etiam, quia virtus, quae est in semine, agit in virtute animae generantis, secundum quod anima generantis est actus corporis utens ipso corpore in sua operatione: in operatione autem intellectus non communicat corpus. Unde virtus intellectivi principii, prout intellectivum est, non potest a semine provenire. Et ideo philosophus (II. de generatione animalium) dicit: »Relinquitur, intellectum solum deforis advenire.« Similiter etiam anima intellectiva, cum habeat operationem vitae sine corpore, est subsistens, et ita sibi debetur esse et fieri, et cum sit immaterialis substantia, non potest causari per generationem, sed solum per creationem a Deo. Ponere ergo, animam intellectivam a generante causari, non est aliud, quam ponere eam non subsistentem, et per consequens corrumpi eam cum corpore. Et ideo haereticum est dicere, quod anima intellectiva traducatur cum semine.*

(Summa theol. 1. quaest. 118. art. 2.) Es lässt sich, um Vieles mit wenigen Worten zu wiederholen, das Verhältniss der menschlichen Seele zu ihrem Leibe kaum präciser und zugleich klarer ausdrücken, als es von Franz Brentano (Die Psychologie des Aristoteles. S. 52) geschieht. »Theilweise belebt sie die Materie, theilweise ist sie dagegen selbst lebendig und das Subject der Lebensfunctionen. Und wenn daher der körperliche Theil einer solchen Substanz corrumpirt, so wird die Seele nur theilweise mit ihm vergehen, indem andere Formen an ihrer Statt in der Materie wirksam werden. Jener Theil von ihr, der frei von Materie ist, wird von diesem Tode nicht berührt werden, sondern als eine (freilich unvollendete) Substanz für sich ein Leben fortführen, das überhaupt nicht enden wird.«

Anhang.

Nach allem nunmehr Vernommenen haben wir uns die Verbindung von Leib und Seele zu dem einen Wesen des Menschen kurz in folgender Weise zu denken: Das durch den natürlichen Act der Fortpflanzung Entstehende ist vor dem Hinzukommen des durch unmittelbare Schöpfung entstandenen Geistes ein in der Entwickelung, im Werden begriffener Leib, somit ein unfertiges, die Zwischenstufen *(intermedia)* jedes Leiblichsinnlichen durchlaufendes Naturproduct. In Folge seiner Bestimmung Menschenleib zu werden und nur als solcher zu existiren, müsste es, angelangt an jenem Punkte der Entwicke- lung, wo die Vereinigung mit dem Geiste stattzufinden hat, zu Grunde gehen, wenn diese nicht wirklich erfolgte; denn die bisher ausschliesslich in ihm wirkenden Naturkräfte haben zu seiner Weiterbildung und Vollendung nicht die Macht, und es hörte damit, weil es als unfertige Substanz nicht subsistiren kann, auf, ein Lebensfähiges zu sein. Dasjenige, was die Eduction der Form aus der Materie, und das ist eben hier das animalische Leben, erhalten und fortsetzen kann, ist einzig und allein die Entelechie, der die bisher waltenden Energien entgegenstrebten, also die substantiale Form, die geistige Seele; denn von dieser heisst es: *Naturaliter unitur corpori ad complendam speciem hu- manam. (Summa contra Gent. I. 2. cap. 68.)* Diese ist demnach nicht reiner Geist, sondern waltet neben ihrer geistigen Thätig- keit zugleich als Lebensprincip des Leibes im strengsten Sinne des Wortes. Er hat durch sie allein das Leben und um ihret- willen nur das Sein, er lebte, wäre nicht, wenn sie nicht wäre. *Anima per seipsam est actus corporis dans ei esse specificum, aliquae vero potentiae ejus sunt tantum actus partium quarundam corporis. (De unitate intellectus.)* Demungeachtet aber sind die leiblichen Vorgänge keineswegs Geistesthätigkeiten, wie man bei nicht genügender Kenntniss dieser schwierigsten Partie der aristotelischen Lehre (schwierig aber nur darum, weil sie die Kenntniss des ganzen Lehrgebäudes voraussetzt) ganz mit Unrecht gefürchtet und gewitzelt hat. Etwas anderes nämlich ist die Macht des Educirenden und wieder etwas anderes die Thätigkeit des durch diese Macht *in actum* versetzten potentiellen Seins. Das Educirende aber ist in unserem Falle der mit dem Leibe verbundene Geist, das Educirte sind die leiblichen Thätigkeiten, die so gewiss als alle sonstigen vegetativen und sensitiven Lebensprocesse an die leiblichen Organe gebunden und in allem Grunde der Sachen deren Thätigkeiten, *actus organi cujusdam corporei,* sind und bleiben, da die intellective Seele sie nicht aus sich, aus ihrem eigenen geistigen Sein, sondern nur aus der von ihr informirten Materie des Leibes educiren kann. Wird demnach das Wort Leben in dem allein richtigen aristotelischen Sinne verstanden, so lässt sich ein Doppelleben im Menschen unbedenklich zugeben, ein doppeltes Lebensprincip aber nicht, daher auch keine Trichotomie (Geist, Seele, Leib) und auch keine Leibseele neben dem Geiste, mag man dieselbe auch mit Günther als blosses leibliches Leben (ψυχή) und darum mit dem Leibe selbst identisch nehmen. *Fides nominum salus proprietatum.* Das Geistige bewahrt und bewährt im Menschen seine geistige Natur und Wirkungsweise, das Vegetative und Sinnliche die seine; beide jedoch haben ihren Halt- und Einheitspunkt in der Synthese, die des Menschen Wesenheit, und deren Ausdruck eben die eine, untheilbare menschliche Seele ist.

In Folge der Einheit des Wesens, dem sie angehören, und der damit gegebenen Angewiesenheit auf einander zeigen jedoch diese Thätigkeiten auch die entsprechenden wesentlichen Unterschiede von denen der reinen Geister und denen der blossen Naturwesen. Die leiblichen Bethätigungen des Menschen bis tief hinab in das Gebiet des Vegetativen sind schlechterdings keine pflanzlichen und thierischen

Acte, sondern stehen unter dem Einflusse des geistigen Denkens und Wollens, und dass sie wenigstens theilweise dieser Herrschaft sich entziehen, ja selbst sich gegen sie empören, streitet gegen die im Menschen verwirklichte Schöpfungsidee, und deutet darum auf eine Störung des ursprünglichen gottgewollten Zustandes. Darum erkennt der Aquinat in der Concupiscenz nicht die Sünde selbst, sondern die Folge der Sünde, die theilweise Umkehrung des richtigen Verhältnisses, derzufolge das Geistige nicht mehr die volle Hegemonie führt über die Strebungen des Concupisciblen. Sündhaft an und für sich aber ist ihm, dem eben so grossen als kühnen Schüler des Philosophen und Naturweisen von Stagira, keine dieser Strebungen; sündhaft wird sie nur durch die freiwillige Bejahung und Hingabe in diese Verkehrung, die er in treffender Weise bezeichnet als *ardorem libidinis* und *fervorem concupiscentiae, qui ratione moderari non potest,* oder auch als *deformitas immoderatae concupiscentiae, quae in statu naturali non fuisset.* Thomas von Aquino hatte den Muth, in diesem Punkte der Meinung angesehener Väter, zunächst des für die Psychologie so bedeutenden Gregor von Nyssa, direct entgegenzutreten mit der Lehre, die Geschlechtlichkeit und Fortpflanzung gehörten zur Natur des Menschen, und letztere wäre auch im Stande der Sündlosigkeit erfolgt. *Ea, quae sunt naturalia homini, neque subtrahuntur, neque dantur homini per peccatum. Manifestum est autem, quod homini secundum animalem vitam, quam etiam ante peccatum habebat, naturale est generare per coitum: et hoc declarant naturalia membra ad hoc deputata. (Summa theol. 1. quaest. 98. art. 2.)* Die Ansicht des hl. Gregor von Nyssa, die Fortpflanzung des Menschengeschlechtes wäre *in statu innocentiae* auf andere Weise und ohne *conjunctio maris cum femina* vor sich gegangen, bezeichnet der Aquinat sogar als *non rationabiliter dictum;* denn im Stande der Unschuld seien die niederen Kräfte den höheren untergeordnet gewesen, daher von jener Unordnung, welche der Sünde entstammt und in welche freiwillig einzugehen selbst wieder Sünde ist, keine Rede sein konnte. Diese Unordnung allein aber ist es, wie Thomas in Uebereinstimmung mit Augustinus lehrt, welche das Bestialische in einem seiner ursprünglichen Bestimmung nach ganz naturgemässen Acte begründet, da er durch sie zu einer zügellosen Gier verunstaltet wird, die keine Lenkung durch die Vernunft verträgt. *Sunt in coitu duo consideranda secundum praesentem statum. Unum, quod naturae est, scilicet conjunctio maris et feminae ad generandum. . . . Aliud autem, quod considerari potest, est quaedam deformitas immoderatae concupiscentiae, quae in statu innocentiae non fuisset, quando inferiores vires rationi subdabantur. . . . Secundum hoc homo in coitu bestialis efficitur, quia delectationem ejus et fervorem concupiscentiae ratione moderare non potest. (Ibidem.)* Es soll damit auch nicht gesagt sein, dass der Vorgang auf gleichgiltige Weise und ohne natürliche Freude stattgefunden hätte; im Gegentheile hierzu würde dieselbe in dieser edlen Geschlechtsliebe, wo alle natürlichen Triebe unter die Herrschaft des geistigen Wollens gestellt sind, nur um so reiner und mächtiger zur Geltung kommen. *Sed in statu innocentiae nihil fuisset, quod ratione non moderaretur, non quia esset minor delectatio secundum sensum, ut quidam dicunt; fuisset enim tanto major delectatio sensibilis, quanto esset purior et corpus magis sensibile. (Ibidem.)* Das Vorherrschen der Vernunft erhöht die Freude, wie ja thatsächlich auch der Mässige und Nüchterne einen ungleich höheren Genuss am Mahle hat als der wüste Schlemmer, *sicut sobrius in victu mensurate assumto certe non minorem habet delectationem, quam gulosus Et hoc sonant verba Augustini, quae a statu innocentiae non excludunt magnitudinem delectationis, sed ardorem libidinis et inquietudinem animi.* Die angedeuteten Worte finden sich *De civitate Dei 14. cap. 26.,* und St. Thomas selbst trägt sogar kein Bedenken, zu sagen, die Enthaltsamkeit sei nur in unserem gegenwärtigen Zustande preiswürdig, und zwar ausschliesslich nur wegen des Triumphes über die ungeordnete Gier; in dem Falle aber, dass die Menschheit im Stande der Unschuld geblieben wäre, hätte die Enthaltsamkeit nichts Löbliches an sich. *Et ideo continentia in statu innocentiae non esset laudabilis, quae in tempore isto laudatur, non propter defectum fecunditatis, sed propter remotionem inordinatae libidinis. (Ibidem.)* Wie nun die vegetativ sinnlichen Thätigkeiten im Menschen weder pflanzliche noch thierische, sondern

eben menschliche sind, so ist auch andererseits der
Intellect des Menschen von dem des reinen Geistes
verschieden. Das Denken des menschlichen Geistes ist an die
Entwickelung der Sinnlichkeit gebunden, wird durch diese ge-
fördert und gestört, vollzieht sich in sinnlich bildlicher Hülle
und findet darum seine echt menschliche Ausprägung in der
Kunst und Poesie, die als Darstellung einer übersinnlichen
Ideenwelt in sinnlich wahrnehmbaren Formen, als wundervolles
Ineinanderspiel des Geistigen mit dem natürlich Schönen, ein
Nachklang aus dem verlornen Paradiese und zugleich ein Vor-
geschmack der künftigen Harmonie und Herrlichkeit sind. *Cum
cetera animalia non delectantur in sensibilibus nisi per ordinem ad
cibos et venerea, solus homo delectatur in ipsa pulchritudine sensibilium secundum seipsam. (Summa theol. I. quaest. 91. art. 3.)*
Wir begegnen da wieder dem so beachtenswerthen
und auf praktischen Lebensgebieten folgenschweren
Gegensatze der aristotelisch-thomistischen Weltanschauung zu der nahezu ein volles Jahrtausend bei
den Vertretern der christlichen Wissenschaft domi-
nirenden platonischen und vielfach neuplatonischen
Philosophie. Nach dieser nämlich wäre die Natur an sich das
Böse, der Leib ein Kerker der Seele, die Naturtriebe wären
darum nicht bloss durch das Geistige zu beherrschen und zu
lenken, sondern zu unterdrücken und auszurotten, eine Irrlehre,
die bekanntlich in grellster Weise bei den Secten der Gnostiker,
Montanisten und Manichäer zu Tage tritt, leider jedoch ihren
unheimlichen Schatten nur zu oft auch über das Leben der
Christen im Allgemeinen wirft, die, besonders wegen der von
Sectirern ausgehenden Verlästerung der Ehe, wegen der falschen
Ascese, der fortgesetzten Prophezeiung des in nächster Aussicht
stehenden Weltunterganges und des häufig vandalischen Ge-
bahrens roher Zeloten gegen die Werke der antiken Kunst, der
Vorwurf des Menschenhasses traf. Die in den Katakomben sich
findenden Sculpturen und Fresken aus der Urzeit des Christenthums zeigen noch, besonders in den Marienbildern, eine Anmuth
und Natürlichkeit, die mehrfach an die besten Werke der
Antike erinnert. Ihnen folgte jedoch bald genug der Verfall,

um nach dem Siege der Kirche im vierten Jahrhundert den Zerrbildern des byzantinischen Styles Platz zumachen, der fast ein Jahrtausend lang der herrschende blieb, bis der Zeitgenosse des Aquinaten, der Maler Giovanni Cimabue, wieder anfing, Natur und Leben in die goldstarrenden Mumien zu bringen, und damit eine Periode der wahrhaft christlichen Kunst einleitete, die in den Geist und Natur, Himmel und Erde einenden Schöpfungen eines Rafael Sanzio ihren vielleicht unübersteiglichen Höhepunkt erreichte.

Beiläufig dasselbe lässt sich leicht genug von den anderen Zweigen der Kunst nachweisen. Die Plastik blieb hinter der Malerei noch weit zurück, die Architectur aber hielt mit ihr im byzantinischen und romanischen, erst im dreizehnten Jahrhunderte sich zu einiger Anmuth der Formen aufschwingenden und damit die Gothik einleitenden Baustyl gleichen Schritt. Die höhere Entwickelung des Kirchengesanges und das eigentliche volksthümliche Kirchenlied in seinem wesentlichen Unterschiede von der steifen Hymnenpoesie und schwerfälligen Neumenmusik gehören ebenfalls dem späten Mittelalter an. Theater, Tanz und Maske waren allerdings in den ersten christlichen Jahrhunderten von den Bischöfen nicht empfohlen, aber augenscheinlich aus dem Grunde, weil diese schönen Sachen einen integrirenden Bestandtheil des heidnischen Cultus bildeten, womit die Gefahr einer Theilnahme an ihm für die Christen sehr nahe gerückt war. Nach dem Untergange des Heidenthums aber waren Verbote gegen die dramatischen und mimischen Darstellungen nicht nur gegenstandslos geworden, sondern gerichten dem sittlichen Leben der Christenheit sogar zum Schaden, da die Kirche dadurch eines der grossartigsten und wirksamsten Bildungsmittel beraubt blieb. *Fabulae enim in principio fuerunt inventae (ut dicit Aristoteles in Poëtica) quia intentio hominum erat, ut inducerent ad acquirendum virtutes et vitandum vitia. Simplices autem melius inducuntur repraesentationibus quam rationibus. (Comment. in epist. I. ad Timoth.)*

Das von der Religion emancipirte und vielfach geächtete Theater fiel bald genug der ärgsten Verwilderung anheim, ohne jedoch die in seinem Wesen liegende rein menschliche Zugkraft auf die Menschen zu verlieren. Klagt ja selbst der grosse und redegewaltige Chrysostomus darüber, dass die Gläubigen zwar seine Predigten eifrig besuchten, aber nach geendigtem Vortrage, anstatt dem eucharistischen Opfer beizuwohnen, ins Theater eilten, wo aller Religion und Sitte durch die verwerflichsten Darstellungen Hohn gesprochen wurde. *(Homil. VI. in 1. epist. ad Thessal.)* Konnte es doch die Kirche im Mittelalter nicht verhindern, dass die heidnischen Saturnalien ihre Fortsetzung im christlichen Carneval feierten, dass der die christlichen Mysterien persiflirende Mummenschanz in unfläthigen Fastnachtsspielen, sowie im Esels- und Narrenfeste sich der Stätte des heiligsten Opfers bemächtigte, dass der verpönte und von Moralisten der rigorosen Richtung unter allen Umständen als Todsünde bezeichnete Tanz bis auf den heutigen Tag herab in wenigstens einer Kathedrale Spaniens (Sevilla) im Beisein des Erzbischofs und Domcapitels unmittelbar vor dem Altar abgehalten wird.*) Was aber das Drama im Bunde mit der Religion auch in der christlichen Welt vermöchte, dafür zeugt das Passionsspiel von Oberammergau. Es ist sehr fraglich, ob die unsterblichen, vom tiefsten religiösen und sittlichen Ernst getragenen Dramen eines Aeschylus und Sophokles den gleich gewaltigen Eindruck auf die Menschen ihrer Zeit übten. Vielleicht ist da von den Bauleuten ein Stein verworfen worden, der zum Eckstein geworden wäre, zum mächtigen Strebepfeiler. Was einen Plato veranlasst haben mochte, die Dichter in seiner Republik so schnöde abzufertigen, ist schwer zu ermitteln. Sicher ist nur, dass sein einzig legitimer Erbe und Fortbildner Aristoteles ganz anders über sie denkt in der Poetik und Ethik. Er und sein Schüler St. Thomas würden mit Rückert sprechen:

> Wie kann fromm Derjenige sein,
> Der das Schöne nicht liebt,
> Da Frömmigkeit ist die Lieb' allein
> Zum Schönsten, was es gibt!

*) Am 7. December 1882 fand daselbst ein solcher mit grosser Prachtentfaltung durchgeführter majestätischer Reigen zur Vorfeier des Festes *Immaculata conceptio* statt, und zwar in Gegenwart des vom Erzbischofe dazu geladenen Kronprinzen von Preussen.

XVII. Die Trennung von Leib und Seele.

Aristoteles über die abgeschiedenen Menschengeister. — Die Unsterblichkeit als Corollar der antiken Lehre von Materie und Form. — Das Leben des auf sich allein angewiesenen Menschengeistes. — Sein Dasein ist kein Zustand der Vervollkommnung. — Das höchste Gut nach Aristoteles. — Aeusserste Finsterniss. — Natürliche Sehnsucht nach dem leiblichen Dasein im getrennten Menschengeiste. — Sein Wissen um die irdischen Vorgänge. — Erinnerung an das im Erdenleben Vollbrachte. — Geistererscheinungen. — Die leiblichen Potenzen während des Todes. — Licht, Liebe und Liebe zum Licht. — An den Grenzen der blossen Vernunfterkenntniss.

> »Jetzt steigen zu der düstern Welt wir nieder,«
> Begann zu mir ganz todtenbleich der Dichter,
> »Ich selber geh' voraus, du wirst mir folgen.«
> Und ich, der seiner Farbe inne worden,
> Sprach: »Wie kann ich hinab, wenn du erschauderst,
> Der du mich sonst ermuthigt, wenn ich zagte?«
> Und er zu mir: »Es malt die Angst der Seelen
> Dort unten tief mir des Erbarmens Züge
> Aufs Angesicht, wo Furcht du glaubst zu lesen.«
>
> Dante. (*Divina commedia.* I. 4. Gesang. Uebers.
> von König Johann von Sachsen.)
>
> Lern', ich bitte dich.
> Den Werth des Lebens kennen, das du noch
> Und zehnfach reich besitzest.
>
> Goethe. (Torquato Tasso. V. Act, 2. Scene.)

Räthselhaft, wie ein Rauschen aus weiter Ferne, wie eine Traumrede fast muthet es den mit der Denk- und Redeweise des Stagiriten noch wenig Vertrauten an, wenn er über den Zustand des vom Leibe abgeschiedenen Menschengeistes in der Nikomachischen Ethik *(I. cap. 11.)* liest: »Wäre der Mensch erst glückselig, wenn er gestorben ist? — Sollte das nicht widersinnig sein, besonders für mich, der ich die Glückseligkeit in die

entsprechende Thätigkeit setze? - - Wenn man aber den Todten
nicht glückselig nennen kann und auch Solon dieses nicht sagen
wollte, sondern nur, dass man den Menschen dann erst als einen
Glücklichen preisen könne, wenn er den Uebeln und Unfällen
entrückt ist, so ist selbst das noch nicht ausser allem Zweifel;
denn es möchte auch für die Gestorbenen noch ein Uebel und
ein Gut geben, wie dies auch bei einem noch Lebenden, der aber
der Empfindung beraubt ist, vorkommen kann. Hierher gehören
beispielsweise Ehre und Schande und das Wohl oder Unglück
der Kinder und Nachkommen.« — Was nun zunächst das letztere
anbelangt, so spricht Aristoteles seine Ansicht dahin aus, dass
höchstens eine sehr schwache und seltene Kunde über die Ge-
schicke der noch Lebenden zu den Abgeschiedenen dringe. »Der
Unterschied zwischen den Unfällen, die den Lebenden und denen,
die den Verstorbenen berühren, ist grösser noch, als ob die
Greuelthaten und Schrecknisse in den Trauerspielen als vergangen
oder als gegenwärtig vorgestellt werden. . . . . Sollte auch etwas
davon, es sei nun gut oder übel, zu den Todten gelangen, so
dürfte es im Ganzen für sie nur schwach und wenig sein, jedenfalls aber nur von der Stärke und Grösse, dass es Unglückliche
nicht glücklich machen und Glücklichen nicht ihr Glück entziehen kann.«

Unwillkürlich erinnern diese Worte an Goethe's Ausspruch:
»Aristoteles steht zu der Welt wie ein Mann, ein baumeisterlicher.
Er ist nun einmal hier und soll hier wirken und schaffen. Er
erforscht den Boden, aber nicht weiter, als bis er Grund findet.
Von da bis zum Mittelpunkte der Erde ist ihm alles Uebrige gleichgiltig.« Dass es ihm gleichgiltig im ordinären Sinne des Wortes sei,
wollte Goethe damit nicht sagen, sondern deutet nur an, dass Aristoteles Dinge, die ausserhalb des normalen menschlichen Horizonts
liegen, nicht gern zur Sprache bringt, jedenfalls aber nicht der
Mann ist, Aufschlüsse über Dinge zu geben, von denen er selbst
nichts weiss. Gerade darin aber liegt auch hier, wie so oftmals,
wieder das Geheimniss seiner Kraft und seiner Erfolge. Darum kann
beispielsweise von seiner Naturphilosophie allerjüngsten Datums
gerühmt werden: »Die ganze moderne Naturauffassung ist ohne
Rest und Abzug, ohne gekünstelte Interpretation und gewaltsame

Deutung in den Rahmen der aristotelischen Metaphysik auf-
nehmbar.« *) Darum auch konnte der bekannte darwinische Zoologe
Gustav Jäger in Stuttgart mir so manche von Aristoteles herrührende Beobachtung mittheilen, die, nachdem sie Jahrtausende
hindurch als falsch abgewiesen worden, erst jüngster Zeit von
einer vorsichtigeren Untersuchung der Thatsachen bestätigt
worden ist.

Auch im Obigen übt Aristoteles ganz augenscheinlich jene
so überaus seltene Selbstbeherrschung, gewissenhaft nur zu sagen,
was man weiss, eher weniger als mehr, und das Wenige steht
mit all' den Lehren, die uns von ihm bekannt sind, im
innigsten, untrennbaren Zusammenhange. Es verlohnt sich
demnach wohl der Mühe, diesem Wenigen und für den ersten
oberflächlichen Blick so unsicher und schwankend Erscheinenden
unsere vollste Aufmerksamkeit zuzuwenden.

Ob der νοῦς des Menschen überhaupt das Erdenleben über-
daure und in seiner Isolirtheit fortlebend denke und wolle, darüber
freilich sagt Aristoteles in der vernommenen Stelle nichts, belegt
wenigstens das jedenfalls nur Angedeutete nicht mit Gründen;
denn das ist für den mit den Principien der peripatetischen Philosophie Vertrauten gar kein Gegenstand
der Frage mehr. Die intellectiven Thätigkeiten sind ja, wie
wir uns bis zur Evidenz klar gemacht haben, bedingt durch ein
monadisches, d. h. einfaches, untheilbares und darum unzerstör-
bares Sein, an welchem sie, als an ihrem Grund und Träger,
haften, von welchem losgelöst sie keinerlei Bestand haben, für
das sie nach des Stagiriten Ausdruck kein blosses Nebenbei sind,
weil es seine Natur ist, Form zu sein, Leben, Thätigkeit. Nur
von der Materie kann die Form sich trennen, nicht aber auch
von sich, der Form. Die Naturformen allerdings, die nur aus
der Materie educirte Thätigkeiten eben der Materie selbst sind,
können zwar schlechterdings nicht vernichtet, wohl aber in Folge
der Wandelbarkeit ihres materiellen Substrates verwandelt werden,
wie denn unserer Tage auch wirklich, und obendrein auf experi-
mentellem Wege, constatirt ist, dass nicht bloss der Stoff, sondern

---

*) Otto Liebmann, »Gedanken und Thatsachen.« Strassburg 1883,
Trübner.

auch jede an ihm sich offenbarende Kraft unzerstörbar ist und nie verloren geht im Haushalte der Natur, dass nur eine Umsetzung, d. h. Verwandlung einer Naturkraft in die andere, niemals aber eine Vernichtung dieser Kräfte möglich ist. In jenen Thätigkeiten aber, die nicht der wandelbaren Materie inhäriren, sondern einem monadischen, stets mit sich identischen und darum auch des Ichgedankens fähigen Sein, ist auch eine derartige Umsetzung undenkbar. Ihre Wirkungsweise bleibt stets dieselbe intellectuelle, im geistigen Denken und Wollen sich entfaltende Thätigkeit, in ähnlicher Art, wie auch die Wirkungsweise irgend eines der Elemente, etwa eines Wasserstofftheilchens, wenn dieses in der Isolirung von allen übrigen Elementen festgehalten, somit von der Verwandlungsfähigkeit des ihm zu Grunde liegenden materiellen Substrates befreit werden könnte, unverändert stets dieselbe bliebe, oder auch wie der elektrische Strom unveränderlich nur als solcher fortwirken und in alle Ewigkeit nicht Lichterscheinungen erzeugen könnte, wenn nicht in Folge der Ableitung von den ihm als Substrat dienenden Molecülen des Kupferdrahtes in jene der Kohlenstifte seine Bewegungsgeschwindigkeit von 64.000 auf 41.000 Meilen in der Secunde verlangsamt würde. Substantielle Verwandlungen sind nur in der Natur möglich, weil dieser ein Substrat zu Grunde liegt, welches kein selbstständiges, in sich subsistirendes Sein, sondern bloss ein Werden hat, nämlich die Materie. Im Geiste, dessen Substrat ein in sich Subsistirendes, der νοῦς δυνάμει, ist, sind bloss accidentelle Veränderungen, z. B. ein Wechseln der Gedanken, möglich. Ihn substantiell verändern, hiesse, da er nicht aus Form und Materie besteht, ihn in seinem Sein vernichten und ein anderes Sein an dessen Stelle setzen. Wir haben uns nun überzeugt, dass Aristoteles bis zum Gedanken einer Hervorrufung des Seins aus dem Nichts vorgedrungen und nicht wenig darüber erstaunt ist. Bis zu dem Gedanken einer Zurückversetzung des Seins in das Nichts aber hat Aristoteles sich nicht emporgeschwungen. Er würde über ihn gewiss noch mehr erstaunen und erschrecken, wesshalb wir auch denselben ihm nicht vindiciren, sondern vorderhand einem noch zu erwartenden profunderen Denker getrost überlassen können.

In den aus der nikomachischen Ethik citirten Aussprüchen haben wir es demnach nicht eigentlich mit der Unsterblichkeitsfrage selbst zu thun, sondern nur mit der Art und Weise der geistigen Bethätigung nach dem Tode, und da freilich gilt der Ausspruch Jean Paul's: »Das Was der Unsterblichkeit leidet unter der Frage nach dem Wie.« Nichtsdestoweniger sagen uns die Worte des Meisters Derer, die da wissen, auch über dieses Wie der Unsterblichkeit ungleich mehr, als es auf den ersten Blick scheinen will. Dunkel sind sie, denn es ist ein heiliges Dunkel, in welches wir da treten; aber das Auge gewöhnt sich bekanntlich bald an dunkle Räume und erblickt in ihnen dann gar Manches mit überraschender Deutlichkeit.

Wir wissen, dass nach Aristoteles der νοῦς allein vom Leibe trennbar ist als das Unvergängliche vom Vergänglichen (τοῦτο μόνον ἐνδέχεται χωρίζεσθαι καθάπερ τὸ ἀίδιον τοῦ φθαρτοῦ), dass er somit allein das Erdenleben überdauert, und dass also sein Leben ohne die leiblich-sinnlichen Organe sich fortsetzen wird, die doch die naturgemässen Bedingungen seines von dem der reinen Geister wesentlich verschiedenen, specifisch menschlichen Denkens und Wirkens, besonders aber seines Verkehres mit der Aussenwelt sind. Was von dieser zu ihm gelangen soll, könnte es, wenn überhaupt, nicht auf natürlichen, sondern nur auf sehr seltsamen, vielleicht wunderbaren, jedenfalls aber uns derzeit unbekannten und geheimnissvollen Wegen, und es bleibt selbst ein Geheimniss, was Aristoteles bestimmt haben mochte, die Möglichkeit eines solchen Verkehres nicht in Abrede zu stellen, sondern sich zwar in äusserst reservirter, jedoch in bejahender Weise darüber auszusprechen. Doch dürfte es keine zu gewagte Conjectur sein, von jenen ernsten und bedeutungsvollen Mythen und Traditionen, wie solche sich noch in Platon's Phädon finden, absehend, anzunehmen, dass auch hier die Teleologie und das allenthalben durchschimmernde theistische Moment der aristotelischen Lehre nicht ohne alle Einwirkung geblieben sei. Jedenfalls liegt es der Denkweise des Stagiriten nahe genug, mit aller Sicherheit anzunehmen, dass Gott seinen »Liebling« selbst in des Todes Finsternissen nicht verlasse, sondern dort auch für ihn Fürsorge treffe, weil er »für die sorgt und ihnen mit Gütern vergilt, die die Vernunft lieben und über Alles schätzen und darum für das sorgend, was den Göttern angenehm ist, auch gerecht und sittlich schön handeln.« *(Eth. Nicom. X. cap. 9.)* Wenn also der abgeschiedene Geist zu einer Kenntniss der Dinge gelangte, die auf Erden sich ereignen, so möchte das nach Aristoteles durch einen besonderen Einfluss des göttlichen Geistes auf ihn geschehen, beiläufig durch das, was wir als Inspiration bezeichnen, und es stimmt damit zusammen, dass Aristoteles, der ohne Zweifel, wenn er Christ gewesen wäre, an dem Grundsatze *Miracula non sunt frustra multiplicanda* festgehalten hätte, das Wissen des getrennten Geistes um die irdischen Dinge nur ein ausnahmsweise stattfindendes sein lässt, jedenfalls ein solches, das die Ruhe und möglicherweise Leidlosigkeit des Geistes nicht sonderlich zu afficiren, seinen glücklichen oder unglücklichen Zustand nicht wesentlich zu ändern vermag. Diesen Zustand einen glückseligen zu nennen, weigert sich aber Aristoteles geradezu, und zwar hauptsächlich zufolge seiner Lehre vom höchsten Gute, welches er, abweichend von Plato und den meisten Philosophen alter und neuer Zeit, in die der menschlichen Natur im Allgemeinen und der bestimmten Persönlichkeit im Einzelnen entsprechende Thätigkeit setzt. Von einer solchen aber kann offenbar nicht die Rede sein, in jener Nacht, von der es heisst: »Es kommt die Nacht, wo Niemand mehr wirken kann«, in der Todesnacht, in welcher der Mensch so vieler der edelsten Organe seines eigenartigen und, es sei nochmal gesagt, vom Wirken des Engelgeistes wesentlich verschiedenen Wirkens beraubt ist.

Somit tritt uns auch hier wieder der Gegensatz von platonischer und aristotelischer Philosophie in aller Schärfe entgegen. Für Aristoteles bedeutet der Tod keine Befreiung der Seele aus dem Kerker der finstern Materie, sondern einen schweren Verlust, keinen vollkommeneren Zustand, sondern vielmehr den Zustand der Gebundenheit und des denkbar äussersten Mangels, ein Denken, das nur das eigene Sein zum unmittelbaren Gegenstande hat, ein Schattendasein, eine Hilflosigkeit und Abgeschlossenheit, mit der die ödeste Kerkerzelle keinen Vergleich bestehen kann, ja kaum das Grab, in welchem der dem Geist vermälte

Leib als kalter Leichnam modert. Das Geistige bildet ja, wie nicht oft genug in Erinnerung gebracht werden kann, mit dem Leibe eine einzige Substanz. Nicht zwei Seelen sind im Menschen; die geistige und eine vegetativ-sinnliche, sondern die eine Seele ist, geistig und vegetativ-sinnlich zugleich, die eine und einzige Form des geistig-leiblichen Menschenwesens. Geistige und leibliche Thätigkeiten sind darum durch eine Art prästabilirter Harmonie in wundervoller Weise durch einander bedingt und auf einander angewiesen, sich gegenseitig unterstützend, tragend, bildend und vollendend. Und mitten durch diese wundervollste aller Bildungen führt des Todes Sense hindurch, unerbittlich und rücksichtslos Natur und Geist, Leib und Seele trennend mit scharfem, kaltem Schnitt. Wie bedauernswerth scheint uns ein Blinder, dem das Reich der Farben und des Lichtes, ein Tauber, dem die Welt der Töne verschlossen ist, ein Verstümmelter, dem der Gebrauch eines einzigen Gliedes fehlt! »Wie nun,« so schreibt sehr wahr Brentano (Die Psychologie des Aristoteles), »der Mensch, wenn ihm ein Fuss oder ein anderes werthvolles Glied entrissen ist, keine vollendete Substanz mehr ist, so ist er natürlich noch viel weniger eine solche, wenn der ganze leibliche Theil dem Tode anheimgefallen ist. Der geistige Theil besteht zwar fort; allein die irren gar sehr, die mit Plato glauben, dass die Trennung vom Leibe für ihn eine Förderung und gleichsam eine Befreiung aus drückendem Gefängnisse sei. Muss ja doch die Seele nunmehr auf alle die zahlreichen Dienste verzichten, welche die Kräfte des Leibes ihr geleistet haben.« Und ebenda heisst es von der Phantasie: »Ihre Dienste sind von so grossem Belange, dass man nur dieses Verhältniss betrachtend, fast an der Möglichkeit einer Fortdauer der intellectiven Seele nach dem Tode irre werden möchte. Vgl. *De Anim. 1. 3.*« — Um nichts besser gestaltet sich der Zustand des abgeschiedenen νοῦς, wenn wir den Verlust der übrigen inneren Sinne, zunächst des Gedächtnisses, uns vergegenwärtigen. Die Mythologie lässt die Seelen bei ihrer Ankunft in der Unterwelt aus Lethe's stillem Strome trinken, und nach Aristoteles sind sowohl die μνήμη als die ἀνάμνησις eine leiblich-sinnliche Kraft, die darum zugleich mit dem leiblichen Leben schwindet. Aller-

dings erzeugt der νοῦς in Folge der äusseren Anregung von
Seite der Phantasie und des durch das Gedächtniss ihm Ueber-
lieferten in sich jene geistige Reaction, die ihn selbst zum Bilde
des äusseren Gegenstandes werden lässt, indem sich jene ἕξις
(habitus) in ihm absetzt, die als Repräsentation der aufgenommenen Einwirkung bleibt und die der Aquinat in folgerechter Fort-
bildung der aristotelischen Lehre als das *verbum memoriae* schildert,
als passives Aufnehmen und Bewahren des geschehenen Eindruckes, *similitudinem habiti (habitus) in se assumens.* Dass aber
durch den Hinwegfall der gewohnten sinnlichen und sinnbildenden
Hilfsmittel, welche das Gedächtniss und die Phantasie dem
Menschen in so überaus reichlichem Masse gewähren, an diesem
habitus jedenfalls nichts gebessert wird, lässt sich leicht genug
einsehen; und wenn man für die vom Leibe getrennte Seele so
gern das Bild eines Schmetterlings gebraucht, der nach Ab-
streifung der widerlichen Puppenhülse sich auf zartbefiederten
Schwingen im blauen Aether wiegt, so fürchte ich leider, dass
für sie ein ganz anderes Bild passe, das des Schmetterlings
nämlich, dem von grausamer Hand die Flügel ausgerissen sind,
und der, nun wieder der Raupe gleich geworden, in der Hilflosigkeit des armseligsten Wurmes am Boden kriecht, sehr möglich
sogar am Boden eines finstern Abgrundes. Wir merken wohl,
dass es keiner Feuerqualen für den von seinem Leibe, und
setzen wir hinzu von seinem Gott, getrennten Geist bedarf,
sondern dass diese eigentlich von selbst und mit einer Art Natur-
nothwendigkeit sich einstellende äusserste Finsterniss und trost-
lose Vereinsamung genügen würde, um für ihn Purgatorium und
Hölle zu werden, die ja auch nach der Lehre des hl. Thomas
von Aquino beide in der Gottentfremdung und Gottesferne bestehen und von einander durch nichts als die Dauer verschieden
sind. Wohl könnte jeder diesem grauenvollen Verliess Entstiegene
mit dem Geist in Shakespeare's Hamlet klagen:

»Wär's mir nicht verwehrt,
Das Innere meines Kerkers zu enthüllen,
So höb' ich eine Kunde an, von der
Das kleinste Wort die Seele dir zermalmte,
Dein junges Blut erstarrte, deine Augen

> Wie Stern' aus ihren Kreisen schiessen machte,
> Dir die verworrenen krausen Locken trennte,
> Und sträubte jedes einzle Haar empor,
> Wie Nadeln an dem zorn'gen Stachelthier:
> Doch diese ew'ge Offenbarung fasst
> Kein Ohr von Fleisch und Blut.«

Derartige Consequenzen zieht nun allerdings Aristoteles nicht. Seine Ansichten über den abgeschiedenen νοῦς stehen ganz offenbar unter dem mildernden Einfluss des Gottesgedankens, und Aristoteles scheint, wie gesagt, mit jener ruhigen Gewissheit, die mehr Sache des richtigen Gefühls als des abstracten Denkens ist, angenommen zu haben, der Gute werde auch nach diesem irdischen Leben nicht von Dem verlassen sein, dem er Dasein und Leben dankt, und an Den nur zu denken dem nach Vernunft und Gerechtigkeit Handelnden das höchste Glück gewährt, so dass die Begriffe θεωρία und εὐδαιμονία hier sich decken. Eben so ferne ist aber der Stagirit auch davon, im Tode des Menschen ein für uns wünschenswerthes Gut zu erblicken. »Der Glückselige wird, da er Mensch ist, auch der sichtbaren Güter bedürfen; denn in dem bloss beschaulichen Leben findet seine Natur kein Genügen, sondern er bedarf auch des gesunden Leibes, der Nahrung und sonstigen Pflege desselben. Nur darf man nicht glauben, dass er in diesem Stücke Vieles und Grosses bedürfe; denn nicht im Ueberfluss besteht das wahre Glück und Handeln, und man kann das Sittlichschöne auch thun, ohne Land und Meer zu beherrschen.« *(Eth. Nicom. X. 9.)*

Thomas von Aquino ändert auch hier wieder an dem von Aristoteles Angedeuteten, Vermutheten und ausdrücklich Gelehrten nichts, sondern bildet es fort und ergänzt es theilweise durch den Inhalt der christlichen Weltanschauung, so dass hier, wie überall, die Lehren der peripatetischen Philosophie als die wahren *praeambula fidei* sich erweisen, Aristoteles aber als der verlässliche Wegweiser zur Schwelle eines Heiligthums erscheint, welches zu betreten ihm selbst nicht gewährt war, obwohl so manch ein seltener und staunenswerther Blick in dasselbe seinem ruhigen, scharfen und hellsehenden Forscherauge vergönnt gewesen zu sein scheint.

Die Incorruptibilität der intellectiven Seele, somit die Unsterblichkeit derselben, ist dem Aquinaten strenggenommen nur ein Corollar zu ihrer Befähigung, als *forma subsistens* zu existiren, und diese Existenz selbst wieder nur das unausweichliche Postulat, welches der factische Bestand der intellectiven Thätigkeiten mit sich bringt, weil ohne ein denselben zu Grunde liegendes, in seinen Lebensäusserungen mit sich selbst identisch bleibendes monadisches Sein weder die Abstraction, noch der Ichgedanke, noch der freie Wille als möglich sich ergaben. Wie nun die *generatio* nur das Hinzukommen der Form zur Materie ist, so ist hinwiederum die *corruptio* nichts anderes als das Entweichen der Form von der Materie. Wo keine Materie vorhanden ist, dort gibt es selbstverständlich auch kein Corrumpirtwerden; denn eine Trennung der Form von sich selbst ist, wie auch der Aquinat nochmals mit Nachdruck hervorhebt, so wenig denkbar, als eine Vernichtung des Seins, mit der solch eine Trennung ja gleichbedeutend wäre. *Materia secundum hoc acquirit esse in actu, quod acquirit formam; secundum hoc vero in ea accidit corruptio, quod separetur forma ab ea. Impossibile est autem, quod forma separetur a seipsa, unde impossibile est, quod forma subsistens desinat esse. (Ibidem.)* Die volle, frohe Gewissheit für die Unsterblichkeit unserer Seele ist meiner bestbegründeten Ueberzeugung nach wirklich auf dem rein wissenschaftlichen Wege auf durchaus keine andere Weise erreichbar, als durch das richtige Verständniss der antiken Lehre von Materie und Form, wie ich dieselbe im vorliegenden Buche klarzustellen mit meiner besten Kraft bestrebt war. Wem es daher etwa scheinen sollte, dass ich in der Behandlung dieser beiden Begriffe durch häufige Wiederholung und Wendung der einschlägigen Gedanken zu viel gethan, dem kann ich nur antworten, dass mir selbst eben jetzt, wo ich zum Schluss des Buches komme, das Gethane noch immer als viel zu wenig erscheinen will, und zwar besonders in Anbetracht dessen, dass sich aus den genannten zwei Begriffen eine Erkenntniss uns erschliesst, die von Millionen der besten Menschen mit ungleich schwererer Mühe gesucht und nicht gefunden wurde, und die allein schon den ihrer theilhaft Gewordenen über mehr als Millionen hoch erhebt, die sich in jenen Stunden, wo auch an den gegen Alles, was über die gemeinen Lebensbedürfnisse hinausreicht, scheinbar Indolentesten das metaphysische Bedürfniss herantritt, mit finstern Zweifeln quälen und oft mit namenloser Angst; denn nicht immer ist der Mensch, der überhaupt noch den Namen Mensch verdient, in der Lage, mit dem Spitzbuben Autolykus (in Shakespeare's Wintermärchen) zu freveln: »Was das zukünftige Leben betrifft, den Gedanken daran verschlaf' ich.«

Neben diesem von der gesammten peripatetischen Psychologie und Weltanschauung unabtrennbaren Corollar lässt allerdings Thomas von Aquino auch der natürlichen Sehnsucht fortzudauern ihr Recht; ja nach ihm kann das blosse Naturwesen diese Sehnsucht gar nicht haben, weil es eben fortzudauern nicht bestimmt ist, und nur von dem beschränkten Dasein des Augenblickes weiss, nicht aber vom dauernden Sein, nach dem Grundsatze: *Desiderium in rebus cognoscentibus sequitur cognitionem.* Daher ist das *desiderium* anders gestaltet beim bloss Accidenzen erfassenden Sinn und wieder anders bei dem zum Sein vordringenden Intellect. *Sensus non cognoscit esse, nisi sub hic et nunc. Sed intellectus apprehendit esse absolute et secundum omne tempus. Unde omne habens intellectum naturaliter desiderat esse semper. Naturale autem desiderium non potest esse inane. Omnis igitur intellectualis substantia est incorruptibilis. (Summa theol. quaest. 75. art. 6.)*

Dazu kommt noch, dass das Sein des menschlichen Leibes wohl von der geistigen Seele abhängig ist, nicht aber umgekehrt, wie denn in diesem Leben schon gewisse geistige Vorgänge des Denkens und Wollens ohne Mitwirkung leiblicher Organe stattfinden können, wenngleich wir uns auch solche ausschliesslich geistige Thätigkeiten nur unter der Vermittelung der sinnlich bildlichen Hülle zu vergegenwärtigen vermögen. Die menschliche Seele ist darum, wie der Aquinat sich ausdrückt, eine nicht ganz und gar in die Materie versenkte Form. *Ostensum est, quod anima humana non sit talis forma, quae sit totaliter immersa materiae, sed est inter omnes alias formas maxime supra materiam elevata; unde et operationem producere potest absque corpore, i. e. quasi non dependens a corpore in operando, quia nec etiam in essendo dependet a corpore. (Summa contra gentiles II. cap. 69.)* Was

nämlich schon in diesem Leben, ohne der leiblichen Materie zu
bedürfen, wirkt, kann wohl auch in seiner Trennung von der
Materie wirken, will Thomas sagen, nicht aber, wie dies so
häufig von anderer Seite geschieht, kann ohne Materie
um so besser wirken. Darum heisst es schon im vorhergehenden *cap. 68.* nicht umsonst: *Oportet, quod id principium,
quo homo intelligit, quod est anima intellectiva et excedit materiae
conditionem corporalis, non sit totaliter comprehensum a materia
aut ei immersum sicut aliae formae materiales; quod ejus operatio
intellectualis ostendit, in qua non communicat materia corporalis.
Quia tamen ipsum intelligere animae humanae indiget
potentiis, quae per quaedam organa corporalia operantur,
scil. imaginatione et sensu, ex hoc ipso declaratur, quod
naturaliter unitur corpori ad complendam speciem humanam. (Ibidem, cap. 68.)* Die Verbindung mit dem Körper ist
somit auch nach Thomas Aquinas für den Geist des Menschen
der natürliche (normale) Zustand, und die Trennung im Tode
ist darum der Menschennatur nicht entsprechend, ist dem Menschen un- und widernatürlich. Es bleiben zwar dem geschiedenen
Geiste die streng geistigen Lebensthätigkeiten des Denkens und
Wollens, die nicht durch körperliche Organe ausgeführt werden
können, *manent operationes illae, quae per organa non exercentur,
cujusmodi sunt intelligere et velle;* aber er ist dabei auf sich allein
angewiesen, und muss der gewohnten Hilfe von Seite der Sinnlichkeit und besonders der Imagination entbehren, ohne doch
der Natur der reinen Geister theilhaft zu werden, auf deren
Einwirkung und Mithilfe er dann nach der Meinung
des hl. Thomas in ähnlicher Weise wie das zur Welt
geborne Kind auf die Hilfe der Erwachsenen angewiesen ist. *Esse vero animae separatae est ipsi soli absque corpore; unde nec ejus operatio, quae est intelligere, explebitur per
respectum ad aliqua objecta in organis corporeis existentia, quae
sunt phantasmata, sed intelligit per seipsam per modum substantiarum,
quae sunt totaliter secundum esse a corporibus separatae, a quibus
etiam, tamquam superioribus, uberius influentiam recipere poterit ad
perfectius intelligendum. (Summa contra gentiles II. 81.)* Der
Mensch bleibt also selbst im Tode noch das aristotelische ζῶον

φύσει πολιτικόν, das auf die Gemeinschaft mit anderen vernunft-
begabten Wesen angewiesene Lebewesen; denn dasjenige Lebendige, welches sich allein genügt, muss nach dem bekannten
Ausspruch des Aristoteles entweder ein Gott (θεῖον = reiner
Geist) oder ein Thier sein. Hilflos, wie er der sichtbaren Welt
geboren ward, tritt der Mensch auch in die unsichtbare Welt
der Geister ein, ein armes Kind, das nicht einmal befähigt ist,
gleich dem der Erde Gebornen durch Wimmern und Weinen
seine Noth zu verkünden und das Mitleid wachzurufen, weil
ihm der Mund zur Klage fehlt, ein unmündiges Kind in der
vollen Bedeutung des Wortes und eine arme Seele, wie
der christliche Sprachgebrauch den des Leibes entkleideten
Menschengeist eben so wahr als zum Erbarmen herausfordernd
nennt. »Sie haben ihren Schlummer ausgeschlafen und beim
Erwachen nichts in ihren Händen gefunden.« So schildert bereits
lange vor diesem christlichen Sprachgebrauche der königliche
Sänger von Israel das Schicksal Derer, die ihr Lebensziel hiernieden auf die Erwerbung von Macht und Reichthum setzten,
und einer der Edelsten aus dem Volke Israel, der grosse christliche Homilet Johann Immanuel Veith, fügt die tief ergreifen-
den Worte hinzu: »Genau betrachtet, ist ihre Dürftigkeit noch
grösser, als sie hier nach dem Wortlaut des Psalmes geschildert
wird. Sie finden nicht nur nichts in ihren Händen, sie finden
diese Hände selbst nicht mehr.« — Nichts bleibt solch einer
Seele, als ihr vereinsamtes geistiges Sein und Selbstbewusstsein
und die hiernieden erworbene, vom *intellectus possibilis* aufge-
nommene und *secundum habitum* unverlierbar bleibende Erkenntniss, darum auch das volle, klare, rein geistige Bewusstsein ihres
abgelaufenen irdischen Wollens und Thuns, ein Bewusstsein,
welches zugleich eine für uns, die den Täuschungen der Sinnenwelt noch Hingegebenen, geradezu unausdenkbare Fülle der
Vergeltung, es sei nun im Sinne des Lohnes oder der Strafe,
in sich schliessen muss. Heisst es doch, und zwar wieder längst
vor dem Eintritt des Christenthums, im furchtbaren prophetischen
Bilde von jenen gefeierten Eroberern und Tyrannen, welche
die Welt mit ihrem blutigen Ruhm erfüllten, dass sie hinab-
gefahren sind in die tiefsten Räume der Grube, wo um sie die

Schaar der Erschlagenen liegt und unter ihrem Haupt die Schärfe des Schwertes, mit dem sie die Menschheit gepeinigt. (Ezechiel. 32.)

Auch nach Thomas ist es also ein Irrthum, zu glauben, dass der Intellect des Menschen nach dem Tode jenem der Engelgeister gleich sein werde. Die *anima intellectiva* ist vielmehr nach seiner Lehre das unterste Glied der Geisterwelt, oder noch richtiger gesprochen, der Grenzbewohner zwischen den beiden Reichen des Sichtbaren und des Unsichtbaren, *in confinio corporum et incorporearum substantiarum, quasi in horizonte existens aeternitatis et temporum. (Summa contra gentiles II. cap. 81.)* Von der Geisterwelt und der Natur hat darum die ins jenseitige Leben eintretende Seele nur eine sehr schwache, unvollständige und verworrene Kenntniss. Sie ist ihrer Natur nach nicht befähigt, so wie der Engelgeist, das Natürliche durch das Geistige zu erkennen *(per immaterialia materialia cognoscere);* ihr ist der gerade umgekehrte Weg eigenthümlich. Aus diesem Grunde ist auch ein Einwirken des geschiedenen Geistes auf die Körperwelt, ein Sichoffenbaren der Verstorbenen durch Mittheilungen aus der Geisterwelt oder durch die in unsern Tagen so viel besprochene »Materialisation der Geister« ein Ding der Unmöglichkeit. Geistererscheinungen sind nach Thomas von Aquino nur durch besondere Veranstaltungen von Seite Gottes, also nur durch ein Wunder, und darum nur zu ganz ausserordentlichen Zwecken und nur in den allerseltensten Fällen möglich. In ausführlicher Weise behandelt der hl. Thomas diesen Gegenstand in seinem Commentar zu den vier Büchern *Sententiarum* des Petrus Lombardus, und zwar im vierten Buch, *distinctio XLV. quaest. 1.* Nur den vollends mit Gott geeinigten Seelen erkennt er in Folge der Deification die Macht zu, beliebig den Lebenden zu erscheinen, welche Erscheinungen selbstverständlich nicht gleich den Gespenstererscheinungen des vulgären Aberglaubens mit Schreck und Beängstigung verbunden wären. *Non est inconveniens, ut ex virtute gloriae aliqua potestas animabus sanctorum detur, per quam possint mirabiliter apparere viventibus, cum volunt; quod alii non possunt, nisi interdum permissi. (L. coll. quaestiuncula III., solutio 3.)* Es ist dabei eine Lieblingshypothese des hl. Thomas, dass das

Sichtbarwerden der himmlischen Geister vermittelst eines Schein-
leibes geschehe, den sie vermöge der erlangten Macht über die
sublunare Natur aus denselben wässerigen und luftigen Bestandtheilen bilden, aus denen die Wolken entstehen, und der darum
auch, wie diese selbst, die verschiedenartigsten körperlichen
Gestalten und durch das Spiel des darauffallenden Lichtes die
mannigfaltigsten Farben anzunehmen geeignet erscheint. *Magis
competit, quod ex aëre corpus assumat, qui potest inspissari faciliter
et sic figuram accipere et retinere et per alicujus ludici corporis
oppositionem diversimode colorari, sicut in nubibus patet. (Quaest.
disp. de potentia, quaest. 6., art. 7.)* Wie immer jedoch eine derartige Wirkungsweise gedacht werden mag, so kommt sie dem
menschlichen Geiste nicht seiner Natur nach zu, sondern ist ein
Werk der Gnade; denn die leiblichen Potenzen, durch die allein
er auf die Körperwelt zu wirken vermag, sind nach dem Zerfall
des Leibes nicht mehr *actu,* sondern bloss *virtute* im Geiste vorhanden. *Destructo corpore destruuntur potentiae sensitivae, sed remanent in anima sicut in principio. (Quaest. disp. de anima, art. 9.)*
Aber auch den Bestandtheilen des entseelten Leibes bleibt *in
potentia* die Fähigkeit, nach ihrer abermaligen Vereinigung mit
dem geistigen Theile, ihre frühere natürliche Wirksamkeit zu
äussern, und Thomas setzt *(Quaest. disp. de potentia)* unter dem
Titel *Utrum aliqua creatura in nihilum redigatur* in gründlichster
Weise auseinander, dass und warum es keine Vernichtung des
Geschaffenen gebe, als welche dem heiligen Willen und der
unabänderlichen Weisheit des Schöpfers ebenso widersprechen
würde, wie der Natur des einmal Geschaffenen selbst, es sei
nun des Stoffes oder der Kraft. *Formae, etiamsi non habeant
materiam partem sui, ex qua sint, habent tamen materiam in qua
sunt et de cujus potentia educuntur: unde et cum agere desinunt,
omnino non annihilantur, sed remanent in potentia materiae sicut
prius. (Quaest. disp. de pot., quaest. 5. art. 4.)*
Die Vollendung tritt somit auch nach Thomas nicht im
Tode ein, sie tritt ihm zufolge erst ein mit der Auferstehung des
Fleisches, und auch den mit Gott vereinigten verklärten Geistern
des Menschengeschlechtes bleibt darum die Sehnsucht nach ihr
als ein Zeichen ihres noch unvollendeten Daseins, zugleich aber

auch als ein Unterpfand der künftigen Herrlichkeit aller in ihrem verklärten, keiner Corruption mehr zugängigen Leibe voll ewiger Jugend und Schönheit Erstandenen. Wohl aber ist nach den bereits dem streng theologischen Gebiete angehörigen Ausführungen des Aquinaten die von ihrem corruptiblen Leibe getrennte Seele in dieser Scheidung schon befähigt, in Folge der Vereinigung des creatürlichen Willens mit dem göttlichen auch am Denken Gottes Antheil zu nehmen, und dadurch in einer Art Deification (Anschauung Gottes) die geschaffenen Dinge im göttlichen Lichte zu erkennen. *In lumine Tuo videbimus lumen.* — *Ex hoc, quod anima separata a corpore fit capax visionis divinae ad quam, dum est conjuncta corpori, pervenire nequit. (Summa contra gentiles I. cap. 91.)* Mit den letzten Blumen des zum Scheiden sich wendenden Jahres und mit Lichtern schmückten die noch heidnischen Germanen die Gräber ihrer dahingegangenen Lieben zur Herbstzeit; ein bedeutungsvoller Gebrauch, der im zehnten Jahrhundert auch in der Christenheit allgemein wurde und im Allerseelenfest seinen bleibenden Ausdruck fand. »Das ewige Licht leuchte ihnen,« wird darum auch nach alter frommer Weise gebetet für Diejenigen, die in der Liebe geschieden sind, und denen die treue Liebe nachfolgt, nicht nur bis ans Grab, sondern selbst über das Grab hinaus. Aber

> Weh' Dem, der zu sterben ging
> Und Keinem Liebe geschenkt hat,
> Dem Kruge, der zu Scherben ging
> Und keinen Durst'gen getränkt hat.

So warnt Rückert, der liebenswürdigste der deutschen Dichter, der in seiner ungekünstelten Anspruchslosigkeit sich geraume Zeit nur als Reimer betrachtete, und der unter anderm auch reimt:

> Wenn du wirst das Frühlingsblüh'n der Au versteh'n,
> Wirst du wissen, wie die Todten aufersteh'n.

Was die im Todesschlummer des Winters erstarrte Au zum Frühlingsblühen weckt, ist dieselbe Leben spendende Macht, die Leib und Seele einigt und wiedervereinigt; es ist, wie nicht nur Aristoteles lehrt, sondern auch der Apostel bezeugt und die Dichter aller Zonen und Zeiten singen, das Sehnen des Geschöpfes nach der Verklärung, und darum das Sichhinbewegen aller Weltwesen nach dem Urquell ihres Daseins und Lebens; es ist die Liebe zum Licht, in unserem Falle allerdings zunächst nur die Liebe zum freundlichen Sonnenlicht. Liebe zum Licht in einem ungleich höheren Sinne war es, die den grössten Denker und Lehrer der christlichen Welt keine Erniedrigung darin erblicken liess, zu den Füssen des heidnischen, noch in unsern Tagen oft und schwer verkannten Weltweisen zu sitzen, und auf jedes Wort, das von dessen Lippen kam, mit kindlicher Ehrerbietung zu lauschen. Liebe zum Licht auch war es, die den wohlgesinnten Leser, von dem ich nun mit herzlichem Dank für sein Vertrauen Abschied nehme, allein befähigen konnte, mir bis hierher zu folgen, wo wir bereits ein Gebiet betreten haben, in dem das natürliche Licht der Vernunft nicht mehr ausreicht, aber auch nicht erlöschen soll und darf; denn *Quod contra rationem est, contra fidem est* lautet klar und entschieden die Lehre des *Doctor universalis et angelicus.* Darum zum Abschied und als Losung für die Zukunft noch das Wort, auf dessen Machtgebot die erste und schönste der Formen erglänzte, um mit Purpurschein den ersten goldenen Tag zu verkünden, das Wort des ewigen Wortes:

Fiat lux!

www.ingramcontent.com/pod-product-compliance
Lightning Source LLC
Chambersburg PA
CBHW020849020726
47497CB00005B/1318